UFO

인간 납치설 대해부

UFO

인간 납치설 대해부

하버드대 존 맥 교수가 알려주는
UFO 피랍 체험

최준식 지음

주류성

차례

감사의 글

이 책은 내가 주류성 출판사에서 UFO와 관련해서 내는 두 번째 책이다. 첫 번째 책은 2025년에 낸 『UFO: 세계가 주목한 두 접촉자의 이야기』로 이 책에서는 UFO와 매우 깊은 차원에서 교류한 두 사람, 즉 테드 오웬스와 크리스 블레드소의 기이한 UFO 체험을 소개했다. 대부분의 독자는 이 두 사람의 이름이 매우 생소할 것이다. 한국인들은 UFO에 대해 그다지 관심이 없기 때문에 이런 사람들의 이름을 들어볼 기회가 없었을 것이다. 미국에 비하면 한국의 UFO 연구는 시작도 안 된 것이라 할 수 있다. 연구할 만한 사회적 조건이 전혀 갖추어지지 않았기 때문이다. 따라서 이런 책은 출간해 봐야 한국에서는 주목도 받지 못할 뿐만 아니라 판매도 부진할 수밖에 없다. 그래서 출판사들은 이런 책의 출간을 극력 꺼리는데 그럼에도 불구하고 주류성 출판사는 고맙게도 이 책을 출간해 주었다.

그런데 출판사에서는 이번에 나의 두 번째 UFO 책을 또 출간해 주었다. 이번 책은 UFO의 인간 납치에 관한 것인데 하버드대 의대의 정신과 교수였던 고(故) 존 맥 교수의 설을 중점적으로 다루었다. 이 주제는 UFO학(Ufology)에서는 중요하지만 내용이 워낙 기괴해서 국내에서는 거의 다루어지지 않았다. 따라서 이 문제를 들고 판 연구서가 하나도 없는 것은 당연하고 관련 서적이 번역된 것도 없다. 미국에는 숱한 UFO 피랍 연구서가 있는데 이 가운데 한국에 번역된 것은 하나도 없다. 이것은 한국인들이 이 주제에 대해서는 거의 관심이 없다는 것을 의미할 것이다. 그런 상황인데도 주류성 출판사에서는 이번 책도 출간해 주었으니 그 감사한 마음을 말로 다 표현할 수가 없다. 출판사의 불황은 이제 만성이 되었으니 이런 책을 출간하려는 출판사는 아예 없다. 이런 역경을 알면서도 이 책을 출간해 준 주류성 출판사의 최병식 회장께 다시 한번 심심(甚深)한 감사를 드린다.

두 번째 감사는 책 표지에 나와 있는 사진을 만들어준 최나무 군에게 해야겠다. 두 남녀가 UFO에 의해 부양되어 올라가는 것을 그린 이 그림은 최 군이 AI인 제미나이를 이용해 만들었다. 나는 아예 이런 일을 할 줄 몰라 그에게 부탁했는데 그는 외국에 있는 관계로 나와는 계속해서 이메일로 이미지를 교환하면서 수정했다. 그 결과 이처럼 좋은 그림이 나왔다. 다시 한번 최 군에게 감사드린다. 그 외에도 이 책이 햇빛을 보기까지 노고를 아끼지 않은 분들이 많다. 그 분들께도 감사드린다.

2026년 2월
저자 삼가 씀

서문

I

나는 UFO 개론서라 할 수 있는 『Beyond UFOs』를 2025년 1월에 출간했고 곧이어 같은 해 5월에 그 후속서라 할 수 있는 『UFO-세계가 주목한 두 접촉자의 이야기』를 펴냈다. 이 두 권의 책을 읽어본 사람은 UFO에 대해 기본적인 지식을 얻을 수 있었을 것이다. 첫 번째 책은 UFO와 관련해 일어난 사건 중 가장 괄목할 만한 7가지 사건을 다루었고 두 번째 책은 UFO와 외계 존재를 접촉했다고 주장한 사람 가운데 가장 특이한 사례 두 가지를 골라 소개했다. 이렇게 보면, 이번 책은 첫 번째 책보다 두 번째 책의 연속이라고 할 수 있다. 나는 두 번째 책에서 공언하기를, UFO와 외계 존재를 이해하기 위해서는 외계 존재들을 직접 만나서 조사해야 하는데 그것은 원천적으로 불가능하니 간접적인 방법을 쓸 수밖에 없다고 했다. 간접적인 방법이란 UFO나 외계 존재들을 직접 접촉했다고 주장하는 사람들의 체험을 조사하고 분석하는 것을 말한다. 우리는 이들의 증언을 통해 UFO나 외계 존재의 실상을 미루어 짐작할 수 있을 것이다.

『Beyond UFOs – UFO, 그 너머의 이야기』　　『UFO-세계가 주목한 두 접촉자의 이야기』

　　그런 생각을 갖고 두 번째 책에서 그런 접촉자들 가운데 가장 특이한 두 사람을 골라 소개했다고 한다. UFO 접촉자(contactee)라고 하면 일반적으로 외계 존재들에 의해 피랍된 사람을 지칭하는 경우가 많다. 그에 비해 내가 두 번째 책에서 다룬 사람은 그런 일반적인 경우가 아니라 아주 특이한 경우였다. 이 책의 주인공은 '테드 오웬스'와 '크리스 블레드소'라는 미국인인데, 이들은 수동적으로 외계 존재에 의해 납치된 것이 아니라 외계 존재와 대등한 입장에서 교류한 사람이라고 할 수 있다. 그런 면에서 이들은 UFO 역사에서 매우 특이한 사람인데, 그 때문에 나는 이 두 사람만을 따로 떼어내어 그 책에서 집중적으로 다룬 것이다.

이 책을 끝내고 나니 이번에는 이처럼 특이한 UFO 접촉자가 아니라 일반적인 접촉자, 즉 UFO 피랍자를 대상으로 조사해 보아야겠다는 생각이 들었다. UFO학(Ufology)에서 이 피랍자 연구는 매우 중요한 위치를 차지하고 있다. 그 이유는 앞에서 말한 대로 UFO나 외계 존재들에 대해 구체적인 정보를 줄 수 있는 매개체는 이들이 유일하기 때문이다(물론 그들이 말하는 것이 진실이라고 가정했을 때 그렇다는 것이다). 그래서 UFO 현상을 공부하다 보면 반드시 나오는 주제가 UFO 납치 사건이다. 이 주제를 건너뛰고 UFO 현상을 언급하는 것은 불가능하다고 할 정도로 이 주제는 UFO 연구에서 중요한 자리를 차지하고 있다.

문제는 UFO의 피랍자들이 전하는 이야기가 너무나 황당무계(荒唐無稽)하다는 데에 있다. 황당한 것도 분수가 있어야 하는데 그들은 도가 지나치다. 얼마나 황당한가는 곧 밝힐 터이지만 이들이 전하는 UFO와 외계 존재의 이야기는 과학적인 지식에 어긋나는 것은 말할 것도 없고 일반적인 상식의 입장에서도 말이 안 되는 것이 많다. 이런 예에 대해서는 뒤에서 많이 다루겠지만 여기서 가장 황당한 예를 먼저 소개해 보면, 당사자가 납치되는 순간에 벌어지는 현상을 보자. 피랍자들은 많은 경우 자다가 납치되는데 그들이 UFO로 옮겨 가는 과정이 황당하기 그지없다. 몸째로 들려서 창문이나 벽을 통과해서 공중에 떠 있는 비행선으로 간다고 하니 말이다. 나는 지금도 이 이야기를 선뜻 받아들이지 못하는데 이런 예가 이것으로 끝나는 것이 아니다. 이들의 이야기를 접해보면 그 황당함이 점입가경에 이르는 것을 알 수 있다. 이 점은 곧 밝혀지니 조금만 기다리면 되겠다. 그럼에도 불구하고 우리가 이 주제를 다루지 않으면 안 되는 것은 이들의 증언을 통해 UFO에 대한 정보나 지식이 상당히 보강될 수 있기 때문이다.

II

UFO 연구에서 피랍 사건이 지니는 중요성이나 비중이 큰 만큼 이 주제에 대한 연구도 적지 않게 이루어졌다. 나는 이 주제를 공부하면서 이 방면의 권위라고 할 수 있는 데이비드 제이컵스(David Jacobs)나 버드 홉킨스(Budd Hopkins)의 저작과 이번 책의 주인공인 존 맥(John Mack)의 연구를 주로 섭렵했다. 물론 이 이외에도 많은 연구가 있지만 이 가운데 맥의 연구가 다른 어떤 연구보다 빼어나다는 것을 아는 데에는 그다지 오랜 시간이 걸리지 않았다. 이유는 간단하다. 맥의 연구는 이전 연구를 포함하면서도 UFO 피랍 현상을 이해하는 데에 대해 새로운 지평을 열어주었기 때문이다. 연구를 한 단계 버전업시켰다고 할까, 혹은 다른 차원의 연구를 보여주었다고 할까, 맥의 연구는 단연 빼어났다. 이 점은 독자들이 이 책을 읽어보면 동의할 것으로 믿는다.

만일 UFO 피랍 사건에 대해 어느 정도 아는 사람이 있다면 그는 이 과정에 일정한 '패턴'이 있다는 것을 금세 알아차렸을 것이다. 납치 과정에 일정한 단계가 있다는 것인데, 이에 대해서는 나의 다른 저서에서도 틈나는 대로 설명했다. 우선 피랍자는 외계 존재에 의해 납치되어서 우주선 안으로 끌려가고 그곳에서 다양한 종류의 생체 실험을 당한다. 그다음에는 외계 존재들이 피랍자를 다시 원래 장소로 데려다 놓는데 본인은 그 체험을 전혀 기억하지 못한다. 그러나 피랍 체험 이후에 당사자는 그 체험의 트라우마 때문에 악몽이나 불면에 시달려 정신과 의사나 전문가들을 찾아간다. 이때 전문가들은 최면과 같은 방법을 사용하여 피랍자들이 무슨 체험을 어떻게 했는지를 밝혀낸다. 그렇게 함으로써 피랍자들은 그들의 도움으로 체험의 전모를 알게 된다.

이 사건은 대부분 이렇게 진행되기 때문에 UFO 피랍과 관련된 자료를 보면 계속해서 이 과정이 반복되어 설명되고 있는 것을 알 수 있다. 그래서 각 사례의 내용이 그다지 다를 게 없다. 물론 세세한 것은 피랍자마다 약간씩 다른 점이 있지만 전체적인 틀은 모든 피랍자에게 공통되었다. 그래서 나는 이 사례들을 접할수록 초기에 가졌던 호기심이나 흥미가 반감되는 느낌이 들었다. 그러던 중에 맥의 저서를 접했는데, 나는 곧 그의 연구는 다른 사람의 그것을 훨씬 능가하는 내용이 있다는 것을 알아차릴 수 있었다.

이 점은 맥도 자신의 저서에서 계속해서 주장하는 바이다. 즉 그가 보기에 자신보다 이전에 행해진 연구나 동시대의 홉킨스나 제이컵스 등의 연구는 이 피랍 체험이 갖고 있는 심오한 의미를 파악하지 못했다. 맥에 따르면 우리는 UFO 피랍 체험을 통해 이 우주에는 인간이 사는 물질계를 넘어선 차원의 세계가 있다는 것을 알 수 있다고 한다. 즉 인간 세계보다 상위 차원의 세계가 존재한다는 것이다. 이처럼 우리의 시야가 대폭 확장되니 우리는 의식을 확장할 수 있을 뿐만 아니라 우리 인간이 이 다차원의 우주에서 차지하는 위상을 확실하게 알 수 있다. 맥의 연구는 피랍 체험을 현상만 보는 것이 아니라 그 체험이 종국적으로 지니는 의미를 심도 있게 파헤쳤다는 데에 그 의의가 있다고 하겠다.

이 책을 읽어보면 알겠지만, 맥이 보는 UFO 피랍 체험의 의미는 피랍자들의 영적 발전과 관계되어 있다. 이 체험이 처음에는 매우 공포스럽고 끔찍하게 느껴지지만 그 단계를 극복하면 거의 종교 체험에 가까운 영적인 체험을 한다는 것이 그의 지론이다. 그는 UFO 피랍 체험에서 다른 어떤 요소보다 영적인 점을 중시해서 연구를 진행했는데, 이 점은 다른 연구자들에게서는 그다지 발견되지 않는다. 그래서 나는 이 책에서 이 점을 중점적으로 다루려고 한다.

맥이 피랍 체험에 대해 이처럼 한 단계 격상된, 다시 말해 영적인 해석을 내놓을 수 있었던 것은 그가 영적인 문제에 관심이 많은 정신과 의사이었기 때문에 가능했을 것이다. 이에 비해 다른 연구자들은 전공이 정신의학이나 종교학 등이 아니기 때문에 인간의 심층 심리에 대해 밝지 않았을 것이다. 그 결과 이 체험이 지닌 심리적 및 영적인 차원을 깊게 보는 일이 가능하지 않았을 것으로 생각된다. 반면 맥은 고도로 훈련된 정신 의학자였기 때문에 누구보다도 인간의 깊은 마음에 대해 잘 알고 있었다. 그러니 피랍 체험에 담겨 있는 깊은 차원의 숨은 진리를 알아차릴 수 있었던 것 아닐까 한다.

맥의 이러한 면모는 그의 다른 연구에서도 유감없이 발휘되었다. 1994년에 아프리카의 짐바브웨에 있는 에이리얼 초등학교에서 일어난 UFO 조우(遭遇, encounter) 사건이 그것으로, 나는 이 사건에 대해 이전 책인 『Beyond UFOs』에서 상세히 설명하였다. 이 사건은 UFO 전 역사에서 탑(top) 3에 속할 정도로 대단한 사건이다. 그럴 수밖에 없는 것이 좀처럼 자신들의 모습을 드러내지 않는 외계인이 오전 10시 15분이라는 대낮에 이 지상에 나타났기 때문이다. 이들의 비행선은 이 초등학교의 운동장 바로 옆 공터에 착륙했고 외계인들이 하선해 약 15분간 60여 명의 학생들과 만남을 가졌다. 이처럼 외계인이 지상에 나와 지구인과 공개적으로 만나는 일은 UFO 전 역사에서 거의 일어나지 않은 아주 드문 현상이다. 내가 아는 한 이처럼 명명백백하게 지구인과 외계인의 만남이 지상에서 벌어진 적은 한 번도 없는 것 같다(비밀리에 만났다는 이야기는 도처에서 전해지지만 말이다).

이 사건에 대한 이야기는 매우 흥미롭지만, 우리의 주제가 아니니 이쯤에서 그치고 본령으로 돌아가자. 이때 이 사건을 조사한 사람들은 현상만 가지고 호들갑을 떨었는데, 사건이 있은 지 두 달 정도 뒤늦게 나타난 맥은 아이들을 심층 면접함으로써 다른 사람들이 알아내지 못한 고급 정보를 캐낼 수 있었다. 당시 아이들 가운데 몇몇은 외계인으로부터 텔레파시 형식으로 앞으로 지구가 어떤 상황에 처하게 될지에 대해 심상(mental image)으로 정보를 전달받았다. 그들은 자신들이 그런 정보를 전달받았다는 사실조차 알지 못하고 있었는데, 맥이 그 아이들을 심층적으로 개별 면담하자 그 진상이 드러난 것이다.

이와 같이 맥이 UFO 피랍 체험을 대하는 태도를 보니 그는 언제나 표면에 나타나는 피상적인 것을 넘어서 보다 더 깊은 차원을 알 수 있게 해주는 연구를 한다는 느낌을 받았다. 이것은 맥이 피랍자들을 심층 면접함으로써 가능한 일이었을 것이다. 이 과정을 통해 이

『Abduction: Human Encounters
with Aliens』 존 맥(1994)

『Passport to the Cosmos』
존 맥(1999)

체험이 갖는 진정한(?) 의미가 드러나는 것이다. 이것은 맥이 정신의
학을 깊게 연구했을 뿐만 아니라 정신과 의사로서는 드물게 인간의
무의식과 만날 수 있는 명상 수련을 직접 수행했기 때문에 가능했던
일로 보인다. 그래서 그런지 그가 분석하는 피랍자의 체험은 나에게
큰 울림이 있었고 강한 호소력이 있었다. 내가 이렇게 반응한 것은
나 역시 종교학을 전공한 터라 그의 영적인, 혹은 종교적인 해석이
마음에 와닿는 바가 많았기 때문일 것이다. 이렇게 생각한 끝에 나는
이 UFO 피랍이라는 희유의 사건을 제대로 이해하려면 맥의 연구가
반드시 소개되어야 한다는 확신이 들었다.

『The Believer』
랄프 블루멘탈과
그의 저서(2021)

『UFOs and UAP: Are we Really Alone?』
제프리 미쉬로브의 편저(2024)

　　내가 이 책을 쓰게 된 배경은 대강 이런 것인데, 물론 맥의 연구만 소개하겠다는 것은 아니다. 앞에서 말한 홉킨스나 제이컵스의 연구도 참조할 것이다. 나는 이번 책에서 맥의 연구를 소개하기 위해 그의 두 주요 저작, 즉 『Abduction: Human Encounters with Aliens』(1994)과 『Passport to the Cosmos: Human Transformation and Alien Encounters』(1999)를 주로 참고할 것이다. 그런데 마침 2021년에 그의 전기라 할 수 있는 『The Believer: Alien Encounters, Hard Science, and the Passion of John Mack』이라는 책이 출간되어 맥의 일생이나 성향, 그리고 연구를 아는 데에 많은 도움을 주었다. 특히 맥의 일생에 대한 것은 이 책이 아니면 정보를 얻을 수 없었다는 데에서 이 책의 값어치는 크다고 하겠다. 이 책은 뉴욕타임스에서 오랫동안 기자 생활을 한 랄프 블루멘탈(Ralph Blumenthal)이라는 사람이 쓴 것인데, 사실 이런 일은 잘 발생하지 않는다. 즉 일반 교수의 전기를 유명 신문사 기자 출신인 사람이 쓰는 일은 거의 일어나지 않는다는 것이다. 그래서 신기하다. 이것은 그만큼 UFO 연구계에서 맥이 제시한 이론이 출중하고 그 결과 후세에 끼친 영향력이 크다는 사실을 방증하는 것이라 하겠다.

그 외의 자료를 보면, 제프리 미쉬로브가 편집한 『UFOs and UAP—Are We Really Alone?』(2024)에 그가 맥과 블루멘탈을 개인적으로 면담해서 각각의 장으로 실어놓은 것이 있다. 미쉬로브에 대해서는 내가 다른 책에서 상세하게 설명하였으니 여기서는 줄이기로 하는데, 그를 처음 접하는 사람은 그를 '현대 초심리학의 대부'라고 이해하면 되겠다. 그는 수십 년간 '(New) Thinking Allowed'라는 제목의 TV 프로그램과 유튜브 채널을 운영하면서 초심리학과 관계된 인사들을 초청해 대화를 나누고 그것을 채널에 올려놓았다. 그 가운데에 미쉬로브가 맥과 블루멘탈을 차례로 초청해 대화를 나눈 영상이 있다. 그는 나중에 이것을 녹취해 요약해 이 책에 실은 것이다. 미쉬로브가 이 두 사람을 면담한 이유는 그만큼 이들의 연구가 수준이 높았기 때문이었을 것이다. 나는 이번 책을 쓰면서 이 면담으로부터 많은 도움을 받았다. 특히 책에서 접할 수 없었던 생생한 현실을 마주할 수 있어 좋았다. 끝으로 언급하고 싶은 참고 자료는 다수의 영상이다. 이번 책에서 이 자료들을 일일이 언급하지는 않았지만

나는 상당히 많은 양의 영상을 시청했고 그것을 나의 설명에 녹여서
포함시켰다.

III

이번 책의 서술 형식을 보면, 일단 서론 격으로 내가 그동안 UFO
출몰 사건이나 UFO 피랍 현상에 대해 갖고 있던 견해를 소개하면서
시작하려고 한다. 나는 지금까지 꽤 오랫동안 이 현상에 대해 관심을
갖고 살펴 보았는데, 그 과정을 설명하는 일이 필요하다는 생각이 들
었다. 왜냐하면 내가 이처럼 황당한 주제에 어떻게 관심을 갖게 되었
고 나중에 어떻게 진지하게 연구하게 되었는가를 밝히는 것은 독자
들에게 기본적인 정보를 제공하는 것이라고 생각했기 때문이다.

UFO 현상을 연구하는 사람들은 대체로 비슷한 경로를 밟는 것
같다. 처음에는 단순한 호기심에 이 현상을 바라보는데, 이때에는 회
의론적인 입장에서 접근하는 경우가 많다. 이 현상이 너무나 황당하
니 선뜻 믿을 수 없는 것이다. 이것은 당연한 일이다. 외계에서 왔다
고 하는 이상한 비행선이 지상에 추락했다고 하지를 않나, 그 현장
에 사마귀처럼 생긴 외계인이 있었다고 하지를 않나, 그때 수거된 비
행선이 미국의 모처에 보관되어 있다고 하지를 않나 하는 등등 이
UFO와 관계된 것들은 모두 믿을 수 없는 것투성이니 회의적인 시
각을 가지지 않을 수 없는 것이다. 그래서 사람들은 보통 이 현상에
대해 더 이상 관심을 기울이지 않고 잊어버린다. 그러나 진짜 UFO

에 관심 있는 사람은 단순한 호기심 차원을 넘어서서 탐구를 이어간다. 그러다 서서히 이 주제에 빠져들고 심층적인 연구를 하게 되면서 UFO 사건이나 UFO 피랍 사건이 지닌 진정한 의미를 알게 된다. 이것이 통상 UFO 연구자들이 겪는 과정인데, 나도 이와 비슷한 경로를 밟아서 여기까지 왔다.

이처럼 UFO 피랍 체험에 대해 내 소견을 밝히려고 한 데에는 또 다른 이유가 있다. 그것은 이 같은 선(先) 이해를 지니고 맥의 연구를 접해야 그의 연구를 제대로 이해할 수 있다고 생각했기 때문이다. 앞에서 말한 대로 이 주제에 관한 연구 가운데에는 맥의 것을 뛰어넘을 만한 것이 없지만 독자들이 갑자기 그의 연구를 대하면 생소해서 당황할 것 같았다. 그의 연구는 이 주제에 대한 일반적인 연구의 수준을 훌쩍 뛰어넘는 것이라 이 주제를 처음 접하는 사람은 그의 주장을 이해하는 것이 힘들 것이라는 생각이 들었다. 따라서 이 주제에 대한 나의 설명을 먼저 읽고 그다음에 맥의 연구를 접하면 이해하는 일이 훨씬 쉽지 않을까 한다.

이 같은 선 이해가 끝나면 본격적으로 본론에 진입해야 한다. 본론 격인 다음 부분에서는 그의 연구를 상세하게 소개할 것이다. 그런데 맥의 연구를 이해하려면 맥 자신에 대해 알아야 한다는 생각에 따라 첫 부분에서 그의 일생을 간단하게 다루었다. 이 작업에는 앞에서 말한 블루멘탈의 책이 큰 도움이 되었다. 이 책에는 맥 자신의 저서에는 나오지 않는 여러 사건들이 소개되어 있어 맥을 이해하는 데에 많은 도움을 주었다.

그다음 장에서는 그가 설명하는 피랍 체험의 전모를 볼 것이다.

그런데 피랍 체험이 어떻게 구성되고 진행되었는가는 이제는 꽤 많이 알려져 있어 자세한 설명이 필요할 것 같지 않다. 그러나 우리에게 중요한 것은 맥이 이 체험을 어떻게 이해했는가이기 때문에 이 부분에서 그 주제를 상세히 다루었다. 같은 피랍 체험도 그것을 설명하는 사람에 따라 다르게 해석되기 때문에 맥이 피랍 체험을 어떤 시각에서 바라보았는가는 그의 사상을 이해하려 할 때 매우 중요하다.

그다음으로 중요한 것은 맥이 소개하는 사례를 보는 일이다. 지금까지 본 것처럼 이론만 보아서는 맥의 견해를 제대로 알 수 없다. 그의 생각을 알려면 그가 UFO 피랍 체험 사례를 어떻게 정리하고 분석했는가를 보아야 한다. 이 작업을 위해 나는 맥의 책(1994)에서 가장 괄목할 만한 다섯 가지 사례를 선정해 그것을 집중적으로 분석했다. 독자들은 이 부분에서 맥이 다른 연구자들과 어떻게 다른 견해를 가졌는지 확실하게 알게 될 것이다. 그런 다음 결론 격으로 그런 사례를 통해 맥이 무엇을 말하려고 하는지 정리하고 분석하면서 이 책을 마칠 것이다. 이 장에서 말하는 것은 앞에서 이미 부분적으로 다 발설한 것이라 앞의 내용들을 요약하는 형태가 되지 않을까 한다.

이렇게 이 책을 읽고 나면 독자들은 이 기이한 사건의 진상을 어느 정도는 이해하리라 믿는다. 그렇게 해서 이 황당무계한 사건이 지니는 의미를 편린이나마 알 수 있게 된다면 더 바랄 것이 없겠다. 그와 동시에 존 맥이라는 연구자가 이 현상에 대해 얼마나 수준 있는 연구를 했는지도 알아차릴 것으로 예측해 본다. 이러한 이해에 힘입어 여러분들이 이 세계와 우주에 대해 갖는 시야의 지평선이 좀 더 트였으면 하는 작은 바람을 갖고 서문을 마친다.

I

내가 바라보는
UFO 피랍 현상

나의 UFO 탐구 여정

이번 장은 서문에서 말한 대로 내 이야기를 하는 것으로 시작한다. 내가 어떤 과정을 거쳐서 UFO 현상 같은 기이한 사건에 대해 관심을 갖게 되었는지를 말하려는 것이다. 나는 오래전부터 UFO 현상 전반에 대해 깊은 관심을 갖고 있었는데 그 기간으로 치면 아마 수십 년 전부터일 것이다. 어림짐작으로 1970년대 중반에 대학에 다닐 때부터 이 주제에 관심을 가졌으니 50년도 넘게 UFO 현상에 대해 관심이 있었던 것이다.

관심은 있었지만 본격적으로 UFO에 대해 파고들지는 못했다. 그럴 수밖에 없는 것이 당시는, 지금도 크게 달라지지는 않았지만, UFO에 대한 자료가 별로 없었기 때문이다. 그러다가 그나마 어느 정도 전문적으로 이 주제를 파헤치게 된 것은 지영해 교수를 만나면서부터였다. 그와 오랫동안 깊은 대화를 나누는 과정에서 UFO 현상에 대해 새로운 이해를 할 수 있었고, 그 결과로 나온 책이 2015년

『외계지성체의 방문과
인류종말의 문제에 관하여』

에 출간한 『외계지성체의 방문과 인류 종말의 문제에 관하여』였다. 그런데 그런 식으로 UFO에 대해 파다 보니 자연스럽게 UFO 피랍 사건을 알게 되었고, 이 사건에는 심상치 않은 면이 있다는 것을 발견했다. 이 피랍 체험은 다양한 UFO 현상 가운데 하나지만, 어떤 면에서는 이 현상이야말로 UFO 사건의 핵심이라고 할 수 있을 정도로 그 중요성이 지대한 것으로 보였다. 그렇게 생각한 이유는 간단하다. 사실 여부를 차치하고 UFO나 외계인을 직접 목격했을 뿐만 아니라 다양한 방법으로 외계 존재들과 교류한 사람은 이들밖에 없기 때문이다. 따라서 우리가 UFO 현상을 이해하려 할 때 이 피랍 현상을 거론하지 않는다는 것은 생각할 수 없었다.

이 피랍 현상은 1960년대 중반부터 알려지기 시작했는데, 그전까지 인류는 UFO에 대해 극히 피상적인 지식밖에 갖고 있지 않았다. 우리가 할 수 있는 일이라고는 하늘에 떠 있는 UFO나 목격하고 그 움직임만 관찰할 뿐 더 이상의 정보는 접할 길이 없었다. 물론 미국의 로즈웰에서 일어난 사건의 경우처럼 UFO가 추락하고 그곳에 있던 비행선이나 외계인들을 모두 수거해 간 미국 정부는 우리와는 비교도 안 되게 많은 자료를 갖고 있을 것이다. 사실 로즈웰 이외에도 UFO가 추락한 사례는 더 많기 때문에 미국 정부가 UFO나 외계인에 대해 갖고 있는 정보는 상상을 초월할지도 모른다. 그러나 미국 정부는 완고함과 오만함 때문에 그 정보를 일반 대중과 나눌 생각을 하지 않으니 그 정보는 있으나 마나 한 것이라고 할 수 있다.

그런 상황에서 UFO에 피랍되었다고 주장하는 사람들의 이야기는 UFO 연구자들에게는 '귀하디귀한' 자료가 아닐 수 없었다. 왜냐하면 그들이 전하는 외계인들의 외모나 행태, 생각 등을 통해 어렴풋이나마 그들의 정체를 알 수 있었기 때문이다. 그뿐만 아니라 피랍자들의 증언을 통해 우리는 UFO라고 불리는 이 외계 비행체가 어떻게 생겼고 그 내부에 무엇이 있는지 등에 대해서도 어느 정도 짐작할 수 있게 되었다. 그런데 문제는 피랍자들의 체험 그 자체에 있었다. 앞에서 이야기했지만 이들의 체험은 황당 그 자체이기 때문이다. 사람들 가운데에는 UFO 현상 자체도 믿지 않는 사람이 많다. 그러나 그래도 UFO는 하늘에 떠 있어 물리적인 차원에서 눈으로 볼 수 있고 많은 영상 자료가 있어 어느 정도라도 믿을 만한 여지가 있다. 그런데 이 피랍 사건은 그와는 전혀 궤도를 달리한다. 이 주제는 하도 기괴해서 UFO 피랍 문제를 꺼낼라치면 사람들은 손사래를 치며 아예 언급하는 것 자체를 막는다. 황당해도 유분수지 UFO 피랍 사건은 처음부터 귀신 씻나락 까먹는 소리처럼 들리기 때문이다. 벌레처럼 생긴 조그만 녀석들이 이상한 비행체에서 나와 사람들을 끌고 가든가 아니면 사람들이 비행선에서 쏜 광선에 의해 공중 부양되어 비행선 안으로 끌려 들어간다는 이야기는 황당함을 넘어서 막장의 이야기로 들릴 수밖에 없었을 것이다.

　나도 이 UFO 피랍 현상에 대해 잘 모를 때는 그렇게 생각했다. 말도 안 된다고 말이다. 누가 이 현상에 대해 말하려고 하면 무슨 자다가 봉창 두드리는 소리 하냐고 응대도 하지 않았다. 이 같은 상황은 내가 UFO를 처음 접할 때도 똑같았다. 나는 UFO에 대해 지대한 관심을 갖고 있었지만 '그게 진짜일까? 이런 대명천지에 비행접시 같은 게 날아다닌다는 게 정말일까?' 하는 의구심을 떨쳐버릴 수가 없었다. UFO 이야기는 공상과학소설 같은 데나 나오는 것이지 실제로 존재한다고 믿기에는 미심쩍은 부분이 너무 많았다. 그런데 UFO에 대한 공부를 진지하게 시작하면서 널리 책을 보고 더 나아가서 엄청난 양의 영상 자료를 접해 보니까 UFO(그리고 외계인)가 실재한다는 것은 너무나도 당연한 사실이라는 것을 알게 되었다. 그다음부터는 UFO의 실재를 부정하는 사람들이 외려 이상하게 보였다. 왜냐하면 이렇게 명백한 데이터(data)가 있는데 그것을 부정하는 것은 어불성설이었기 때문이다. 이것은 흡사 손으로 눈을 가리고 하늘이 없다고 하는 것과 같았다.

　그런데 UFO 현상을 그렇게 부정하는 사람들을 보면 이 주제에 대해 제대로 된 책이나 영상을 접한 적이 거의 없는 것 같았다. 이런 자료들을 한 번도 접해보지 않았으면서도 자신이 갖고 있던 기존의 신념에 반하니까 그 이야기를 무조건 부정하는 것이다. 나는 이러한 태도의 부당함을 밝히기 위해 과거에 천동설과 지동설이 싸울 때의 상황에 비교해서 말을 많이 한다. 천동설이 진리로 되어 있을 때 지동설이 대두되자 천동설 주장자들은 기존의 이론에 부합되지 않는다고 하면서 지동설을 무조건 부정했다. 그러나 아무리 부정해도 데이터를 무시할 수는 없었다. 분명히 데이터는 지동설이 사실이라는 것을 가리키고 있었기 때문이다.

그래서 선각자들은 기존의 이론에 집착해서는 안 된다고 주장한다. 그런데 과학자들은 보통 자신이 신봉하는 이론에 빠져 그 이론에 반하는 현상은 무조건 배척한다. 아무리 그 이론이 틀렸다는 데이터가 나와도 무시하고 자신이 따르는 이론에만 집착한다. 이것이 유명한 '이론과 데이터'의 싸움이다. UFO의 실재 문제도 꼭 이와 같다. 기존의 과학 이론으로는 UFO 현상이 터무니없는 것으로 보이지만 데이터는 UFO가 실재한다는 사실을 너무나도 명백하게 보여주고 있으니 이론에 집착하지 말고 데이터를 보자는 것이다. 인식의 틀에 갇히지 말고 현실을 있는 그대로 직시하자는 것이다.

UFO의 실재에 대해 처음에는 다소 회의론적인 태도를 갖다가 긍정적인 태도로 바뀌는 식의 패턴은 UFO 연구자들 사이에서 자주 발견되는 현상이다. 대표적인 예가 UFO학(Ufology) 연구의 선구자라 할 수 있는 앨런 하이넥 교수라 할 수 있다. 미국의 국방부가 로즈웰 등에 UFO가 추락한 것에 자극받아 UFO를 전문적으로 연구하기 위해 1950년대에 그 유명한 블루북 프로젝트를 시작한 것은 잘 알려진 사실이다. 이때 하이넥은 국방부의 권유를 받고 고문과 같은 역할을 맡으면서 이 프로젝트에 합류했다. 고문이라고 하지만 상당히 주도적인 역할을 한 것으로 알려져 있다. 그런데 그가 이 프로젝트에 합류한 것은 UFO가 존재한다는 것을 밝히기 위한 것이 아니라 외려 그 반대였다. 그는 당시 UFO 현상에 대해 매우 회의적이었기 때문에 미국에서 일어난 UFO 사건이 모두 허구임을 밝히려고 이 프로젝트에 참여한 것이었다. 그런데 수많은 사례를 접하고 연구를 거듭할수록 UFO가 존재한다는 것이 너무나도 명백해지자 그는 태도를 180도 바꾸어 UFO의 지지론자가 된다. 그런데 이 견해는 미국 국방부가 인정하지 않는 것이라 하이넥은 국방부와 잦은 마찰을 겪게 된다. 그러다가 그는 진실을 부정하는 국방부와 감연히 절연하고 자기만의 연구소를 만들어 UFO를 적극 지지하는 입장에서 연구를 거듭하게 된다.

나도 UFO의 로즈웰 추락 사건을 두고 하이넥과 비슷한 경험을 했다. 즉 회의론자에서 긍정론자로 바뀌었다는 것이다. UFO 사에서 가장 중요한 사건 중의 하나인 로즈웰 사건을 처음 접했을 때 나는 이 사건을 파헤치는 사람들을 보면서 '세상에는 참으로 할 일 없는 사람들이 많이 있구나'라고 생각했다. 당시 나는 UFO 현상에 대해 그래도 꽤 긍정적인 자세를 유지하고 있었지만 이 로즈웰 사건은 너무 나갔다는 생각이 들었다. 이 사건은 통상적인 UFO 목격 사건처럼 그냥 하늘에 UFO가 출몰했다는 것과는 차원을 달리했으니 말이다. 나는 이 사건에서 UFO가 추락했다는 것부터 믿기지 않았다. 그런데 이 사건은 거기서 끝나지 않고 현장에 UFO 잔해와 더불어 외계인들이 있었다는 것이다. 그리고 그 외계인 가운데 어떤 친구는 죽었고 어떤 친구는 살아 있었다고 한다(어떤 외계인은 군인이 쏜 총에 맞았다는 설도 있다). 이런 이야기들이 전혀 실현성이 없어 보였는데 믿을 수 없는 이야기는 계속되었다. 즉 이 외계 비행선은 잔존 외계인들과 함께 미군 기지 어디론가로 실려 갔다고 하는데 정확히 어디로 갔는지는 아무도 모른다. 그저 소문만 난무할 뿐이다. 이게 아주 간추린 이 사건의 전모인데 그 황당함은 상상을 절하지 않는가?

　이 사건이 지닌 황당함을 여기서 다 볼 수는 없으니 몇 가지만 간단하게 살펴보자. 우선 인간이 만든 비행기도 잘 안 떨어지는데 인간보다 기술력이 엄청나게 앞섰다고 하는 외계인들의 비행선이 저렇게 속절없이 떨어지는 것부터가 그렇다(UFO는 로즈웰에만 떨어진 게 아니라 다른 지역에도 많이 떨어졌는데 이에 대해서는 내가 이전 책(『Beyond UFOs』)에서 상세히 다루었다). 그런가 하면 진짜 비행선이 떨어졌다면 떨어진 곳에서 그냥 폭발하고 산산조각이 나는 게 정상인데 이 비행체는 땅에 부딪힌 다음에 반동으로 튕겨서 수 킬로미터(?) 밖에 다시 떨어졌다고 한다. 그런데도 비행체가 부분적으로만 파손되었을 뿐 전체적인 형태는 유지했다는데 도대체 이게 말이 되는 소리인가? 그렇게 사정없이 떨어졌는데 어떻게 부분만 파손될 수 있다는 말인가? 더 말이 안 되는 것은 비행선이 그렇게 세게 땅에 부딪혔는데 그 안에 타고 있던 외계인 중에 살아 있었던 친구가 있었다는 것이다. 이건 정말 말이 안 된다. 그 외계인의 몸이 만일 물질로 만들어졌다면 그는 살아 있을 수가 없다. 그 충격을 받고 몸이 파열되지 않는 것은 있을 수 없는 일이기 때문이다. 이런 것 외에도 황당한 일이 한둘이 아닌데 이 지면은 그것을 밝히는 자리가 아니니 에서 그치기로 한다.

　그런데 내가 나름대로 로즈웰 사건을 심도 있게 조사해 보니 이 사건은 실제로 일어났다는 것을 알 수 있었다. 그러니까 분명히 UFO 한 대가 떨어졌고 비행체와 그것에서 나온 외계인들이 모 기지로 운송됐다는 것이 모두 사실이었던 것이다(한 대 이상이 떨어졌다는

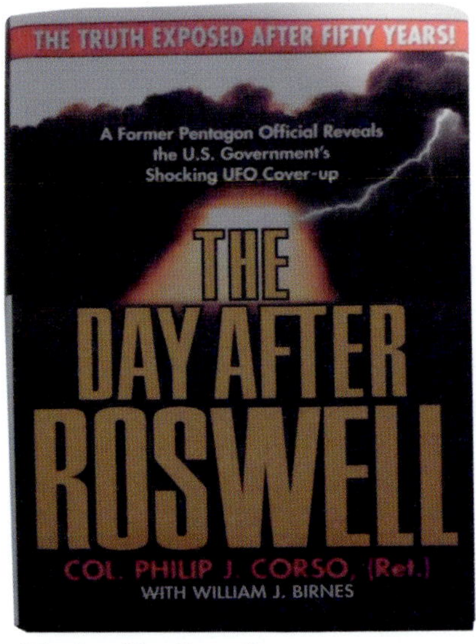

『The Day After Roswell』
필립 코르소 외(1997)

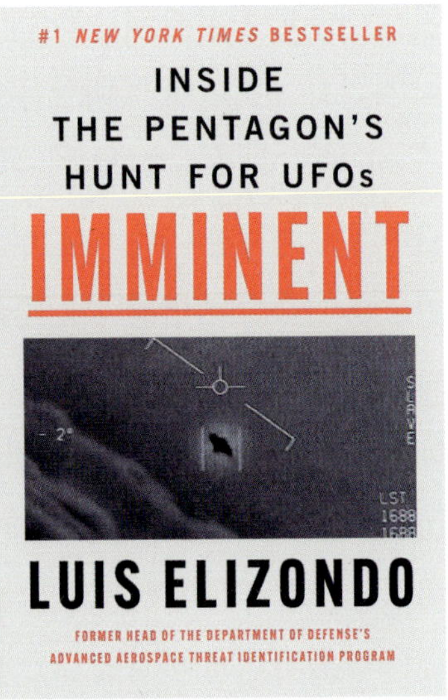

『Imminent: Inside the Pentagon's
Hunt for UFOs』
루이스 엘리존도(2024)

설도 있다). 이렇게 결론 내린 이유는 최근의 연구 성과 덕이라 할 수
있다. 예를 들어 필립 코르소의 문제작인 『The Day After Roswell』
(1997)이나 루이스 엘리존도의 『Imminent』(2024)와 같은 자료는 로
즈웰 사건이 알려진 그대로 발생했다는 것을 인정하는 데에 결정적
인 역할을 했다. 그뿐만 아니라 내가 영상으로 접한 다수의 언론 보도
도 로즈웰에 진짜로 UFO가 추락했고 외계인이 사로잡혔다는 사실을
확인해 주었다. 이런 과정을 거치면서 나는 UFO와 외계인의 존재를
옹호하는 사람으로 변신하고 말았다.

UFO 사건보다 더 황당하지만 외면할 수 없는 UFO 피랍 사건

앞에서 본 것처럼 UFO를 공부하다 보면 그 연구의 시각이 불신, 의심 혹은 회의에서 인정과 믿음으로 변하게 되는데, 이런 태도의 변화는 UFO 피랍 사건에도 적용된다. UFO 피랍 사건은 UFO와 관련된 사건 가운데 가장 황당하다고 했다. 앞에서 잠깐 본 로즈웰 사건보다 더 황당하다. 공상과학 소설에 나와도 너무 비현실적이라고 비판받을 이야기가 바로 이 UFO 피랍 사건이다. 우리가 전혀 알지 못하는, 즉 접한 적도 없고 본 적도 없는 외계인이라는 미지의 존재가 인간을 납치해서 온갖 생체 실험을 하고 인간으로부터 정자나 난자를 채취해 혼혈종을 만든다는 이야기는 그 황당무계의 수준이 세상의 어떤 이야기도 능가할 것이다. 특히 혼혈종을 만드는 일은 이전에는 없던 생명을 창조하는 일이니 이것은 조금 과장하면 거의 창조주급에 해당하는 일이 아닌가 하는 생각도 든다. 그런데 그런 일이 보이지 않을 뿐만 아니라 그 존재 여부도 확실하지 않은 UFO 안에서 이루어지고 있다니 그 사기성이 얼마나 큰지 알 수 있지 않을까 싶다.

그런데 이 UFO 피랍 사건을 그저 사기나 가짜라고 낙인찍기에는 거부할 수 없는 무엇인가가 있었다. 또 이 사건을 무시한다고 해서 이 현상이 없어지는 것도 아니었다. 이 현상을 무시할 수 없는 데에는 여러 가지 이유가 있는데, 그중에 몇 개만 보아도 그 사정을 알 수 있지 않을까 싶다. 우선 고려해야 할 것은 피랍자의 수(數)다. 사실 피랍자의 수가 정확히 얼마나 되는지는 누구도 모른다. 앞서 말한 대로 피랍된 사람 중에는 자신이 그런 경험을 했다는 사실을 알지 못하는 사람이 있을 뿐만 아니라 또 혹시 알고 있더라도 발설하지 않는 사람이 꽤 있기 때문이다.

그러나 자신이 UFO에 피랍된 것 같다고 '호소'하는 사람들은 꾸준히 있었다. 이 문제에 관해 제이컵스는 자신이 교수로 있었던 템플대학교의 학생 1,200명을 대상으로 설문 조사를 했다. 그랬더니 약 5.5%가 UFO에 납치된 적이 있는 것 같다는 결과가 나왔다고 한다. 또 다른 기회가 있어 통계 조사를 해보았더니 그때는 약 6%가 비슷한 경험을 했다고 밝혔다고 한다. 이런 결과를 토대로 제이컵스는 미국의 전체 인구 가운데 약 1,500만 명이 UFO 피랍 체험을 했다는 추산이 나왔다고 보고했다. 이 숫자를 있는 그대로 믿을 수 있을지 모르지만 이 책의 주인공인 맥도 수십만 또는 수백만 명이 같은 체험을 했을 것이라고 주장하는 것을 보면 이 주장이 완전히 틀렸다고는 보기 어려울 것 같다.

이처럼 UFO 피랍 체험을 한 사람의 정확한 숫자는 알 수 없더라도 우리가 생각하는 것보다 훨씬 많은 사람이 이 체험을 한 것은 부정할 수 없을 것 같다. 물론 많은 사람이 체험했기 때문에 그 체험이 진실이라고 할 수는 없다. 사람들이 집단 환각에 빠질 가능성은 언제든지 있기 때문이다. 그러나 이처럼 많은 사람들이 주장하는 일이라면 거기에는 분명 사실적인 면이 있을 가능성이 클 것이다. 그들이 주장하는 것이 전부 진실이라고 할 수는 없어도 적어도 일부는 진실일 수 있다는 것이다. 이 현상 가운데 일부라도 진실이라면 그 현상을 살펴보는 일이 필요하지 않을까 싶다.

다음 요인은 더 중요하다. UFO 피랍 체험이 진실일 수 있다는 근거로 가장 많이 등장하는 것은 그 체험이 지닌 일관성이다. 체험자들이 엄청나게 많지만 그들의 증언이 큰 틀에서 일치한다는 것이 그것이다. 체험자들이 그렇게 많다면 그들의 체험이 다양하게 나타나 일관성을 찾기 힘들어야 할 텐데, 그 체험이 모두 대동소이(大同小異)하니 놀라운 것이다. 그런데 이들은 아는 사이가 아니기 때문에 서로 정보를 교환할 만한 기회가 없었다. 그들은 사는 지역도 다르고 나이도 다르고 성별도 다르고 인종도 다르고 체험한 연도도 다르고 뭐 하나 비슷한 것이 없다. 그런데도 그들이 주장하는 UFO 피랍 체험은 전체적인 윤곽이 놀랄 만큼 비슷하니 할 말을 잃게 만든다.

그들이 공통으로 발설하는 내용에 대해서는 위에서 간단하게 보았다. 여기서 독자들의 이해를 돕기 위해 그 내용을 다시 한번 간단하게 정리해 보자. 우선 그들은 UFO나 빛을 목격하고 여러 가지 방법으로 UFO 안으로 끌려가서 다양한 생체 실험을 당한다. 이 실험에는 대부분 정액이나 난자를 채취당하는 순서가 포함되어 있다. 그 악몽 같은 생체 실험이 끝나면 그들은 자기도 모르는 사이에 납치되었던 곳으로 되돌려 보내지는데, 본인은 어떻게 그곳에 돌아왔는지 기억하지 못한다. 그런데 다음 날 아침에 일어나 보면 코에 피가 난다든가 생식기가 아프다든가 전혀 예기치 못한 곳에서 상처가 발견되고 어떤 경우에는 귀 같은 곳에 정체를 알 수 없는 작은 물체가 삽입되어 있는 것을 발견한다.

그것으로 끝나면 좋으련만 더 큰 문제가 생긴다. 체험을 한 이후부터 매일 불면이나 악몽에 시달리고 근원을 알 수 없는 공포증을 겪는다. 그뿐만이 아니라 간간이 섬광처럼 자신이 어디론가로 가서 밀폐된 방에서 알 수 없는 존재에 둘러싸여 검진 같은 것을 받은 기억이 떠오르는데 정확한 것은 생각나지 않는다. 그러다 할 수 없이 정신과에 가서 치료를 받는데, 이때 의사로부터 최면과 같은 방법으로 시술을 받으면서 그 체험의 전모가 드러나게 된다. 그런데 이때에도 이 같은 격외적인 체험에 대해 개방적인 생각을 하는 의사를 만나야 최면도 받고 그와 관련된 치료를 받지, 그냥 정통적인 정신과 치료만 고집하는 일반적인 의사를 만나면 아무 소득이 없이 끝나는 경우가 많다.

이런 사례 가운데 대표적인 경우가 바니와 베티 힐 부부의 피랍 사건이다. 이들의 체험은 UFO 전체 역사에서 매우 중요한 자리를 차지하기 때문에 뒤에서 자세하게 볼 것이다. 이들은 위에서 말한 전형적인 납치 과정을 겪었을 뿐만 아니라 두 사람이 동시에 납치됨으로써 우리에게 이 체험의 진실성을 시험해 볼 수 있는 기회를 제공했다. 이 말이 무엇인가 하면, 이 두 사람이 만일 정말로 외계인에 의해 납치됐다면 그들이 최면을 통해 전하는 납치의 내용이 일치할 것이라는 추측이 가능하다. 그래서 이들의 증언이 일치한다면 그들은 정말로 납치됐다고 결론 내릴 수 있다는 것이다. 바니와 베티는 다행히 매우 유능한 정신과 의사를 만나 최면을 받았는데, 이 의사는 용의주도하게 두 사람을 따로 최면해서 그들의 증언을 비교했다. 그런데 이 두 사람은 그때까지 자신들이 납치되어 겪은 체험에 대해 서로 대화를 나눈 적이 없었다. 그럴 수밖에 없는 것이, 그들은 피랍 체험을 한 후 아무것도 기억하지 못했기 때문에 서로 의견을 나누고 말고가 없었던 것이다. 아무것도 떠오르는 것이 없으니 이에 대해서는 아무 말도 하지 않았던 것이다.

그런데 그들을 따로따로 최면하고 그 과정에서 밝힌 내용을 보니 양자의 진술이 정확히 일치했다. 사정이 이렇다면 이들이 겪은 체험은 진실이라고 보아야 한다. 만일 그 두 사람이 환상을 체험한 것이라면 그들의 진술에 일치하지 않는 부분이 나와야 한다. 그런데 이들의 증언은 그저 일치하는 정도가 아니라 외려 서로 보완되면서 더 완벽한 진술이 이루어졌다. 예를 들어 바니가 외계인들에 의해 끌려갈 때 의식을 잃고 있었기 때문에 그는 당시의 상황을 전혀 기억하지 못했다. 반면 베티는 그런 바니의 모습을 다 지켜볼 수 있었기 때문에 당시의 상황은 베티 덕에 온전하게 묘사될 수 있었다. 이런 것들이 모두 이 체험의 진실성을 말해주는 것 아닌가 싶다.

그러나 이 의사는 이런 현실을 인정하지 않았다. 그는 이 두 사람이 술회한 내용이 자신이 배운 의학적 소견에 배치되었기 때문에 단지 '공유된 꿈 혹은 환상'이라고 진단했다. 그가 배운 서양의 의학적 지식으로는 바니와 베티의 경험을 도저히 인정할 수 없었던 것이다. 그러나 이 견해에 대해 바니와 베티는 전혀 동의하지 않았고 자신들이 겪은 체험은 사실이라고 강하게 주장했다. 그들에게는 이 체험이 너무도 '리얼'한데 환상이라고 하니 반박하지 않을 수 없었던 것이다.

많은 사람들이 체험하고 연구하는 UFO 피랍 현상

이처럼 UFO 피랍자들은 모두 자신의 환경에서 개별적으로 체험을 했지만, 그들이 전하는 체험의 내용은 대부분 일치하기 때문에 이들의 체험을 부정할 수 없다고 했다. 이들의 체험을 무시할 수 없게 만드는 요인은 여기서 끝나지 않는다. 피랍 체험이 진실하다는 것을 간접적으로 말해주는 징표가 또 있다. 이 피랍자들이 스스로 자조(自助) 모임이나 지지 모임(support group) 같은 것을 만드는 것이 그것이다. 이들은 자신들이 분명히 대단히 강렬한 체험을 했음에도 불구하고 기존의 사회로부터는 조롱이나 무시만 받았다. 그러나 그들은 자신들의 체험이 분명히 실제로 일어났고 의미가 많다고 생각해 스스로 위로하고 격려하는 모임을 만들었다. 이들은 이렇게 서로 만나서 정보를 교환하고 자신들의 체험이 얼마나 귀중한 것인지를 알아나가는 것이다. 이런 모임은 뒤에서 사례로서 보게 될 캐서린이나 스코트의 사례에 등장하고 있으니 그때 다시 보기로 하자.

나는 이런 모임을 미국의 어느 TV 다큐멘터리 필름에서 본 적이 있다. 이런 사람들끼리 모여 발표회 같은 것을 하는데 그 수가 수백 명은 족히 되었다. 그 모습을 보고 나는 자신들의 체험이 얼마나 강렬하고 의미가 있었으면 저들이 스스로 모임을 만들고 저렇게 많이 모였을까 하는 느낌이 강하게 들었다. 그와 동시에 엉뚱한 생각이 들었다. 생뚱맞지만 귀신을 체험했다고 주장하는 사람들이 저 같은 지지 모임을 만든 적이 있을까 하고 생각해 본 것이다. 사회에서는 귀신이나 UFO(그리고 외계인)를 같은 범주에 넣어 황당한 환상이라고 여기기 때문에 이 두 주제를 연결해 본 것이다. 그런데 나는 지금까지 귀신을 목격한 사람들이 자신들을 위해 지지 모임 같은 것을 만든 것을 본 적이 없다. 물론 은밀하게 그런 모임을 만들고 자기들끼리 정보를 교환할 수는 있겠지만 UFO 피랍자들 모임처럼 공개적으로 모임을 만들고 지지 대회를 하는 등 그처럼 개방적인 태도를 취한 예를 보지 못했다. 그에 반해 UFO 피랍자들은 당당하고 개방적인 태도로 모임을 운용하니 그들은 자신들이 체험했던 현상이 결코 사기나 환상이 아니라 '리얼'하다는 것을 철석같이 믿고 있는 것을 알 수 있다. 이 같은 이들의 태도를 보면 그들의 체험을 무조건 무시하는 것은 바람직하지 않다는 생각이 든다.

UFO 피랍 현상이 진실일 수 있다는 것을 말해주는 또 하나의 간접적인 징표는 학자나 그에 버금가는 사람들이 이 현상을 연구하는 현실에서도 찾을 수 있다. 사실 UFO 피랍 현상은 다른 UFO 관련 현상에 비해 연구하는 학자들이 적은 편이다. 그러나 이 연구자들의 면면을 보면 대단히 뛰어난 사람이라는 인상을 받는다. 그중에서 이 책에서 주인공으로 다루고 있는 존 맥은 단연 출중한 연구자라고 할 수 있다. 맥 이전에 있었던 대표적인 연구자로는 1980년대에 『The Myth and Mystery of UFOs』라는 책을 쓴 민속학 전공자인 토마스 블라르드(Thomas E. Bullard)를 들 수 있다. 이 책은 UFO 피랍 체험 연구 분야에서 고전처럼 되어 있는 책이다. 그런가 하면 대학에 있는 교수로 이 현상에 '올인'한 사람은 템플 대학교의 제이컵스를 들 수 있다. 나는 이 책을 쓰면서 제이컵스의 연구에서 많은 지식을 얻을 수 있었다. 또 교수는 아니지만 이 책에서 간간이 다룬 버드 홉킨스나 휘틀리 스트리버도 대표적인 연구가라 할 수 있다. 이 가운데 스트리버는 연구자 가운데에는 드물게 피랍 경험이 있는 사람이라 매우 이채로운 사람이라 할 수 있다. 이렇게 연구자 본인이 UFO 관련 체험을 하는 경우는 그리 흔하지 않다. 그런데 스트리버는 그냥 그런 사람이 아니라 명망 있는 소설가였기 때문에 자신의 피랍 체험을 정리하고 나름대로 분석해서 훌륭한 책을 펴낼 수 있었다. 반면 홉킨스는 미국 사회에서 꽤 이름 있는 화가로 교양이나 양식이 출중한 사람이었다. 그런 그가 열정적으로 UFO 피랍 체험을 연구해서 괄목할 만한 저서를 출간했다.

여기서 내가 하고 싶은 이야기는, 이런 견식이 뛰어나고 성숙한 인격을 지닌 전문가들이 UFO 피랍 문제에 대해 관심을 갖고 나름대로 심대한 연구를 했다는 것 자체가 이 체험의 진실성을 현양하는 것 아니냐는 것이다. 그런데 이 사람들의 연구만 있었다면 나는 이 책을 쓸 생각을 하지 않았을 것이다. 물론 이들의 연구가 다 훌륭한 것이기는 하지만 무언가 깊이 면에서 부족함을 느꼈기 때문에 그들의 연구를 한국 독자들에게 소개해야겠다는 내적인 욕구는 느끼지 못했다. 그러다 나는 맥의 연구를 접했고 그 연구의 심오함에 매료되어 이 책을 쓸 생각을 한 것인데, 내가 여기서 주장하고 싶은 것은 맥 같은 출중한 연구자가 온 힘을 다해 연구한 주제라면 전적으로 그 진실성을 믿을 수 있지 않겠느냐는 것이다. 이것을 다른 방식으로 표현하면, 이 체험에 진실한 면이 없었다면 퓰리처상까지 받은 미국 최고의 지성인 중의 한 사람인 존 맥이 UFO 피랍 현상 같은 '집단적 환상'을 사실로 믿고 생의 후반기를 이 주제를 연구하는 데에 다 바쳤겠냐는 것이다. 물론 그가 연구했으니 그 주제가 진실한 것이라고 할 수는 없지만 진실일 수 있는 개연성은 충분히 있다고 본다.

우리의 주제와 관련해서 그다음으로 볼 사안은 앞에서 이미 많이 언급된 것이지만 피랍자들의 면면에 대한 것이다. 이것은 맥이 홉킨스를 찾아갔을 때 만난 UFO 피랍자들을 보면 알 수 있다. 맥도 처음에는 이 UFO 피랍 현상을 대단히 부정적으로 생각했다. 이것은 충분히 예상되는 바이다. 그런데 맥은 이 피랍자들을 만나서 이야기를 듣고 태도를 많이 바꾸게 된다. 맥이 이들의 체험을 백안시하고 일고의 가치도 없는 것으로 여기지 않았던 이유는 이들이 지닌 면모 때문이었다. 쉽게 말해 그들은 '미친' 사람이 아니었던 것이다. 맥이 보기에 그들은 이성적이고 차분하며 신중하고 경청할 줄 알고 자신의 한계를 아는 사람이었다. 이들은 정상을 넘어서 외려 일반인들보다 더 성숙한 인격의 면모를 보였단다. 그런 까닭에 맥은, 그들이 말하는 것은 상식적 입장에서는 황당하기 짝이 없지만 그들의 인격은 온전하니 그들의 발언을 고려는 해보아야 하지 않을까 하는 생각이 들었다고 한다. 전적으로 긍정할 수는 없지만 적어도 살펴볼 여지는 있다고 생각한 것이리라. 맥은 처음에 이렇게 생각하고 이들의 체험을 조사해 나갔는데, 나중에 그는 이 현상에 깊이 빠져 누구보다도 열심히 이 현상을 연구했다.

이들의 체험이 진실하다는 것을 보여주기 위해 맥이 마지막으로 제시하는 근거가 재밌다. 체험자들이 모든 불편이나 멸시를 감내하고 홉킨스 같은 전문 연구가들을 찾아온 것이 그것이라는 것이다. 이들은 이미 이 체험 때문에 많은 멸시를 받았고 무시를 당했다. 그런데 그런 일이 또 생길 수 있는데도 그들은 연구가인 홉킨스를 찾아온 것이다. 맥은 홉킨스를 찾아온 피랍자들을 보며 저들은 자신의 체험이 진실하다는 것을 확신하기 때문에 홉킨스를 찾아왔을 것이라고 생각했다. 그들은 자신의 체험이 진짜라고 믿지만 기억이 온전치 않고 이 체험을 도대체 어떻게 받아들여야 하는지에 대해 알고 싶어 홉킨스를 찾아온 것이다. 그런데 이들은 미국 전역에서 왔으니 항공료나 숙박비 등을 모두 자신이 부담해야 한다. 사정이 이런데도 이런 것을 감내하고 홉킨스를 찾아온 것은 자기 체험이 진실하다고 믿기 때문이 아니냐는 것이다. 그리고 이들은 자신의 기괴한 체험을 고백한들 명성을 얻는 것도 아니고 돈을 벌게 되는 것도 아니다. 어떤 이득도 취할 게 없다는 것이다. 아니 외려 비난만 받을 수 있다. 그런데도 피랍자들이 이런 식으로 연구자를 찾아오는 것은 그들의 체험이 진실이 아니면 가능하지 않을 것이라는 것이 맥이 내린 결론이었다. 나도 이 같은 맥의 결론에 동의하는데, 그렇다고 피랍자의 체험이 있는 그대로 사실이라고 생각하는 것은 아니다. 이들의 체험은 기존의 세계관으로는 도저히 수긍할 수 없는 면이 있어 전적인 수용은 어렵다.

이 정도면 이 피랍자의 체험이 사실일 수 있다는 근거를 꽤 제공했다고 생각한다. 물론 아무리 이런 근거를 대도 과학주의에 매몰된 사람은 가슴을 열지 않을 것이다. 그런데 이런 부정론자 혹은 회의론자들을 탓하기에는 이 피랍 체험에 분명 문제가 있다는 것을 고백해야 한다. 이런 문제 때문에 우리는 이 피랍 체험을 완전히 긍정하는 데에 주저하게 되는데, 다음 부분에서 그 문제점을 살펴보자.

피랍 현상에서 보이는 문제 - 특히 혼혈종 만드는 문제에 대해

UFO 피랍자들의 증언을 들어보면 그들이 말한 것처럼 분명히 납치가 일어난 것처럼 보인다. 그리고 비행선 안에서 생체 실험이 됐든 무엇이 됐든 무슨 일이 분명히 일어난 것 같다. 그런데 그렇게 일방적으로 수긍하기에는 묵과할 수 없는 문제점이 있는 것도 사실이다. 문제점을 지적할라치면 너무 많아서 문제다. UFO에 의해 납치되었다는 가장 기본 되는 사실부터 의심이 들기 시작하는데, 이렇게 시작해서 그 후에 일어난 사건에서도 의문점이 줄줄이 발견된다.

예를 들어보자. 피랍자가 외계인에 의해 납치되는 장면부터 우리의 이해 범위를 넘어선다. 이에 대해서는 앞에서 누누이 말했다. 이때 많은 경우에 피랍자가 UFO가 쏜 광선에 이끌려 떠올라 창문이고 벽이고 지붕이고 다 뚫고 지나갔다고 하는데, 이것부터가 너무 기괴해서 믿을 수 없다. 이 이외에도 이해 불가한 문제점들이 많지만 그것들을 다 볼 수는 없는 일이다. 그런데 이 피랍 사건의 핵심은 혼혈종을 만드는 일이다. 그래서 우리도 이 사안을 집중해서 보려고 하는데, 외계인들이 인간을 납치하는 목적은 이 혼혈종 만들기 프로젝트 외에도 인간의 육체나 심리, 감정, 문화나 사회 등을 이해하려는 데에도 있다고 한다. 그런데 이런 것까지 다루게 되면 우리의 탐구가 너무 광범위해져 감당할 수 없게 된다. 게다가 이 주제는 나의 한계를 넘어서는 것이라 이번 책에서는 다룰 수 없다. 이 주제를 연구하려면 서양, 특히 미국에서 나온 자료들을 섭렵해야 하는데, 한국에서는 이런 자료들을 접할 수 있는 방법이 없다. 한국은 어떤 도서관이든 이와 관련된 서책 등 관련 자료가 전혀 없다. 이런 이유로 나는 처음부터 이 책에서 UFO 피랍 현상을 전반적으로 다루는 깃이 아니라 존 맥의 이론에만 한정해서 보기로 한 것이다.

이 혼혈종을 만드는 과정은 피랍자마다 조금씩 설명이 달라 이 사안을 처음 접한 사람들은 다소 혼동될 수 있다. 그런데 이것을 제이컵스가 그의 책 『Secret Life』(1992, p. 310)에서 요약해서 제시하고 있어 그것을 소개하고 설명을 이어나갔으면 좋겠다. 그가 우선 강조하는 것은, 혼혈이라고 해서 외계인과 인간이 이종교배하는 것으로 이해하면 안 된다는 것이다. 그러니까 인간 사이에서 황인종과 백인종이 성적 교배하는 것처럼 외계인과 인간이 섞이는 게 아니라는 것이다. 여기서 제이컵스는 마이클 소워즈(Michael Swords)라는 교수의 설을 인용해 생물학적으로 외계인과 인류의 DNA를 섞는 일은 불가능하다고 밝혔다. 물론 이것은 외계인들이 DNA를 가졌다고 가정하고 하는 말이다(우리는 외계인이 인간들처럼 DNA를 가졌는지 아닌지 알지 못한다). 그러면서 인간은 동물과 매우 가까운 사이이기는 하지만 양자 간에 이종 교배가 이루어지지 못한다는 것을 예로 들었다. 이것은 종이 다른 경우에는 교배가 불가능하다는 생물학적인 진리에도 부합된다. 교배가 이루어지지 않는다는 것은 유전자가 섞이지 않는다는 것을 의미한다. 이런 상황을 염두에 두고 제이컵스는 혼혈종을 만든다는 것은 앞에서 말한 것처럼 이종 교배가 아니라 유전자의 변화를 꾀하는 것 같다는 조심스러운 결론을 내린다. 외계인의 유전자와 인간의 유전자를 섞는 게 아니라 인간의 유전자에 모종의 변화를 꾀한다는 것인데, 여기에도 의문이 들지만 일단은 제이컵스의 말을 들어보자.

이 과정은 다음과 같은 순서로 이루어진다. 먼저 외계인들은 인간을 납치해서 그들로부터 정액과 난자를 채취한다. 이 모습은 피랍 사례에서 단골손님처럼 자주 나타난다. 보고된 사례 가운데 가장 선두를 달리는 브라질의 보아스나 미국의 힐 부부도 피랍되었을 때 정자와 난자를 채취당하지 않았던가? 채취당할 때 가장 많이 나오는 장면은 남성의 경우 이상한 기기를 성기 위에 씌워 강제로 정액을 갈취하는 것이다. 그러면 그것은 관을 통해 옆에 있는 통으로 보내져 보관된다. 반면 여성의 경우에는 특별한 기기를 사용해 자궁으로부터 난자를 떼어내는 형태로 이루어졌다. 이것을 보관했다가 나중에 정액과 수정시키는 것인데, 이런 사례 말고 이해하기 힘든 경우가 있어 살펴보아야 하겠다.

이것은 인간 남성이 여성으로 간주되는 외계인과 성교하는 경우이다. 이런 사례는 보아스를 시작으로 해서 여러 남성 피랍자의 증언에서 발견된다. 이런 식으로 성교하는 것은 인간들이 하는 것과 똑같아서 인간 남성이 외계인 여성 몸 안에 사정하는 것으로 끝난다. 그런데 그 과정에서 인간 남성의 정액이 어떻게 추출되어 어디에 보관되는지 알려진 바가 없다. 피랍자들의 증언에 따르면 성교가 끝나면 외계인 여성은 사라져 버린다고 할 뿐 그다음의 과정에 대해서는 언급이 없다. 앞에서 본 남성의 사례에서는 성기로부터 정액이 추출되고 그것이 관을 따라 다른 용기로 옮겨진 다음 어디론가 보내져 보관되는 것으로 알려져 있다. 이에 반해 인간 남성이 외계인 여성에게 사정한 경우에는 이런 절차가 제대로 소개되지 않아 외계인 여성의 몸 안에 들어간 인간 남성의 정액이 그 뒤에 어떻게 되는지 알려진 바가 없다. 이런 모호함 때문에 이 체험에 대한 신임도가 떨어지는데, 그럼에도 불구하고 피랍자 본인들은 자신들이 겪은 일에 대해 추호도 의심하지 않는다.

그런 의문을 남기고 다음 단계로 가보자. 외계인들은 이렇게 채취한 정자와 난자를 시험관에서 수정시킨다고 하는데, 이에 대해서도 우리는 아는 바가 없다. 이것은 정자와 난자를 섞는 일일 텐데 이 일에 대해서 피랍자들이 증언을 남기지 않아 우리가 알 수 있는 방법이 없다. 피랍자들이 이 단계에 대해 아무 말도 하지 않은 것은 충분히 이해될 수 있는 사안이다. 그렇게 추정하는 근거는 다음과 같다. 시험관에서 정자와 난자를 섞는 일은 다른 공간에서 이루어졌을 텐데 피랍자들은 그 공간까지는 가보지 못했을 것이다. 피랍자들 가운데 수정 공간까지 가서 그 모습을 보았다고 증언한 사람이 없었으니 말이다. 그러니 그들은 이 과정에 대해 아무 말도 하지 못한 것이다.

의문은 끝나지 않았다. 정자와 난자가 섞이면서 수정되고 세포 분열이 일어나려면 인간의 자궁 속 같은 환경이 만들어져야 할 텐데 외계인들이 이 문제를 어떻게 해결했는지 여간 궁금한 게 아니다. 정자와 난자가 만나서 수정되는 환경은 대단히 예민해서 조금만 조건이 맞지 않으면 수정이 애당초 일어나지 않는 법인데, 외계인들이 이 문제를 어떻게 해결했는지 궁금한 것이다. 이 문제에 대해서도 나는 피랍자들의 증언이나 연구자들의 조사 결과를 접한 적이 없으니 함구하는 수밖에 없겠다.

이 시점에서 우리는 더 근본적인 질문을 던질 수 있다. 이런 식으로 인간의 정자와 난자가 합쳐졌다면 이것은 인간이 수정되는 것이지 혼혈종이 수정되는 것은 아니지 않느냐는 것이다. 그러니까 혼혈종이 되려면 인간의 정자나 난자가 외계인의 그것과 섞여야지 이처럼 인간의 정자와 난자가 합쳐지는 것은 혼혈종으로 볼 수 없다는 것이다. 그런데 인간과 외계인의 혼혈도 외계인이 인간처럼 DNA를 갖고 있다는 것을 가정했을 때 가능한 것인데, 우리는 이 사안에 대해서도 아는 게 없다. 즉 외계인이 인간이 지닌 DNA 같은 것을 갖고 있는지 확실히 모른다는 것이다. 그런데 다음 단계를 보면 굳이 인간의 유전자와 외계인의 그것이 섞이지 않더라도 혼혈 같은 것이 생길 가능성이 있을 것 같다.

외계인들의 혼혈종 만들기 프로젝트의 하이라이트는 그다음인데, 제이컵스의 설명이 너무 간단해서 자세한 정황은 알기 힘들다. 제이컵스에 따르면 이렇게 수정된 난자가 시험관 안에서 유전적으로 변형된다고 한다. 이 단계는 매우, 아니 제일 중요하다고 할 수 있다. 왜냐하면 여기서 혼혈종의 DNA가 결정되기 때문이다. 그래서 인간도 아니고 외계인도 아닌 제3의 종이 만들어진다는 것인데, 문제는 이 유전자 변형이 어떻게 일어나는지에 대해 자세한 설명을 접할 길이 없다는 데에 있다. 이에 대해서는 피랍자들도 한마디도 하지 않았다. 적어도 나는 이 단계에 대해 피랍자들이 설명하는 것을 접한 적이 없다. 상황이 이렇게 된 것은 당연한 일인지 모른다. 왜냐하면 이 과정은 피랍자들과는 관계없이 외계인들 사이에서만 이루어졌을 테니 말이다. 그렇지 않은가? 이 일이 정말로 일어난 것이라면 이 일은 UFO 안에 있는 특별한 방에서 은밀하게 이루어질 터이니 피랍자들은 그 현장을 목도할 수 없었을 것이다. 그러나 사정이 어찌 됐든 외계인들이 이 유전자 변형 작업을 구체적으로 어떻게 시행하는지 실로 궁금하기 짝이 없다. 가장 중요한 순서가 이렇게 흐지부지하게 처리되어 버리니 황망할 뿐이다. 이 단계에서 어떤 일이 벌어지는지 모른다면 혼혈종 만드는 일에 대해서는 아무것도 모른다고 해야 할지 모른다.

　그런데 UFO가 혼혈종을 만드는 것과는 결이 조금 다르지만 비슷한 일이 하나 있어 소개해 보았으면 한다. 인류가 오래전에 지금 인류와는 다른 신비한 인간종과 교배되었을 것이라는 연구 결과가 그것인데, 이것은 위스콘신 대학의 존 호크스(J. Hawks)라는 교수가 주장한 것이다. 나는 이 정보를 이 사람의 책에서는 접하지 못하고 히스토리 채널의 다큐멘터리 필름을 통해서 처음으로 알게 되었다. 그 내용이 상당히 충격적인데, 그가 과학적으로 분석해서 결과를 발표한 것이니 믿지 않을 도리가 없을 것 같다.

　호크스에 따르면 기원전 3천 년 정도에 살았던 인류의 DNA는 현 인류의 그것과 7% 정도가 다르다고 한다. 이것은 지금으로부터 5,500년 전쯤에 인류에게 이종 교배가 일어났다는 것을 의미한단다. 그러니까 인류가 다른 종과 섞이면서 유전자 조작이 일어났다는 것이다. 그렇지 않고서는 이 변화를 설명할 수 없다고 한다. 그래서인지 그 500년 뒤부터는 인류의 유전자가 이전보다 100배 빠르게 변했다고 한다. 그런데 이 사건을 간증하고 있는 것이 있는데 그것이 바로 신화라고 한다. 이것은 인류의 고대 문명과 외계인의 관계를 연구하는 사람들이 주장하는 것인데, 이들에 따르면 신화에서는 이때의 사건을 인간이 신이나 그에 버금가는 초자연적인 존재와 교배한 것으로 묘사하고 있다고 한다. 그런데 그들이 진짜 말하고 싶은 것은, 이때 말하는 초자연적인 존재는 다름 아닌 외계인으로 그들에 의해 인간의 유전자가 변형됐다는 것이다. 이런 이야기는 외계인에 대해 관심이 있는 사람에게는 긍정적으로 들리겠지만 그렇지 않은 사람에게는 귀신 씻나락 까먹는 소리로밖에는 들리지 않을 것이다. 우리도 여기에서 이 설의 진위를 가릴 수 있는 입장이 아니니 그냥 지나가기로 하지만 이 설이 매력적으로 들리는 것은 부인할 수 없다.

여기서 문제가 되는 것은, 앞에서 본 것처럼 외계인들이 인간의 유전자를 변형하는 과정이 어떻게 진행되었는지 밝혀진 것이 하나도 없다는 것이다. 그런데 이 유전자 변형은 UFO 피랍 사건에서 가장 중요한 것일진대 이에 관해 제대로 모른다면 피랍 체험 자체를 아예 모르고 있다고 해도 틀리지 않다고 했다. 그런 한계를 명확히 알고 다음 과정으로 넘어가자. 앞의 과정에 비해 그다음 과정은 단순하다. 이렇게 수정된 난자를 인간 여성의 자궁에 이식하는 것이 그다음 단계다. 이 일을 하기 위해 외계인들은 이 여성을 다시 UFO로 납치해서 이 작업을 한단다. 이번에도 그녀는 자신이 납치되었다는 사실을 알지 못하지만 후에 집으로 돌아와서 자신의 몸 상태가 수상하다는 것을 알게 된다. 그래서 병원에 가는 경우가 있는데, 이때 그녀는 의사로부터 임신했다는 진단을 받는다. 여기서 중요한 것은 수정된 난자가 인간의 몸에 이식됐다는 것인데, 나는 이 일에 대해서 의문이 생기는 것을 피할 길이 없다. 의문은 간단하다. 왜 굳이 수정된 난자를 인간 여성의 몸에 다시 넣느냐는 것이다. 질문을 다시 하면, 이 과정도 외계인들이 그들의 비행선 안에서 시행하면 되지 왜 수정된 난자를 굳이 인간의 몸에 다시 넣느냐는 것이다.

이에 대해 추정해 보면, 외계인들이 인간 여성의 자궁과 같은 환경을 만들어내지 못하기 때문이 아닐까 한다. 그런데 그렇게 생각하기에는 조금 의아한 부분이 있다. 이해가 안 되는 점이 있다는 것이다. 앞의 단계에서 보았듯이 그들은 인간의 정자와 난자를 수정시키는 기술을 갖고 있는 것 같다. 그런데 인간은 이 과정을 여성의 자궁 안에서 진행한다. 그렇다면 외계인들 역시 이 과정을 진행하기 위해 인간의 자궁과 같은 환경을 만들었을 것이다. 만일 이 일이 가능했다면 그냥 거기에서 임신 과정을 진행하지 왜 다시 '수정체'를 인간 여성의 자궁에 돌려놓는 것일까? 이것은 앞에서 말한 대로 그들이 인간 여성의 자궁을 대신할 만한 환경을 만들어내지 못했기 때문에 일어난 일이 아닐까 한다. 그러니까 외계인들은 비행선 안에서 인간의 정자와 난자를 수정시키는 기술은 가지고 있지만 그것을 배양할 만한 기술은 없는 것 아닌가 하는 추정을 해본다.

그런데 이것은 수태의 초기 단계에만 해당되고 그들은 곧 이 태아를 다시 UFO로 가져간다. 이것이 그다음 단계이다. 임신 상태에 있는 여성을 다시 납치해서 UFO로 끌고 가 태아를 떼어내는 것이다. 그런데 저들이 인간 여성의 자궁에 있는 태아를 언제 떼어내는지는 그 시점이 다소 유동적이다. 제이컵스가 조사한 바에 따르면 그 기간이 2주 내지 10주가 된다고 하니 말이다. 2주면 수정된 난자가 자궁에 안착하고 곧 떼어가는 것이고 10주면 3개월이 조금 안 되어서 떼어가는 것이니 그 기간의 편차가 큰 것을 알 수 있다. 그런데 임신 10주면 태아의 크기가 대략 3cm 정도가 되고 사지의 모습도 보이는 등 사람 형태를 띤다고 한다. 그런 태아를 떼어가는 것은 쉬운 일이 아닐 것 같은데 자세한 사정은 알 길이 없다.

다음은 마지막 단계로 이렇게 떼어낸 태아를 그들이 만든 인큐베이터 같은 곳으로 옮겨 기르게 된다. 이 일과 관련해서도 의문이 생긴다. 즉 외계인들이 이런 인큐베이터 같은 시설을 만들 줄 알았다면 인간의 자궁 같은 환경을 만들어서 모든 것을 UFO 안에서 해결할 수 있을 것 같은데 왜 초기 단계는 인간의 자궁을 빌리는가 하는 것이다. 이 의문은 계속 생기지만 답을 알 수 있는 형편이 아니니 답답하다. 어떻든 이렇게 해서 이 태아들은 UFO 안에서 길러지게 되는데, 피랍자들 가운데에는 이런 인큐베이터를 보았다고 증언하는 이가 꽤 있었다. 그런가 하면 이것을 그림으로 그린 경우도 있는데, 이런 것을 통해 보면 이들의 경험은 거짓일 수 없겠다는 생각이 든다. 그들이 본 게 환상이나 거짓이라면 그것을 그림으로 그리는 게 가능하겠는가? 어떻든 지금까지 설명한 과정을 정리하면 다음과 같이 요약할 수 있다.

혼혈종 제작 과정 (제이컵스 모델 기반)

(피랍자로부터) 난자와 정자를 추출함

난자와 정자를 시험관 안에서 수정시킴

수정된 난자를 유전적으로 변형시킴

이 난자를 인간 여성의 자궁 안에 이식함

2주 내지 10주 정도 뒤에 여성을 UFO로 납치해 태아를 떼어냄

떼어낸 태아를 인큐베이터 안에서 기름

이렇게 해서 혼혈종 만드는 일은 끝이 나지만 그다음 과정에 대

해서도 의문이 생긴다. 즉, 이처럼 인큐베이터에서 자란 태아들이 나중에 아기가 되어 인큐베이터를 떠나면 어떻게 되느냐는 것이다. 인간도 모친의 자궁에서 나오면 지속적으로 돌봄을 받아야 하는데, 이 혼혈 아기들은 누가 어떻게 돌봐주느냐는 것이다. 이 문제에 대해서는 피랍자들로부터 들은 바가 거의 없다. 예외적으로 접할 수 있었던 것은 여성 피랍자들의 증언이다. 그들에 따르면, 자신들이 납치되었을 때 외계인들이 그녀의 아이라고 하면서 혼혈종으로 보이는 아기를 데려와 안아보라고 하고 사랑의 감정을 보여달라고 주문했다고 한다. 이와 조금 다른 경우도 있었는데, 대체로 외계인들은 인간 여성으로부터 따뜻한 감정을 바라는 것 같다고 한다. UFO 연구가들에 따르면 외계인들은 인간이 지닌 감정이 없는 것처럼 보인다는데, 그런 그들이 인간과 섞인 아기를 기르려고 하니 인간의 따뜻한 돌봄이 필요한 모양이다. 그러나 이런 것은 모두 추정에 불과한 것이고 정확한 것은 외계인들을 만나서 대화를 하지 않는 이상 알 길이 없다.

이 혼혈종을 만드는 일에는 수많은 비판이 가해졌는데, 한국에서는 그런 비판에 대해 소개한 자료를 접할 길이 없다. 특히 관계 서적이 없는 것이 아쉽다. 대신 맥이 지적한 문제점은 그의 책에 담겨 있으니 소개해 볼까 한다. 그는 이런 피랍 현상에 대체적으로 긍정적인 태도를 취했지만, 비판하는 것도 잊지 않았다. 그가 행한 비판에는 경청할 만한 요소가 있어 소개하려는 것이다. 이것은 맥이 의사이기 때문에 가능한 일로 생각되는데, 그가 보기에 이 외계인에 의한 '강제 임신설'은 결정적인 증거가 부족하다. 앞에서 말하길 피랍되어 강제 임신을 당했던 여성 가운데에는 의사에게 진료를 받았다는 사람들이 있다고 했다. 처음에 이 여성이 몸에서 임신 징후가 나타나 의사에게 갔더니 임신했다는 진단이 나왔다. 그런데 몇 주 뒤에 다시 가서 의사의 진단을 받아보니 이번에는 임신 흔적이 감쪽같이 사라졌다는 진단이 나왔다. 그래서 의사도 어리둥절해서 영문을 몰라 했다. 이런 식의 이야기가 피랍자들의 증언에 나오는데, 맥이 지적하는 것은 이렇게 의사의 진단을 받았다면 그 의료 기록이 있을 텐데 왜 하나도 발견되지 않느냐는 것이다. 그런 기록이 있지만 맥이 발견하지 못한 것인지 어떤지는 알 수 없지만, 맥은 그런 기록이 하나라도 있으면 이 피랍 및 강제 임신설을 증명할 수 있는 유력한 근거가 될 텐데 그게 없어 아쉽다고 전하고 있다. 그리고 연장 선상에서 맥은 외계인들이 시행했다는 유전자 변형에 대해서도 비판하고 있다. 그의 비판은 단순하다. 이 유전자 변형에 대해서도 구체적인 전모가 알려지지 않아 도대체 어떤 일이 있었는지 알 수 없다는 것이다. 이에 대해서는 앞에서 이미 설명했으니 여기서는 생략하기로 한다.

그들은 왜 인간을 납치해서 생체 실험을 하고 혼혈종을 만들까?

이렇듯 이 UFO 피랍 사건이나 혼혈종 생산에는 여러 문제가 보이는데, 논의의 전개를 위해 다음 단계로 넘어가 보자. 다음에 할 수 있는 질문은 외계인들은 왜 이렇게 숱하게 인간들을 납치해서 여러 가지 다양한 실험을 하고 혼혈종을 만들려고 하느냐는 것이다. 이 문제는 앞에서 간간이 다루었는데, 여기서 이것을 통합해서 정리해 보았으면 좋겠다. 그런데 이 현상에도 문제점이 많이 발견되어 그것도 같이 보았으면 한다.

먼저 소위 생체 실험에 관한 것인데, 이에 대해서는 앞에서도 문제를 많이 제기했다. 일반적으로 외계인들은 인간의 몸이 작동하는 원리나 구조를 알기 위해 이 실험을 실행하는 것으로 알려져 있다. 외계인들은 인간의 몸이 자기들 몸과 달라서 꼼꼼하게 검사한다는 것인데, 이에 대해서는 앞에서 간단하게 설명한 바 있다. 예를 들어 일종의 검침기 같은 것을 코 안으로 집어넣어서 뇌를 점검하는 사례도 있었고 바늘 같은 것으로 배꼽 근처를 찔러 뱃속을 조사하는 경우도 있었다. 심지어 성기나 항문 안에 있는 직장을 검사한 적도 있었는데, 이런 예는 뒤에서 개별 사례를 볼 때 다시 다룰 것이다. 그런데 재미있는 것은 캐서린이라는 여성 피랍자가 보고한 것으로 외계인들이 자신의 척추뼈가 몇 개가 되는지 세어보았다는 것이다. 이에 대해서는 뒤에서 캐서린의 사례를 볼 때 다시 언급하겠지만, 척추뼈가 외계인들의 관심사가 된 것은 흥미로운 일이 아닐 수 없다. 그런데 이런 조사를 받았던 때문인지 피랍자가 아침에 일어났을 때 코나 귀 같은 곳에 피가 나 있는 사례가 심심치 않게 보고되었다.

외계인들이 인간의 신체에 관심이 있어서 이 같은 실험을 한다는 것은 설득력 있는 설명이지만, 나는 이 설명에는 몇 가지 문제점이 있다고 늘 주장해 왔다. 그것을 다시 한번 정리해 보면, 나는 먼저 외계인들에게 무슨 실험을 그렇게 오랫동안 하느냐고 묻고 싶다. 물론 이런 기회가 주어지지 않으리라는 것은 알지만 상상하는 것은 자유이니 한번 물어보고 싶은 것이다. 피랍자들의 증언을 들어보면 그들은 모두 외계인들에 의해 이 같은 생체 실험을 받았고 또 정자나 난자를 채취당했다. 그런데 정자나 난자는 혼혈종을 만들기 위해 계속 필요하다니까 인간을 납치할 때마다 빼갔다고 할 수 있지만, 생체 실험 같은 것을 그렇게 지속적으로 할 필요가 있는지 묻고 싶다. 외계인들이 인간의 몸을 이해하고 싶다면 몇 사람만 검사해도 그 대체적인 기능을 알 수 있을 터인데, 왜 그렇게 납치할 때마다 똑같은 조사를 하느냐는 것이다. 그뿐만이 아니다. 피랍자의 증언을 들어보면 그들은 한 번만 납치된 게 아니라 어릴 때부터 여러 차례 납치되는 경우가 많았다. 자신은 이 사실을 전혀 모르고 있었는데 최면을 받아보았더니 어릴 때의 기억까지 되살아난 것이다. 그런데 이들은 납치될 때마다 비슷한 생체 실험을 당했다고 하는데, 이처럼 같은 실험을 여러 차례 할 필요가 있었을까 하는 의문이 드는 것이다.

그리고 피랍의 역사를 봐도 그렇다. 잘 알려져 있는 것처럼 피랍의 역사는 보통 바니와 베티 힐 부부의 납치 사건을 시작으로 잡는다. 그러면 그때부터 지금까지 벌써 약 65년이라는 세월이 지났는데 무슨 실험을 그렇게 오래 하는가 하는 의문이 드는 것이다. 그들의 기술 수준은 인간의 그것을 훨씬 능가한다는데 수십 년 동안 조사하고도 더 알아야 할 게 있는 것처럼 계속해서 실험하고 있으니 이상하다는 것이다. 그리고 이런 실험이 전 지구적으로 일어나고 있는 것 같은데, 이들이 행하는 실험이 이처럼 전 지구적으로, 또 오랫동안 이루어졌다는 것은 이 실험을 행하는 목적이 단순히 인간을 생체 실험하는 것이 아니라 그 이상의 무엇인가 다른 것이 있는 것 아닐까 하는 생각이 든다. 이에 대해 앞에서 언급한 제이컵스 역시 커다란 의문을 던지면서 흥미로운 가설을 제시하고 있어 우리의 시선을 끈다.

제이컵스에 따르면, 외계인들은 인간의 생리학이나 신경학 등에 대해 인간보다 훨씬 더 많은 정보를 갖고 있다고 한다. 제이컵스가 어떤 근거로 이런 판단을 내렸는지는 잘 알 수 없지만, 이는 외계인들이 인간에 대해 알 만큼은 안다는 것을 뜻할 것이다(그러나 우리는 외계인들이 인간에 대해 얼마나 알고 있는지는 확실히 모른다). 그래서 제이컵스는 만일 이 납치가 단지 실험을 위한 것이었다면 벌써 끝나야 했다고 주장했다. 이것은 내가 앞에서 말한 것과 같다. 외계인들이 인간의 신체를 알기 위해 생체 실험을 그렇게 오랫동안 했다는 것은 무언가 부족한 설명이라는 것이다. 그렇다면 외계인들이 인간을 납치해서 실험하는 데에는 다른 목적이 있다고 해야 하는데, 이에 대해 제이컵스는 대단히 급진적인 견해를 제시한다. 그에 따르면 외계인이 인간을 납치해서 여러 실험을 하고 혼혈종을 만드는 것은 "한 종이 다른 종을 생리적으로 착취하는 광범위하고 강력한 프로그램"의 일환이라고 한다. 쉽게 말해 인간을 지배하기 위해 혼혈종이라는 새로운 인류를 만든다는 것이다.

　제이컵스의 설이 지나친 감이 있지만, 이 설을 지지하는 연구자들이 적지 않아 간단하게 소개해 본다. 그의 설은 앞에서도 잠시 소개한 적이 있다. 이들의 주장은 간단하게 말해 외계인들이 현재 지구에 사는 인류를 대신할 새로운 인류로 혼혈종을 만든다는 것이다. 그래서 이 혼혈종이 인간으로부터 지구에 대한 지배권을 '테이크 오버(take-over)'하게 만들겠다는 것이다. 특히 2000년대에 들어와서 이 과정이 빨리 진행됐다고 하는데, 이때부터 지구를 접수하려는 외계인들의 계획이 본격화되었다고 한다. 이것은 당시에 외계인 납치 사건이 급증한 사실로 유추한 것인데, 더 놀라운 것은 외계인들이 인류의 일상에까지 개입하는 사례가 많이 늘어났다고 한다. 다시 말해 이 혼혈종들은 우리 동네로 들어와 평범한 이웃이 되었고 직장으로 들어와 친한 동료도 되었다고 한다. 한마디로 말해 외계인과 혼혈종의 은밀하고 조용한 침투 혹은 침략이 시작되었다는 것인데, 외계 혼혈들은 이처럼 인간 사회에 스며들고 동화되기 위해 일종의 훈련을 받는다고 제이컵스는 주장한다. 이에 대해서 많은 설명이 있지만 아직 내가 적절한 자료를 접하지 못해 더는 설명을 진전시키지 못한다. 이에 대한 연구는 다음을 기약하기로 하고 여기서는 이 주장이 갖는 문제점만 보았으면 한다.

나는 이 같은 주장을 진작부터 알고 있었기 때문에 2015년에 공저로 썼던 책에서도 이 주장을 비판한 적이 있다. 이번에는 그것을 조금 더 버전업해서 적어 보려고 한다. 이 주장의 핵심은 지금 수많은 혼혈종들이 이미 인류 사회에 들어와 있고 인간으로부터 주도권을 건네받기 위해 진력하고 있다는 것이다. 다시 말해 그들이 인간을 대신해서 지구의 주인이 되려는 의도 아래 여러 가지 일을 하고 있다는 것이다. 이 같은 주장을 접했을 때 내 머리에 처음으로 스친 의문은, 혼혈종이 그렇게 많다면 왜 그 가운데 이른바 '커밍아웃'을 해서 자신이 혼혈종이라고 밝히는 이가 하나도 없느냐는 것이었다. 이들에 대해서는 그저 소문만 난무하고 누가 나서서 정확하게 '나는 인간과 외계인이 혼혈되어 나온 존재다'라고 말한 경우를 한 번도 보지 못했다. 물론 그런 주장을 하는 사람이 간혹 있었지만 그들의 주장을 검증할 수 있는 방법이 없으니 그 진위는 오리무중이다.

이런 존재가 나타나지 않은 때문인지는 모르지만 이들이 하고 있다는 일들에 대한 소식도 전혀 들리지 않는다. 제이컵스가 말한 것처럼 혼혈종들이 이렇게 많다면 이들이 하는 일들이 눈에 띄어야 할 텐데 그런 기미가 보이지 않는다는 것이다. 그들의 주장에 따르면 인류는 지금 대파국(大破局)에 직면해 있는데 이것을 타개하려면 그에 버금가는 큰 해결책이 제시되어야 한다. 그들은 이 해결책을 제시하는 주인공이 바로 혼혈종이라고 주장하는데, 이들이 활동하는 모습이나 양상이 전혀 보이지 않으니 이상하다는 것이다. 혼혈종이 정말로 존재한다면 이들이 큰 단체를 만들든지 아니면 정계 같은 데에 나가 영향력을 가지면서 인류를 크게 각성하는 일을 해야 할 것 같은데, 이 같은 움직임이 있다는 소식은 접해본 적이 없다. 현재도 인류는 대파국을 향해 계속 전진할 뿐이지 그것을 막을 대책은 여전히 허공에 뜬 상태에 있다. 사정이 그러하니 이 혼혈종이 과연 존재하는 것인지부터 의심이 가는 것이다. 설령 존재한다 해도 괄목할 만한 일을 하지 않으니 그들은 있으나 마나 한 존재라고 할 수 있지 않겠는가?

이 의견에 찬동하지 않는 사람은 이것은 나의 알량한 생각일 뿐이고 외계인들은 인간이 전혀 알 수 없는 차원에서 일을 꾸미고 있다고 할지도 모르겠다. 그래서 이번에는 내가 한 번 이들의 입장이 되어서 이 문제를 어떻게 보면 좋을지에 대해 말해볼까 한다. 이것은 순전히 개인적인 차원에서 하는 추측이라 그저 흥미 삼아 들었으면 좋겠다. 이 이야기는 이렇게 진행된다.

(우리 외계인이 보기에) 이번 인류는 이미 너무나 판(지구)을 망가뜨려 놓아서 이 판을 고칠 수 있는 능력이 없다. 따라서 이번 판은 완전히 망가지게

놔두고 죽을 인간들은 죽게끔 내버려두어야 한다. 우리가 만든 혼혈종들이 할 일은 이렇게 해서 남은 인간들을 데리고 새로운 세계를 만드는 것이다. 그때에는 혼혈종이 중심이 되어 과거 세계에서 인간들이 실수한 것들을 미연에 방지하면서 새롭고 친생명적인 사회를 만들 것이다. 그래야 남은 인간들도 영적인 성숙을 꾀해 지금 인간들보다 훨씬 진화된 존재가 될 수 있을 것이다.

이런 입장에서 우리들은 최근에 자주 지구에 나타나서 크롭 서클을 만드는 등 인류에게 여러 가지 사인(sign)을 보이고 있는데, 그 목적은 바로 위의 일을 알리는 데에 있다. 즉 지금 인류는 우리들이 볼 때 너무 미성숙해서 자칫 잘못하면 자기들끼리 싸워 파멸할지도 모른다. 현재 이 우주에는 수많은 종의 외계 지성체가 있고 이들은 엄청나게 진화된 문명을 이룩하고 평화롭게 살고 있다. 그리고 이 종들 사이에는 인간 세계에 있는 국제 연합 같은 우주 연합 단체가 있다. 이 단체는 인간계의 그것과는 차원이 달라서 설명하기 어려운데, 확실한 것은 이 여러 종들이 이 단체를 통해 깊은 차원에서 연계되어 있다는 것이다. 이 다양한 외계 종들은 서로 연결되었다는 의미에서 하나이지만 또 독립적으로도 존재하면서 평화롭게 살고 있다. 그런데 지구라는 행성에 사는 인간들은 그 진화 단계가 초기에 머물러 있어 너무나 미숙한 나머지 이 연합에 참여하지 못하고 있다. 우리들은 이 점을 대단히 안타깝게 생각하고 있었는데, 그래도 그동안 지구의 인류를 도울 수 없었다. 왜냐하면 우주에는 '자주의 법칙'이 있어 다른 종들의 일에는 개입하지 않는 것이 철칙처럼 되어 있기 때문이다. 그래서 그동안 우리들은 지구의 일에 관여하지 않고 있었는데, 20세기에 들어오면서 갑자기 인간들이 핵을 만들고 간교한 기술을 발휘해 지구의 환경을 뿌리째 망가트리려는 작태를 벌이니 그동안 관찰만 해오던 우리가 화들짝 놀라 지구의 일에 관여하기 시작한 것이다. 그러나 대놓고 간섭할 수는 없으니까 은밀하고 조용하게 하느라고 수십 년 동안 여러 가지 기초 작업을 다졌다. 그 작업 가운데 가장 중요한 것이 혼혈이라는 새로운 인류를 만들어 서서히 지구의 주인공을 바꿔나가는 작업이라고 할 수 있다. 이제 그 작업이 상당히 많이 진척됐는데, 앞으로 이 문제 많은 인류가 스스로 고꾸라지면 그때 이 지구를 접수해서 새로운 세상을 만들 것이다.

위의 이야기는 '외계인의 지구 접수설'을 주장하는 사람들의 견해와 맥을 같이 하는데, 그보다 더 발전한 견해라 하겠다. 우주 연합(혹은 은하 연합) 같은 새로운 개념이 나오니 조금 발전한 개념이라고 한 것이다. 이런 견해가 재미는 있지만 황당하다는 생각을 지울 길이 없다. 그런데 우리의 주인공인 맥은 위의 견해를 배척하지는 않으면서 훨씬 설득력이 있는 의견을 제시하고 있다. 이제 그것을 볼 차례가 되었다.

II

존 맥과 그의 UFO
피랍 현상 해석

존 맥 교수

1. 존 맥은 누구인가?

이제 존 맥이 행한 UFO 피랍 사건 연구를 본격적으로 볼 터인데 그전에 우리는 맥이라는 사람의 일생에 대해 살펴볼 것이다. 그런데 우리의 주제는 UFO 피랍 사건인지라 맥에 대해서도 이 사건과 관계된 것만 보려고 한다. 그는 정신과 의사이자 교수였기 때문에 UFO 피랍과 관계없는 연구도 많이 했다. 이 연구는 우리의 주제와 연관이 없기 때문에 여기서는 다루지 않을 것이다. 이번 장에서 나는 맥의 일생을 UFO 피랍 사건을 만나기 전과 후로 나누어 보려고 한다. 물론 우리는 후자를 중심으로 볼 터인데 그것도 그의 UFO 연구에 관계된 것에 초점을 맞추어 볼 것이다.

UFO 피랍 사건을 접하기 전의 존 맥

존 에드워드 맥 (John Edward Mack, 1929~2004)은 독일계 유대인으로 뉴욕 태생이다. 그의 아버지가 뉴욕 시립대학에서 역사학 교수로 재직했다고 하니 집안에 학문적인 기풍이 있었을 것으로 추정할 수 있다. 그런데 문제는 그의 모친이다. 그녀는 1930년에 25살이라는 젊은 나이에 맥을 낳고 곧 사망한다. 이 때문에 맥은 모친에 대한 기억이 전혀 없었고 따라서 평생을 모친의 자리가 빈 상태로 살게 된다. 그의 얼굴을 보면, 특히 그의 눈을 보면 무언가 슬픈 기운이 감도는데 이것은 평생에 걸친 모친의 부재 때문에 그런 것 아닌지 모르겠다.

그의 어린 시절 이야기는 알려진 바가 없고 우리의 주제와 관계가 없으니 건너뛰기로 하자. 그다음으로 중요한 이력은 그가 1955년에 하버드대학의 의과대학을 우등으로 졸업했다는 것으로 이것은 그의 머리가 범상치 않다는 것을 보여주는 징표라 하겠다. 그 후 맥은 여러 병원에서 인턴으로 근무하면서 정신과 의사로서 수련을 쌓았다. 특이한 이력은 그가 1959년에 미국 공군에 입대해 일본에서 군의관으로 복무한 것인데 당시 미국은 징병제였기 때문에 맥도 군대를 간 것이리라. 이때 그가 일본에서 근무할 때 찍은 사진이 블루멘탈 책에 실려 있는데 그 모습이 이채롭다. 그는 1961년에 대위로 전역하게 된다.

그는 군 복무 후 매사추세츠 병원이나 보스턴 정신 분석 학회, 그리고 여러 연구소에서 일하면서 정신 분석과 심리 치료 자격증을 취득한다. 이렇게 활동하면서 쌓은 업적을 인정받았던지 맥은 1964년에 하버드 대학의 의과대학 교수로 부임하게 되고 1972년에는 정교수가 된다. 미국에서는 자기가 졸업한 대학에 교수로 부임하는 경우가 별로 없는데 맥은 예외였던 모양이다. 한국에서는 교수 후보자의 경우 대부분 자기가 나온 대학의 교수가 되는 것이 당연시되는데 미국은 모교를 피하는 것이 일반적인 관행이다. 사정이 그런데도 맥이 모교의 교수가 된 것은 그가 그만큼 뛰어난 업적을 남겼기 때문이었을 것이다.

맥은 UFO 피랍 체험을 연구하기 전에는 주로 아동과 청소년 심리학 분야를 많이 연구했다. 특히 꿈이나 악몽 혹은 자살 문제를 심도 있게 다루었다고 하는데 이 주제는 UFO 피랍이라는 우리의 주제와 직결되지 않으니 다루지 않기로 하겠다. 그러나 그냥 지나칠 수 없는 그의 연구가 있는데 그것은 잘 알려진 것처럼 1977년에 흔히 '아라비아의 로렌스'라는 별명으로 불리는 영국 장교인 T. E. 로렌스의 전기를 심리학적인 관점에서 쓴 책, 『A Prince of Our Disorder: The Life of T. E. Lawrence』로 그 유명한 퓰리처상을 받은 책이다. 이는 그가 자신의 전공 분야인 정신의학 혹은 심리학에서 최고의 학자가 되었다는 것을 의미한다. 퓰리처상은 학자에게 그런 의미를 주는 큰 상이다. 안타깝게도 나는 이 저서를 읽어보지 못했다. 변명처럼 들릴 수 있지만 이 책은 우리의 주제와 깊은 관계가 있을 것 같지 않아 읽지 않은 것인데 더 큰 이유는 이 책은 내가 읽어봐야 요해하기 어려울 것이라고 판단했기 때문이다. 내 전공에서 벗어난 전문 서적을 읽어내기란 힘든 일인데 게다가 그것이 서양 학자의 연구라면 더더욱이 이해하려는 작업을 포기해야 한다. 그들은 자신의 연구를 치밀하게 하려고 사력을 다하는 것처럼 보이는데 그래서 그런지 그들의 연구는 '배배 꼬인' 것 같은 인상마저 받는다. 그 때문에 이해하기가 더 어려운데 서양 학자들이 현학적으로 쓴 책은 정말로 요해하기 힘들다. 게다가 언어가 영어인 것도 내용을 독해하는 데에 상당한 저해 요인이 된다. 자기 전공이 아닌 책은 한국어로 된 책도 읽기 힘든데 그게 외국어로 쓰인 책이라면 아예 시도조차 하지 않는 것이 현명하다고 하겠다.

푸념은 그만하고 우리의 주제로 돌아가자. 그다음에 나오는 맥의 거취에서 우리의 시선을 끄는 것은, 그가 행동하는 지식인이었다는 것이다. 1980년대에 들어서 그는 특히 냉전을 종식시키는 일에 관심이 많았고 그 일환으로 핵전쟁을 막는 일에 지대한 관심을 보였다. 이 일을 위해 그는 유명한 천체물리학자인 칼 세이건과 '핵전쟁 방지를 위한 국제 의사회(International Physicians for the Prevention of Nuclear War)'에 속한 의사들과 협력해서 핵무기를 제거하고 미국과 소련 간의 냉전에서 비롯된 갈등을 해결하자는 운동에 동참했다. 그런데 마침 이 의사 단체가 1985년에 노벨 평화상을 받자 이에 자극을 받은 맥은 세이건을 비롯한 다른 학자 700여 명과 함께 1986년 여름 네바다주에 있는 핵폭탄 시험장에 침입해 핵무기 실험을 중지하라는 시민 불복종 시위를 단행했다. 이 시험장은 민간인의 출입을 철저하게 통제했기 때문에 그곳에 들어가서 걷는 일은 당연히 위법이었다. 법을 어긴 그는 그 자리에서 체포되어 얼마간의 구금 생활을 한다.

맥이 이처럼 사회 정의를 위해 행동하는 모습을 보면 그는 상아탑 안에서 연구만 하는 관습적인 인간이 아니었다는 것을 알 수 있다. 대부분의 교수는 학생들을 가르치면서 자신의 전공에 대해서만 연구하고 그 결과를 해당 학회에서 발표하는 정도의 생활만 한다. 이런 것은 전혀 이상한 일이 아니다. 그들은 자신의 본분에 충실한 것이다. 그런데 맥은 이 같은 일상적인 교수 생활을 넘어서서 반핵 운동 같은 사회 운동에 매진했다. 이것을 통해 우리는 그가 매우 양심적이고 솔직하며 개방적인 사람이라는 것을 알 수 있지 않을까 싶다. 그의 성향이 이러했기 때문에 UFO 피랍이라는 '매우 황당하지만 솔깃한' 주제가 그에게 다가왔을 때 선뜻 연구하기로 마음을 먹은 것일 것이다. 그는 사회에서 다른 사람이 어떻게 생각하는가를 중요하게 생각하지 않고 오로지 자신의 잣대와 양심에 따라 행동하는 사람이라 이 주제를 택한 것이리라.

그가 반핵 운동에 참여했다는 것은 인류의 미래에 대해서 지대한 관심을 가졌다는 것을 뜻한다. 그의 이 같은 관심은 지구의 생태계 위기 문제로 이어졌다. 맥이 조사한 피랍자들은 많은 경우 외계 존재로부터 지구 환경이 극악하게 피폐하게 될 것이라는 예언을 듣게 되는데 이것은 맥이 가진 관심과 상통하는 바가 있다. 맥은 평소에 이런 주제에 관심이 있었기 때문에 그의 조사 대상이 되었던 사람들에게서 이런 이야기를 중점적으로 캐낼 수 있었을 것이다.

홀로프로픽 호흡법을 수련하는 맥

이즈음에 맥은 또 정신과 의사들이 좀처럼 하지 않는 일을 시

에잘렌 연구소 전경

작한다. 맥은 1987년에 미국 캘리포니아의 빅서에 있는 에잘렌 연구소에서 열린 학술 대회에 참가해 '핵전쟁의 영상이 어린이와 어른에게 미치는 영향'에 대해 발표했다(미국의 대안적 영성 문화의 센터로 이름 높은 에잘렌 연구소에 대해서도 할 말이 많지만 생략하기로 한다). 그런데 이 대회에 스타니슬로브 그로프도 참가해 초인격심리학에 대해 발표한 모양이다. 그로프에 대해서는 많은 설명이 필요하지만 여기서는 그가 주인공이 아니니 그냥 지나가기로 하는데 굳이 말하면 그는 초심리학자(parapsychologist)라고 할 수 있다. 그는 매우 독특한 수련법을 개발한 것으로 유명한데 이에 대해서는 국내에 너덧 권의 책이 번역되어 있으니 관심 있는 사람은 그 책을 참조하면 되겠다. 이 독특한 수련법은 '홀로트로픽(holotropic) 호흡법'이라 불리는데 맥은 이 수련법에 매료되고 만다. 이 호흡법은 일정한 음악을 들으면서 호흡을 깊게 하는 수련법으로 이렇게 수련하는 목적은 간단하다. LSD 같은 화학 물질에 의존하지 않고 변이의식 상태를 유도하자는 것이다. 그렇게 하면 자신의 무의식 안에 깊이 침잠하게 되어 깨달음의 경지에 이를 수 있게 된다고 한다(그러나 무의식 안에 침잠하는 것과 깨달음은 다르다!).

여기서 중요한 것은 변이의식 상태(altered state of consciousness)를 유도한다는 것인데 우리는 왜 이런 의식 상태에 들어가야 하는 것일까? 그것은, 우리가 높은 지혜를 얻으려면 평상시에 지니고 사는 일상 의식 상태를 극복해야 하기 때문이다. 우리의 일상 의식은 선입견과 고정관념 때문에 항상 왜곡되어 있어 진리, 혹은 사물의 실상을 있는 그대로 보지 못한다. 이 같은 문제 많은 일상 의식을 꺼트리고 변이의식 상태를 만들어내기 위해 사람들이 가장 많이 사용하는 방법은 LSD 같은 환각제를 복용하는 것이다. 그런데 이 같은 환각제를 사용할 경우 부작용이 발생하는 등 문제가 많이 생긴다. 이런 문제점을 감지한 그로프는 부작용이 전혀 없으면서 같은 효과를 낼 수 있는 방법을 고안했는데 그것이 바로 홀로트로픽 호흡법이다.

그로프는 이 호흡법만으로도 이전에 존재했던 위대한 구루(guru)나 수피즘의 스승들이 도달한 경지에 올라갈 수 있다고 주장했다. 그런데 이 수련법을 통해 그가 제시한 이론은 좀 독특하다. 그에 따르면 우리가 고통 속에서 빠져나오지 못하고 평생을 힘들게 사는 이유는 출생 당시 큰 고통을 겪으면서 크게 놀랐기 때문이라고 한다. 그러니까 모친의 자궁을 나오면서 고통을 많이 겪었을 뿐만 아니라 그렇게 해서 빠져나온 다음에 만났던 세상이 너무나 낯설고 차디차 크게 당황한 나머지 그 같은 공포나 발작에서 벗어나지 못하고 평생을 정신적 고통에 시달린다는 것이다. 이 같은 진단은 불교와 비교해 보면 매우 특이하다고 할 수 있다. 불교는 우리 중생이 고통 속에 사는 이유가 우리가 가진 욕망이나 집착, 어리석음 때문이라고 주장한다. 불교에서는 이것을 한 마디로 '무명(ignorance)'이라고 명명했다. 불교의 이런 식의 설명은 보편적이라 받아들이는 일이 어렵지 않다.

이에 비해 그로프가 내세우는 이론은 불교의 주장과 많이 달라 아주 독특하다고 할 수밖에 없다. 인간의 모든 문제가 탄생 시 겪은 체험에서 발생했다고 하니 말이다. 이에 대해 그로프는 이 호흡법을 수련하면 우리가 탄생 시 겪었던 트라우마에서 해방될 수 있다고 주장했다. 우리가 이 호흡을 통해 무의식으로 내려가면 탄생 당시의 상황을 재체험할 수 있게 되는데 그때 그것을 직시하면 트라우마에서 벗어날 수 있다는 것이다. 이 호흡을 어떤 식으로 하는지는 뒤에서 맥을 예로 들어 소개하니 그때 보기로 하자. 나는 개인적으로 그로프의 설명에 많은 의문이 있지만 이 자리는 그의 이론을 탐구하는 장이 아니니 그냥 지나가기로 한다.

이때 그로프는 발표를 끝내고 그다음 날 홀로트로픽 호흡법에 대해 설명회를 개최했다. 그러자 많은 사람들이 그날 오후의 일정을 모두 취소하고 이 호흡법의 워크숍으로 몰려갔다. 그로프의 호흡법 수련이 인기가 좋았던 것이다. 맥도 덩달아 이 워크숍에 참여하게 되는데 그는 당시 한 번만 참여하는 것이 아니라 그 뒤에도 계속해서 그로프의 그룹과 관계를 갖는다. 이때 맥의 그룹에는 2명의 소련 정신의학자를 포함해서 11명이 있었다고 한다. 그리고 이 사람들이 호흡하는 동안 바로 뒤에는 그들을 돌보기 위해 똑같은 수의 도우미가 있었다고 한다. 이때 어떤 일이 있었는지 매우 궁금한데 마침 블루멘탈 책(p. 86)에 꽤 자세히 나와 있어 그것을 소개해 보려고 한다. 당시에 맥은 서양의 정신의학을 전공한 의사의 체험이라고 볼 수 없는 신기한 체험을 한다. 그런데 그의 체험은 믿기지 않을 정도로 기이해서 해석하기가 힘들다.

그의 첫 체험은 이렇게 진행되었다. 매트에 누운 다음 맥은 눈을 감고 그로프가 가르치는 방법에 따라 심호흡을 시작했다. 이 호흡은 평상시 호흡보다는 조금 빠르되 끊김이 없어야 했다. 그러는 중에 음악이 계속 흘렀는데 이 음악은 최면을 조장하는 듯한 비트로 진행되어 맥은 이 리듬에 몸을 맞추면서 호흡을 진행했다. 그렇게 하길 30분이 지났는데도 맥은 아무것도 느끼지 못했다. 그는 이런 상태로 얼마나 가야 하는지 궁금해하고 있었는데 그때 그에게 절망의 파도가 덮치는 것 같은 느낌이 몰려왔다. 그런데 그때 그는 놀랍게도 58년 전으로 돌아가 생후 9달밖에 안 된 아기가 되어 그의 모친이 죽을 때 겪은 비통함을 체험하고 있었다. 그의 모친은 그를 낳고 9개월 뒤에 죽으면서 많은 고통을 겪었던 모양인데 구체적으로 어떤 고통이 있었는지는 맥이 밝히지 않아 알 수 없다. 그런데 맥은 그 많은 사건 가운데 왜 모친이 고통받는 체험을 떠올렸을까? 이것은 아마도 과거에 자신에게 가장 아픈 체험을 되살려 그것을 자신의 의식에서 소화하려고 했던 것 아닐까 한다. 추정컨대 맥은 이 체험에서 생긴 트라우마 때문에 지금껏 살아오면서 근원을 알 수 없는 막연한 불안에 시달렸던 모양이다. 그래서 이 홀로트로픽 호흡법은 당사자인 맥을 최면으로 무의식 상태로 끌어내려 그 불안의 근원을 마주하게 함으로써 그의 마음을 치유하려고 했던 것 같다.

그때 맥은 회상하기를 어린 자신은 홀로였고 버림받았다는 느낌이 들었다고 했는데 여기에 의문이 생긴다. 맥은 당시 9달밖에 안 된 영아였는데 어떻게 그런 고급의 느낌을 가질 수 있었을까? 이에 대해서도 추정할 수밖에 없는데 당시 맥이 너무 어려 아직 의식적으로는 느끼지 못했을지 모르지만 무의식적으로는 자신이 어떤 상황에 있는지 직관력으로 파악하지 않았을까 하는 생각이 든다. 그런데 그는 여기서 모친의 고통만 느낀 것이 아니었다. 그는 아버지에게도 감정이입이 되어 그가 품은, 깊이를 알 수 없는 슬픔도 느꼈고 또 그가 자신을 추스르려는 처절한 노력도 절감했다고 한다. 여기까지는 그럴 수 있다고 생각하는데 이해가 안 되는 것은 그다음 부분이다. 맥에 따르면 이때 그의 아버지가 그와 냉정하게 거리를 두려고 했다는데 그는 그런 아버지의 태도를 용서할 수 없었다고 실토했다. 그런데 이게 도대체 무슨 말일까? 왜 그의 아버지는 아내가 죽었는데 그녀가 낳은 아이와 거리를 두겠다고 했던 것일까? 또 생후 9개월밖에 안 된 아이가 뭘 알겠다고 용서를 하느니 마느니 하는 것일까? 그런데 맥은 이제는 아버지를 용서할 수 있겠다고 자신의 마음을 전했다. 그가 용서한다고 하니 그런 줄 알지만 도대체 무엇을 어떻게 용서하겠다는 것인지 명확하게 들어오지 않는다. 이런 모든 것이 궁금한데 맥이 더 이상 이에 관해 설명하지 않으니 답을 알 수 없다.

다른 생을 경험하는 맥

그런데 더 이해가 안 되는 것은 그다음 부분에 나온다. 그는 다음 순간 중세 러시아에 있는 자신을 발견했고 그의 옆에는 네 살짜리 아들이 있었다고 한다. 그런데 놀랍게도 말을 타고 있던 어떤 몽골 병사가 그의 아들을 참수하려고 했다. 그는 이 장면을 목도하고 극심한 공포에 젖었지만, 끔찍한 감정은 서서히 물러갔다. 이와 동시에 그는 당시 러시아 사람들이 몽골 침입자로부터 느꼈을 공포에 대해 동감하게 되었다고 한다. 맥이 지금껏 한 언술 가운데 가장 이해가 안 되는 것이 이 부분이다. 갑자기 중세 러시아가 무대가 되더니 말 탄 몽골인이 자기 아들을 죽이는 이미지가 나왔으니 말이다. 중세 러시아에 사는 몽골인 이미지도 생뚱맞지만, 그가 맥의 아들을 죽인다는 설정은 도대체 무엇인지 짐작조차 할 수 없다. 이런 장면이 나왔다는 것은 지금 맥이 처한 상황과 연관성이 있기 때문일 것 같은데 이는 맥을 개인적으로 면담해야 알 수 있는 것이다. 여기서는 다만 맥이 러시아나 몽골과 어떤 연관이 있을 것이라는 추정만 할 수 있을 뿐이다.

그런데 재미있는 것은 맥이 러시아 사람들에게 동정심을 느꼈다는 사실이다. 당시 생에서는 맥이 러시아 사람이었다고 하니 그럴 수 있겠다는 생각이 든다. 그래서 그런지 그가 이번 생에 활동하는 것을 보면 러시아 사람들과 연관이 있는 것을 알 수 있다. 반핵 활동을 할 때도 러시아 사람들을 접촉했는가 하면 수련을 같이하는 그룹에도 러시아인 정신의학자가 2명이 있었다는 것이 그런 연관성을 알 수 있게 한다. 맥이 어디를 가나 그의 주위에는 이렇게 러시아 사람이 있으니 확실히 그는 러시아와 어떤 관계가 있었을 것 같은 생각이 든다.

이 같은 체험을 하고 맥은 곤혹스러워하면서도 환호했다. 왜냐하면 그가 정신과 전문의로 있으면서 수십 년 동안 인간의 의식을 분석했는데 이 같은 원초적인 체험을 해본 적이 없었기 때문이었다. 그는 탄성을 지르면서 이 체험에 끝없는 찬사를 보냈다. 이 수련에 폭 빠진 것이다. 특히 9개월짜리 영아 체험을 하면서 자신이 생애의 가장 초기 기억으로 돌아갈 수 있다는 데에 큰 기쁨을 느꼈다. 그에 따르면, 그 기억 속에서 자신은 어떤 관 같은 것 안에 있었고 태아가 되어 그것을 빠져나오는 것을 목도했다고 한다. 자신이 탄생하는 과정을 되풀이한 것이다. 이것은 홀로트로픽 호흡이 추구하는 목표이니 맥은 목적을 달성한 것이다.

그런데 문제 되는 것은 중세 러시아에 나타난 몽골인 이미지다. 도대체 이게 무엇을 의미하는 것일까? 쉽게 생각하면 이것은 그의 전생 체험이라고 할 수 있다. 그러나 그는 서양 정신과 전문의답게 자신이 체험한 것이 전생과 관계된 것이라는 견해에는 난색을 표했다. 아마도 이런 체험은 검증할 수 있는 길이 전혀 없는 터라 과학자의 입장에서 부정한 것 아닌가 한다. 그런 그의 태도는 충분히 이해되는데 그는 이 체험에 대해 다른 해석을 내놓았다. 그는, 이 체험은 의식이 유동적이고 여행을 다닐 수 있기 때문에 가능했던 것이라고 주장했다. 나는 이 말이 정확하게 무엇을 뜻하는지 잘 모르겠는데 특히 의식이 여행할 수 있다는 게 무슨 의미인지 모르겠다. 아마도 의식은 자유롭게 어디든 갈 수 있으니 그러한 의식의 움직임을 여행이라고 표현한 것 같다. 짐작하건대 맥의 이 같은 원초적 체험은 그에게 어떤 울림을 주었을 것이고 자신의 깊은 내면을 이해하는 데에

도움을 주었을 것이다. 일상 의식으로는 체험할 수 없는 초심리학적인(parapsychological) 현상을 직접 겪었으니 맥의 의식 세계가 넓어졌을 것으로 추정할 수 있다. 중요한 것은 이 같은 후과(after-effect)이지 그 체험이 전생 체험이냐 아니냐가 아니다. 사람들은 이 체험이 진짜 전생 체험이냐 아니냐에 관심을 곤두세우는데 그것은 중요한 것이 아니라는 것이다.

홀로트로픽 호흡 수련에 매료된 맥은 그로프에게 이 수련을 더할 수 있는 방법이 없냐고 물었다. 앞에서 말한 것처럼 서양 정신과 의사가 이런 수련을 한다는 것 자체가 드문 일인데 그것에 매료되어 더 수련하겠다고 하니 맥은 한참을 일탈한 것이다. 그로프의 호흡법 수련은 정통을 벗어나도 한참을 벗어난 것인데 맥이 그런 것을 수련하고 있으니 우리는 여기서 그의 개방적인 태도를 알 수 있다. 사람이 이렇게 개방적이니 맥은 UFO 납치라는 '기괴한' 주제에도 마음의 문을 연 것이리라.

맥으로부터 이 호흡법을 더 수련하고 싶다는 말을 들은 그로프는 그에게 곧 홀리호크 농장이라는 곳에서 12일 동안 이 호흡법 수련회가 열린다고 알려주었다. 이를 듣고 맥은 이 프로그램에 바로 등록하고 이 장소로 향했다. 자신이 보던 뉴욕 타임스도 그곳으로 배달시켰을 정도로 그는 이 모임에 열정적이었다고 한다. 서양의 정신의학에서는 전혀 가까이 갈 수 없는 세계에 눈을 뜨니 맥은 자기도 모르게 환장한 것 같은데 그 뒤에 맥은 이 프로그램이 열리면 무조건 참여하는 정회원 같은 사람이 되었다고 한다. 내가 우리의 주제와 별로 상관이 없는 것처럼 보이는 이 모임을 소개하는 데에는 이유가 있다.

맥이 차부스티라는 동료 의사를 이 모임에서 만났기 때문이다. 차부스티는 맥에게 홉킨스를 처음으로 소개한 사람인데 맥이 그의 인생을 바꾼 사람을 이 모임에서 만났기 때문에 이 모임에 대해 다소 길게 소개한 것이다. 내 개인적인 생각에는 맥이 이 프로그램에 열심이었던 것도 자신의 인생을 바꿀 사람을 만날 수 있는 기회를 갖기 위한 것이 아니었을까 한다. 이런 것은 보통 무의식적인 차원에서 진행되기 때문에 자신은 자기가 왜 그런 행동을 하는지 모를 때가 많다. 어떻든 맥은 여기서 차부스티를 만났고 UFO 피랍 현상을 향해 큰 걸음을 내딛게 된다.

맥의 인생을 바꾼 만남

맥은 1990년 1월 10일 동료인 차부스티의 권유에 따라 버드 홉킨스를 만난다. 그리고 그의 인생이 바뀌었다. 앞에서도 언급했지만 홉킨스는 UFO 피랍자 연구에서는 선구적인 사람이다. 사실 그는 UFO 연구를 본업으로 하던 사람은 아니다. 그는 뉴욕에서 살았는데 예술가로서 꽤 이름 있는 화가였다고 알려져 있다. 그랬던 그가 1960년 중반부터 UFO에 대해 관심을 갖기 시작했고 특히 UFO에 납치된 사람들의 체험에 대해 지대한 관심을 보였다. 그는 그렇게 약 20년 동안 연구하다가 1981년 『Missing Time』이라는 책을 발간하는데 이 책은 UFO 피랍자 연구에서 선구자 같은 역할을 했다. 그전에는 이 주제에 관해 별 연구가 없었기 때문에 이 책이 선두 역할을 한 것이다. 이 제목에서 말하는 'missing time'은 UFO 현상에 익숙한 사람이라면 누구나 그 의미를 아는 단어이다. 이것은 UFO에 의해 납치된 시간을 말하는데 피랍자들은 이 시간에 무슨 일이 일어났는지 모르기 때문에 '잃어버린' 시간이라고 하는 것이다.

그는 이 책에서 수백 명의 피랍자를 조사해 그들의 체험에서 공통으로 나타나는 특징에 대해서 설명했는데 이 설명은 맥이 주장한 것과 맥락을 같이 한다. 그뿐만이 아니다. 이러한 체험을 한 피랍자들의 몸에는 설명할 수 없는 상처나 자국이 생기고 코나 다리 같은 데에 일정한 물질이 삽입된(implanted) 것을 발견하게 되는데 그는 이런 것들도 이 피랍 체험과 연관된다고 주장했다. 이런 현상에 대해서는 내가 앞에서 이미 설명했다. 그는 뒤이어 1987년에는 『Intruders: The Incredible Vistations at Copley Woods』라는 책을 출간하는데 이 책에서는 앞의 책에서 다룬 것과 더불어 성적인 체험, 즉 외계인들이 지구인과의 성교를 통해 혼혈종을 만든다는 이야기를 다루고 있다. 이 책은 발매 당시 뉴욕타임스의 베스트셀러 목록에 4주간이나 올라가 있을 정도로 큰 인기를 누렸다고 한다. 그래서 그런지 홉킨스에게는 'UFO 피랍 체험의 아버지'라는 별명이 있다는 설도 있다.

맥에 대해서 이야기하면서 홉킨스를 먼저 언급하는 것은 앞에서 말한 것처럼 맥의 후반기 인생은 홉킨스를 만나면서 완전히 달라졌기 때문이다. 맥이 홉킨스에 대해 이야기를 들은 것은 위에서 말한 대로 1989년 가을의 일이었다. 그때 차부스티는 맥에게 UFO 피랍 현상을 연구하고 있는 홉킨스를 한 번 만나보지 않겠냐고 제안했다. 그러자 맥은 서양의 지식인답게 '홉킨스는 미친 사람 아니냐'라고 하면서 거절했다. 이것은 UFO 납치설을 처음 접한 사람이 보이는 전형적인 반응이다. 대부분의 사람들은 UFO나 외계인의 존재를 받아들이는 것조차 어렵게 여긴다. 앞에서 말했지만 나도 UFO에 관심을 갖던 초기에는 이와 비슷해서 UFO는 덜떨어진 사람이나 믿는 사안이라고 생각했다. UFO의 존재를 믿는 사람이 다 그렇다는 것이 아니라 아무런 비판 없이 믿는 사람이 그렇다는 것이다. 그런데 UFO 피랍설로 가면 대책이 없어진다. 할 말을 잃기 때문이다. 누누이 말했지만 이 이야기는 너무나 황당하니 말을 잃는 것이다. 상상 속에서만 존재할 것 같은 외계인이 인간을 납치해서 온갖 생체 실험을 한다는 이야기부터 황당하기 짝이 없지만 그 외계인들이 인간과 성적 교합을 통해 혼혈종을 만들어낸다는 이야기까지 오면 아예 정신 줄을 놓게 된다. 이 과정이 얼마나 어불성설인지는 앞에서 이미 보았으니 더 설명하지 않아도 되겠다.

맥이 홉킨스를 만나보라는 차부스티의 제안을 받고 처음에 저와 같은 반응을 보인 것은 당연한 일이었다. 그러나 차부스티는 맥에게 일단 홉킨스를 만나보고 판단하라면서 계속해서 이 만남을 종용했다. 맥은 내키지는 않았지만 홉킨스가 저명한 화가이었기 때문에 한 번 만나봐도 괜찮을 것이라고 생각했던 것 같다. 저명한 예술가를 만나는 것은 흥미로운 일이라고 생각한 것이리라. 그래서 앞에서 말한 대로 다음 해인 1990년 1월 10일 맥은 홉킨스를 찾아가서 만나게 된다. 이때 맥은 홉킨스로부터 아주 좋은 인상을 받았던 모양이다. 맥이 홉킨스를 아주 따뜻하고 성실하고 지성적인 사람으로 묘사했으니 말이다. 홉킨스는 맥이 원하든 원하지 않든 그것과 관계없이 UFO 피랍 현상에 대해서 자세하게 설명해 주었다. 그러나 맥이 여전히 긴가민가하자 홉킨스는 맥에게 직접 피랍자를 만나보라고 권했다. 홉킨스에게 신임이 갔던지 맥은 곧 피랍자들을 만나기 시작했다.

이때 맥이 홉킨스에 대해 더 좋은 인상을 가질 수 있었던 것은 홉킨스가 피랍자들을 대하는 태도 때문이었다. 홉킨스는 피랍자들이 이미 마음의 상처를 많이 받았던 터라 조심하면서 그들을 대했는데, 그것이 맥에게 좋은 인상으로 남았던 모양이다. 여러 피랍자들과 깊은 대화를 나눈 맥은 피랍자들의 진술이 매우 믿을 만하다는 결론을 내리게 된다.

나는 앞에서 이 UFO 피랍자들의 황당한 진술을 그저 거짓이나 환상으로 치부할 수 없는 가장 확실한 요인으로 이들의 설명이 큰 틀에서 일치하기 때문이라고 했다. 맥도 바로 이 요인을 지적했다. 맥이 피랍자들을 만나보니 이들은 모두 미국 전역에서 따로따로 왔기 때문에 서로 아는 사이가 절대로 아니었다. 이것은 이들이 홉킨스에게 오기 전에 서로 정보를 나누지 않았다는 것을 뜻한다. 그런데 그들이 이 체험에 대해 말하는 내용은 신기할 정도로 비슷했다.

우리가 주목해야 할 것은 맥이 그다음에 한 설명이다. 이에 대해서는 앞에서 이미 보았으나 주제를 환기한다는 생각으로 간단하게 다시 보자. 이 피랍자들은 이른바 '커밍아웃'하는 일을 극도로 꺼린다. 피랍자들이 자기 체험을 주위의 사람들에게 말하면 그들은 피랍자들을 이해하려고 노력하는 것이 아니라 조롱하고 비난하며 특히 미쳤다고 매도하기 때문이다. 이 과정에서 소외되는 일도 생기는데, 이것 역시 체험자들을 매우 곤혹스럽게 한다. 이른바 '왕따'를 당하는 것인데, 상황이 이런데도 피랍자들이 홉킨스를 찾아온 것이다. 그러니까 홉킨스한테 가서 자기 체험을 이야기하면 또 조롱받을지도 모르는데, 그런 것을 감내하고 그를 찾아온 것이다. 맥이 보기에 피랍자들이 이런 식으로 행동한 것은 자신의 체험이 진실하다고 생각했기 때문이 아니냐는 것이었다. 또 이 피랍자들은 미국 전역에서 왔으니 홉킨스가 있는 뉴욕까지 오려면 항공료도 내야 하고 뉴욕에서의 체재비도 부담해야 한다. 이런 것들을 다 감내하고 뉴욕까지 온 것인데, 그들이 얼마나 답답했으면 홉킨스에게 왔겠느냐고 맥은 반문한다. 아무에게도 말 못 하는 이 체험을 이해해 줄 만한 사람이 있다고 하니 만사 제쳐두고 홉킨스에게 온 것이다. 맥은 이런 상황을 설명하면서 이 피랍자들의 체험이 진실한 것이 아니라면 이런 일이 일어날 수 없다고 주장했다.

이와 관련해서 맥은 홉킨스가 전하는 흥미로운 일화를 소개했다. 외계인에 의해 피랍된 체험을 한 것 같다는 한 여성이 홉킨스를 찾아왔다. 그는 평범한 사람이었기에 UFO나 외계인에 대해서는 아는 게 하나도 없었다. 그런데 피랍이라는 이상한 체험을 한 것 같아서 그 내막을 알고자 홉킨스를 찾아온 것이다. 이때 홉킨스는 이 여성에게 외계인 그림을 보여주었다. 그랬더니 이 사람이 놀라면서 자기가 피랍 체험 때 본 존재와 똑같다고 주장했다. 이 말을 듣고 홉킨스가 말하길 이 그림은 사실 다른 피랍자가 그린 그림이라고 하니 이 여성이 화를 냈다고 한다. 왜냐하면 그녀는 자기가 체험한 일이 너무나 괴이해서 꿈으로 치부하려고 했는데, 다른 사람도 같은 외계 존재를 보았다고 하니 자기의 체험이 단순한 꿈이 아닐 것이라는 생각이 들었기 때문이었다. 그 뒤의 이야기는 어떻게 전개됐는지 모르지만, 우리는 이런 일화를 통해서도 이 피랍 체험이 피랍자들이 만든 환상이 아니라는 것을 알 수 있다.

맥은 이처럼 홉킨스와 그가 소개한 피랍자들과 깊은 대화를 나눈 뒤 이 주제를 탐구해야겠다고 결정한다. 그는 그때의 심정을 이렇게 술회한다. "나는 홉킨스를 만났는데 (그의 이야기에) 흥미를 느꼈고 동시에 내가 문제에 빠진 것을 알 수 있었다. 왜냐하면 그것은 내가 가진 많은 것을 뒤흔들었기 때문이다."(Blumenthal, p. 103) 이 말에서 '내가 아는 것이 많이 흔들렸다'라는 것은 무슨 의미일까? 그의 생각이 흔들렸다는 것은 이 UFO 피랍자들의 증언이 그가 지금까지 금과옥조처럼 여겼던 서양의 뉴턴/데카르트식의 이원론적 물질주의에 정면으로 반하기 때문이었다. 물질주의적인 사상은 모든 것을 물질 중심으로 해석하고 이원론적으로 나누어서 이해하는 사상으로, 서양 과학은 바로 이 사상에 기반을 두고 있다. 그런데 UFO 피랍자들의 체험은 이 같은 이원론적 물질주의로는 도저히 이해할 수 없어 맥이 혼돈에 빠진 것이다. 이 이야기를 처음 접하는 독자들은 이런 말이 도대체 무엇을 뜻하는 것인지 이해가 잘 안 될 수 있다. 이 이야기는 우리의 논의에서 매우 중요한 것이라 뒤에서 상세하게 볼 것이다. 따라서 지금 이해가 안 되더라도 걱정하지 말고 그때까지 기다리면 좋겠다.

어떻든 이렇게 해서 연구를 시작한 맥은 앞에서 본 것과 같이 1994년과 1999년에 연구서를 내는데, 그러다 안타깝게도 2004년에 불의의 교통사고로 세상을 떠나게 된다. 그의 연구가 더 진행되었다면 다른 UFO 연구자들과는 차원이 다른 연구 결과를 내놓았을 텐데 이 일이 일어나지 않아 못내 아쉽다.

이상은 맥이 이 주제를 연구하게 된 배경을 아주 간단하게 본 것인데 여기서도 몇 가지 의문이 생기는 것은 피할 길이 없다. 맥이 홉킨스와 피랍자들을 만나고 곧 이들에 대한 연구에 들어갔다고 했는데, 나는 이 대목부터 의아하다. 의아한 이유는 간단하다. 이런 일은 잘 일어나지 않기 때문이다. 보통의 정신의학자라면 홉킨스 같은 사람을 만나지도 않는다. UFO 피랍 체험 같은 주제는 자신이 신봉하는 서양의 정신의학적 관점에서 볼 때 말도 안 되는, 자다가 봉창 두

대담하는 존 맥과 버드 홉킨스(유튜브 캡처)

드리는 것 같은 주제이기 때문에 그런 것을 주장하는 사람과는 아예 상종도 하지 않는다. 원래 학계라는 데가 보수적인 곳이라 이 같은 만화영화나 공상과학소설에나 나올 법한 주제는 절대로 용납하지 않는다.

그런데 맥은 홉킨스 같은 사람을 만났을 뿐만 아니라 그와 피랍자들의 말을 듣고 연구를 결심한다. 연구를 선뜻 결정한 게 이상하다는 것이다. 맥 같은 정신의학자가 어쩌다 홉킨스 같은 사람을 만날 수는 있다. 그런데 상대방의 말을 듣고 선뜻 그것을 연구해야겠다는 생각을 내는 것은 웬만해서 일어나는 일이 아니다. 보통은 홉킨스가 하는 말 같은 것은 그냥 흘려듣고 응대를 안 하는 게 정상이다. 그저 예의상 상대방이 말하는 것을 듣는 척만 하고 바로 잊어버리는 게 다반사일 것이다. UFO 피랍 체험 이야기는 그만큼 기괴하기 때문이다. 그런 현실에 비추어 봤을 때, 맥처럼 연구까지 하겠다고 나선 것은 일어날 수 있는 일이 아니라는 것이다. 맥도 자기가 이 연구를 시작하면 주위로부터 어떤 반응이 올지에 대해 모르지 않았을 것이다. 하버드 대학처럼 세계 최고의 대학에서 제일 잘 나가던 교수가 미신적이고 덜 떨어진 사람들이나 믿는 UFO 피랍 같은 주제를 연구한다면 주위에서 그를 어떻게 볼지는 명약관화한 것이다. 사정이 이러했기 때문에 그는 나중에 대학 당국으로부터 그의 연구를 검열당하는 치욕(?)을 겪게 되는데, 이에 대해서는 뒤에서 볼 것이다.

　사정이 이렇게 좋지 않았는데도 맥은 별 주저 없이 연구를 시작했고 책을 펴냈다. 그리곤 속절없이 세상을 떠나고 말았다. 이 모두가 비정상적으로 보이지만, 이것은 분명히 일어난 일이다. 그래서 말인데, 나는 이 같은 격외의 삶을 살았던 맥의 일생을 보면 그는 이 연구를 하겠다고 작정하고 태어난 사람이 아닌가 하는 생각이 든다. 다시 말해 그는 이번 생에 UFO 피랍 현상을 연구하는 것을 중요한 카르마로 설정하고 왔다는 것이다. 그렇지 않고서야 그의 지위나 신분에 UFO 피랍과 같은 기괴할 뿐만 아니라 비과학적으로 보이는 주제를 연구할 리가 없다. 이런 식이 아니면 그의 일탈(?) 행위를 설명하는 일이 쉽지 않을 것 같다. 이해가 안 되는 것은 이것만이 아니다. 그의 죽음이 그렇다. 그는 왜 연구가 한창이던 때에 그렇게 어이없는 자동차 사고로 생을 마감했을까? 이것도 이해할 수 없는 사안인데 이 사건 역시 그가 이번 생에 오기 전에 기획한 것일까? 이 문제는 나름 중요한 문제라 뒤에서 맥의 죽음을 다룰 때 다시 보게 될 것이다.

그다음으로 시선을 끄는 사건은 맥이 1992년 4월에 달라이라마를 만난 것이다. 맥과 그의 지인들이 달라이라마가 있는 인도의 다람살라까지 가서 그를 만났는데, 두 사람의 대화 가운데 우리의 주제와 관계해서 언급할 만한 거리는 그리 보이지 않는다. 다만 대화의 마지막 부분에 소개할 만한 것이 있어 한 번 보려고 한다. UFO에 관해 대화하다가 마지막에 달라이 라마가 맥에게 UFO를 어떻게 생각하느냐고 물었다. 맥은 달라이 라마의 견해가 궁금했는데 외려 맥에게 질문한 것이다. 이것은 맥이 UFO 연구의 권위자이니 그의 전문적인 의견을 듣기 위해 질문한 것 아닌가 하는 생각이다.

이 같은 달라이라마의 질문에 대해 맥은 다음과 같이 말했다. "내 생각에 외계인과 인간은 서로 배울 게 많은 것 같다. 외계인들은 인간의 감정과 영혼에 대해 지식을 얻기 위해 접촉하는 것 같다. 우리도 그들을 통해 영적인 세계, 다시 말해 지구 같은 좁은 세계를 넘어선 우주가 있다는 것을 배운다(Blumenthal, p.139)." 이때 맥은 한참 UFO 피랍자에 대해 연구하고 있을 때인데, 그 연구를 바탕으로 이 같은 말을 한 것이다. 이 말에서 인간과 외계인이 서로 배울 게 있다고 한 것이 관심을 끄는데, 이것은 피랍자들의 증언에서 추출한 결론일 것이다. 피랍된 사람들에 따르면 외계인은 인간이 가진 여러 기능을 매우 흥미롭게 여겨 조사한다고 하는데, 그 가운데에서도 특히 인간이 가진 감정을 신기하게 생각한다고 한다. 이 점에 대해서는 뒤에서 피랍자의 실례를 볼 때 다시 언급할 테지만, 인간의 감정에 뭐 배울 게 있다고 외계인들이 관심을 갖는지 잘 모르겠다. 내가 보기에 인간은 그 감정 때문에 온갖 사고를 치고 고통에 빠지는데, 그런 감정에 배울 게 있다고 하니 이상한 것이다.

이 에피소드에서 알 수 있는 것은 맥이 종교에 대해서 많은 관심을 가졌다는 사실이다. 서양의 정신과 의사가 인도까지 가서 자신의 종교도 아닌 불교의 지도자를 만나는 것은 종교에 웬만한 관심이 없으면 잘 일어나지 않는 일이다. 맥은 이처럼 종교에 관심이 많았고 종교에 대해서 많은 사전 정보를 갖고 있었기 때문에 피랍자들을 조사할 때도 그들의 체험이 지닌 종교적 함의를 캐낼 수 있었을 것이다. 맥이 조사한 결과를 보면 항상 종교적인 주제와 연결되어 있는 것을 알 수 있는데 그것은 맥이 종교 지향적인 인간이었기 때문에 가능했을 것이다. 바로 이런 점 때문에 맥의 연구가 다른 연구보다 깊이를 더 하는 것이리라.

단두대에 선 맥의 UFO 피랍 연구

이즈음에 맥은 피랍 체험을 연구하느라 매우 바빴을 텐데 그 결과가 1994년에 나온 그의 대표적인 저서인 『Abduction』이다. 이 책은 외계인 피랍 체험을 연구한 책 중에 가장 학술적인 책이 아닌가 싶다. 여기서 내가 이 연구를 학술적이라고 말한 이유는 다른 연구자들은 그저 표면에 나타난 것만 연구한 것에 비해 맥은 현상을 넘어서 그 체험이 지닌 실존적인 의미에 대해 깊이 파고들었기 때문이다. 맥이 이처럼 자신은 학술적으로 접근했다고 하지만 주제 자체가 정통 학문적 입장에서 볼 때 워낙 일탈한 것이라 의과대학 측에서 제동을 걸고 나섰다. 그의 연구 앞에 빨간불이 켜진 것이다. 이때 의대 측에서 가장 우려했던 것은 하버드 의과대학의 명성이 맥의 연구 때문에 금이 가지 않을까 하는 것이었다. 세계 최고의 의대 가운데 하나라고 할 수 있는 하버드 의과대학에 있는 교수가 UFO와 외계인 피랍 체험 같은 미신적이고 황당무계한 주제를 연구하고 있으니 사람들이 하버드 의과대학을 어떻게 보겠느냐는 것이다.

이 점은 충분히 이해할 만한 사안이다. 예를 들어, 대학이라는 신성한 상아탑에서 어떤 유망한 교수가 UFO를 연구했다고 치자. 그러면 어떻게 되겠는가? 당연히 학교 당국으로부터 질타를 받을 것이다. 대학에서는 UFO를 공개적으로 연구하는 것이 잘 허용되지 않기 때문이다. 그런데 거기서 한 걸음, 아니 몇 걸음 더 나아가 맥은 외계인 피랍 체험을 연구했다. 그러니 비난이 쏟아지지 않을 수 없었을 것이다. 이때 말하는 납치는 인간들을 붙잡아다가 조사만 하고 돌려보내는 그런 평범한 납치가 아니다. 맥이 연구한 납치는 이와는 비교도 안 되게 기괴한 목적을 갖고 있다. 이 납치의 주된 목적은 외계인들이 인간을 납치해서 그들의 비행선에서 성적 교배를 시키고 그것을 통해 혼혈종을 만들어 지구에 퍼트리는 것이니 얼마나 괴이(怪異)한가? 그 기괴한 정도가 일반적인 상식으로도 받아들이기 힘든데 냉철한 이성과 합리, 그리고 객관적인 연구 태도를 기본 모토로 하는 대학에서는 더더욱이 받아들이기 힘들었을 것이다. 만일 맥이 인문대학이나 사회대학에 소속되어 있었으면 그의 연구가 제재를 덜 받았을지도 모른다. 그러나 의대는 다르다. 의대는 사람의 생명을 다루는 데라 기본적으로 보수적인 태도를 견지하는 경우가 많다. 그런 입장에서 볼 때 맥의 연구는 마뜩찮았을 것이다. 그래서 그의 연구에 빨간불이 켜진다.

이 같은 상황에서 하버드 의대에는 1994년 7월 맥과 그의 연구를 조사하는 위원회가 만들어진다. 그런데 이 조사가 단기간에 살짝 조사하고 마는 게 아니라 1년 이상이 걸리는 지루한 조사 작업이 진행되었다. 블루멘탈의 책을 보면 이 과정이 대단히 복잡하게 진행된 것을 알 수 있는데 우리가 그것을 다 알 필요는 없다. 여기에는 학술적인 내용이 많이 포함되어 있어 일반 독자들은 그다지 흥미를 느끼지 못할 것 같다. 게다가 맥의 사상을 연구하는 데도 이 부분은 그다지 중요한 사안이 아니기 때문에 핵심만 간단하게 소개하고 지나갈까 한다. 이 사건이 맥 자신에게는 신경이 많이 쓰이는 큰 사건이었겠지만 우리에게는 그다지 중요한 사안이 아니니 간단하게만 보아도 되겠다는 생각이다.

블루멘탈의 책을 보면(제38장, "OH GOD!"), 1994년 7월부터 이 위원회는 맥을 조사하기 위해 23번이나 되는 세션을 연 것으로 나오는데 그 조사가 간단한 것이 아니었다. 나는 이 책을 보기 전에는 조사가 조사지 뭐 별것이 있었을까 하고 생각했다. 그저 맥과 그의 연구물에만 한정해서 간단하게 조사하고 끝내지 않았을까 하고 추측한 것이다. 그런데 실상은 그렇지 않았다. 이 조사는 내가 생각하는 것보다 훨씬 더 광범위하게 행해졌다. 이렇게 23번이나 세션을 연 것은 그만큼 조사할 거리가 많았기 때문이었을 것이다. 우선 그 대상의 숫자가 장난이 아니다. 위원회는 맥과 더불어 13명의 증인을 채택했는데, 이 증인 가운데에는 4명의 피랍 체험자도 포함되었다. 이 체험자 가운데 특히 주목되는 사람이 하나 있었는데 랜들 니커슨이 그 사람이다. 이 친구는 맥과 특별한 인연이 있는 사람이라 곧 상세하게 볼 것이다. 그다음 조사 대상은 맥이 피랍자들을 대상으로 최면한 것을 녹음한 테이프인데 그 양이 25시간 내지 30시간이었다고 한다. 피랍자들이 UFO에 끌려갔을 때 어떤 일이 있었는지를 알기 위해 맥이 행한 최면의 내용을 조사한 것이다. 그러나 가장 중요한 조사 대상은 뭐니 뭐니 해도 맥이 이 주제와 관련해서 지금까지 발표한 글이다. 위원회는 특히 맥이 직접 쓴 자료들을 꼼꼼히 조사했다. 이 같은 과정을 거쳐서 위원회는 그해 12월 중순에 30페이지에 달하는 일차 보고서를 작성해서 대학원장에게 제출했다. 이것은 맥이 짐바브웨에 가서 에이리얼 초등학교 사건을 조사하고 돌아온 일주일만의 일이었다. 맥은 장기간에 걸친 여행에서 돌아와 여독도 풀리지 않았을 텐데, 자신을 폄하하는 공적인 보고서를 받아서 기분이 그다지 좋지 않았을 것이다.

이 보고서 내용을 보기 전에 앞에서 예고한 대로 UFO 피랍자 중의 하나였던 니커슨에 대해 잠깐 살펴보고 가자. 니커슨에 대해서는 이전 책 『Beyond UFOs』에서 잠시 언급했는데, 이번에 그의 배경을 알게 되어 매우 반가웠다. 이전 책에는 그가 다큐멘터리 감독으로 나오는데 그것은 맥의 사후 맥이 생전에 세운 연구소의 의뢰를 받아 에이리얼 초등학교 UFO 사건에 대한 다큐멘터리 필름을 만들었기 때문이다. 이 필름은 제목이 "Ariel Phenomenon (2022)"인데, 이 필름을 파는 미국 회사에서 한국에서는 아예 살 수 없게 만들어 놓아 당시 나는 그 필름을 구입하지 못했다. 그래서 하는 수 없이 미국 사는 아들에게 부탁해 사서 한국에 가져오라고 해 아주 어렵게 보았던 경험이 있다. 한국에서는 이처럼 UFO 연구하는 일이 힘들다. 기초 자료조차 보는 게 힘드니 연구다운 연구를 할 수 없는 것이다.

나는 이런 식으로 니커슨을 알고 있어서 이 사람이 특히 기억에 남는데 그가 블루멘탈의 책에 언급되어 있는 것을 보고 무척 반가웠다. 그런데 이 책을 보니 그는 단지 감독에 그치는 것이 아니라 UFO 피랍자였다. 그뿐만이 아니었다. 맥은 1994년에 자신의 저서를 내고 오프라 윈프리 쇼에 나가게 되는데, 유튜브로 당시 영상을 보니 니커슨이 이 쇼에 같이 나와 있었다. 맥의 주장에 힘을 실어주고자 UFO 피랍자의 사례로 나온 것이다. 이때 그들의 대화를 들어보니 나는 니커슨의 사례를 이미 접한 적이 있다는 사실을 알고 적이 놀랐다. 왜냐하면 니커슨의 사례가 맥의 책(1994)에 이미 소개되었기 때문이었다. 맥의 책에는 여러 사례가 나와 있는데, 그중의 하나가 니커슨의 사례였다. 내가 이 사실을 몰랐던 이유는 맥의 책에는 니커슨이 '스코트'라는 가명으로 나왔기 때문이었다. 피랍자의 신원을 보호하고자 이 책에 나온 피랍자들은 거의 가명을 사용했다. 이 사실을 알고 다시 니커슨의 사례를 꼼꼼하게 읽어보니 그가 대단한 경험을 한 것을 알 수 있었다. 그런데 더 놀라운 사실이 있었다. 이 프로그램에 니커슨과 더불어 그의 여동생이 같이 출연했는데, 그녀 역시 UFO 피랍자이었다. 윈프리가 묻는 질문에 그의 여동생은 마치 어제 일처럼 자기의 피랍 사건을 정확하게 진술했다. 사실 이렇게 한 가족이 같이 피랍되는 사례는 이 세계에서는 드문 경우가 아니라 나는 그다지 놀라지 않았다. 어떻든 윈프리 쇼에서 젊은 날의 니커슨을 보게 되어

오프라 윈프리 쇼에 나온 맥 교수와 피랍자들(왼쪽부터 맥, 피터. 니커슨, 니커슨의 여동생)
(유튜브 캡처)

반가웠다. 반가운 나머지 나는 그의 사례를 책에서 소개하기로 마음
먹었다. 독자들은 뒤에서 사례를 다루는 장에서 니커슨의 UFO 피랍
체험에 대해 자세하게 보게 될 것이다.

윈프리 쇼에 나온 피랍자 중에 또 눈에 띄는 사람이 있었다. 피터
파우스트라는 친구인데, 그의 피랍 체험에 관해서는 뒤에서 본격적
으로 다룰 것이다. 나는 맥의 책(1994)에 나온 여러 명의 피랍자 사례
를 읽으면서 누구를 소개하는 게 좋을까 고심했다. 이 책에는 13개나
되는 사례가 실려 있기 때문에 그것을 다 소개할 수는 없었다. 그래
서 가장 훌륭한 사례를 나름의 기준에 따라 뽑았는데, 그중에서도 최

고가 이 피터였다. 피터는 자신의 피랍 체험을 자신의 삶 속에서 승화시켜 영적으로 엄청난 비약적인 발전을 이루었다. 독자들이 나중에 피터의 사례를 읽어보면 왜 내가 그를 피랍자 중에 최고로 쳤는지 공감하게 될 것이다. 그런 그를 윈프리 쇼를 통해 만나게 되어 아주 반가웠다. 그런데 그의 얼굴을 직접 보니 내가 그를 최고의 피랍자로 뽑은 것이 틀리지 않았다는 것을 알 수 있었다. 얼굴에서 광채가 났고 맑았기 때문인데 그는 분명히 UFO 피랍 체험을 통해 영적으로 엄청난 도약을 이룩한 것 같았다.

학문의 자유를 다시 인정받는 맥

다시 이 보고서로 돌아가자. 이 문서의 내용은 맥에게 매우 비판적이었는데 그것을 다 볼 필요는 없고 결정적인 것 몇 가지만 보았으면 한다. 이 보고서는 우선 맥의 작업이 조사인지 치료인지 불분명하다고 비판했다. 즉 맥이 그가 상대하는 피랍자들을 조사 대상으로 보는지 아니면 환자로 보는지 확실하지 않다는 것이다. 이것은 일리 있는 지적인 것 같다. 왜냐하면 피랍자를 그저 조사만 하는 대상으로 삼는 것과 치료까지 하는 대상으로 여기는 것은 그 대처법이 달라야 하기 때문이다. 처음에는 맥도 조사만 하려고 그의 연구를 시작했을 것이다. 그러나 심층적으로 조사하다 보면 피랍자의 영적인 문제까지 다루게 되니 본의 아니게 치유적인 면이 들어가지 않을 수 없었을 것이다. 뒤에서 사례들을 읽어보면 알게 되겠지만, 피랍자들은 처음에는 납치되고 실험당하는 과정에서 매우 강한 공포와 혐오를 나타내는데 이것이 맥의 인도를 받아 서서히 영적인 각성으로 바꿔게 된다. 초기의 공포나 증오가 나중에 사랑의 감정으로 바뀐다는 것인데 이것이 제삼자가 보기에는 치료의 과정으로 보였을 것이다. 위원회 관계자들은 이것을 문제 삼은 것 같은데 나는 이것은 문제가 아니라 외려 바람직한 경우라고 생각한다. 피랍자가 맥의 인도를 받고 영적으로 새로운 존재로 태어났으니 얼마나 바람직한 사례인가? 내가 보기에 이것을 문제 삼는 위원회가 오히려 문제인 것 같다.

위원회가 이보다 더 심각한 문제로 삼은 것은 맥이 지속적으로 피랍자들에게 자신들이 외계인에 의해 납치되었다는 것을 받아들이게 압력을 행사했다는 것이었다. 그러니까 맥은 조사하면서 객관적인 태도를 취하지 않고 자신의 신념을 피랍자에게 강제로 주입했다는 것이다. 여기서 말하는 맥의 신념이란 UFO 피랍 체험이 실제로 일어난 일이라고 믿는 것이다. 보고서에 따르면 UFO 피랍 사건은 물질적인 근거가 부족하고 여러 면에서 그 실재성을 긍정할 만한 증거가 충분하지 않기 때문에 그것을 사실로 받아들이면 안 되는데 맥은 그렇게 하지 않았다는 것이다. 이런 시각에서 위원회는 맥이 연구하는 태도가 정신의학에서 부과하는 기준에 부합되지 않는다고 주장했다. 쉽게 말해 맥의 연구 태도는 '비과학적이고 비학문적'이라는 것이었다.

이런 이야기를 듣고 맥이 가만히 있을 리가 없었다. 맥과 그의 변호사, 그리고 동료들의 반응은 매우 단호했다. 여기서 나는 그들의 반응을 일일이 다 열거할 필요를 느끼지 못한다. 위원회의 태도는 처음부터 잘못되었기 때문이다. 맥의 연구를 검증하겠다는 태도부터가 오만하기 짝이 없으니 그들의 잘못을 일일이 나열할 필요를 느끼지 못한다. 맥 측에서는 위원회 측의 지적이나 태도를 마녀재판이나 종교재판에서나 하는 것이라고 하면서 맹비난했다. 즉 '하버드 대학이 무슨 교회냐? 왜 교회에서 하는 짓을 대학에서 교수에게 하느냐?'라고 하면서 위원회 측을 마구 힐난했다.

같은 맥락에서 맥은 그들이 주장한 '맥의 이론 주입설'도 강하게 비판했다. 그들은 맥이 은연중이든 아니든 자신의 믿음, 즉 외계인이 인간을 납치해 그네들의 비행선으로 데려가 온갖 생체 실험을 하고 성적 교배를 시킨다는 생각을 피랍자들에게 강요했다고 주장했다. 그래서 그들은 특히 맥이 활용한 최면법에 대해 매우 비판적인 태도를 보였다. 이 비판은 아주 간단하다. 피랍자를 최면해서 그의 주체성을 약하게 만든 다음 맥이 자신의 생각을 주입했다는 것이다. 이에 대해서 맥과 그의 동료, 그리고 특히 피랍자들은 한결같이 맥은 이런 짓을 한 적이 없다고 극구 부인했다. 맥은 자신은 피랍자들의 주장에 개방적인 자세를 취했을 뿐만 아니라 어떤 것도 강요한 적이 없다고 하면서 외려 주관과 객관을 강하게 나누는 서양의 이원론적인 연구 태도를 비판했다. 위원회 측에서는 맥에게 연구자로서 객관적인 태도를 취하지 않았다고 계속해서 흠집을 잡았는데 맥은 그러한 주객 분리의 이원론적인 태도로는 피랍자들의 체험을 이해할 수 없다고 하면서 그들의 주장을 반박했다.

이것은 앞에서 본 문제점인 '조사 대 치유'라는 이원론적인 구분에도 적용된다. 앞에서 언급한 대로 위원회 측은 맥이 피랍자를 조사 대상으로 본 것인지 치유 대상으로 본 것인지 불분명하다고 지적했다고 했다. 사실 위원회가 하고 싶었던 비판은 맥이 피랍자를 조사만

해야 하는데 치유까지 하려고 했다는 것이었다. 이에 대해 맥은 자신은 피랍자들이 자유롭게 증언할 수 있게 개방적인 태도를 취했을 뿐이라고 하면서 치유는 그러는 과정에서 자동으로 발생한 것이지 자기가 의도적으로 유도한 것은 아니라고 밝혔다. 이것은 내가 앞에서 이미 말한 바이기도 하다. 여기서도 맥은 '조사 아니면 치유'라는 이원론적인 접근 태도는 이 사례를 이해하려고 할 때 별로 바람직한 태도가 아니라는 자신의 의견을 밝혔다.

이야기가 길어졌는데, 이런 것들을 종합해 보면 맥의 태도나 입장은 이렇게 정리될 수 있을 것이다. 즉, 그에 따르면 UFO 피랍 현상과 그 과정에서 일어나는 모든 사건이 물리적으로 실제로 일어난 일인지 아닌지는 잘 모른다. 그런데 맥 자신은 그 현상에서 다른 방식으로는 설명할 수 없는 어떤 강력하고 신비로운 요소가 있음을 발견하고 깊이 연구하게 됐다. 다시 말해 이 UFO 피랍 현상은 기존의 물질주의적인 관점이나 세상의 모든 것을 주/객으로 나누는 이원론적인 시각으로는 절대로 알 수 없는 기이한 면이 있어 자신이 더 연구할 필요를 느꼈다는 것이다. 그 같은 결정에 따라 그는 수백 명에 달하는 피랍자들을 조사하고 연구해서 그 결과를 책으로 낸 것이다.

어떻든 이 같은 공방이 일 년여 동안 오간 뒤 위원회 측은 결론을 내렸다. 물론 결론은 예상대로 맥, 그리고 그의 연구 태도는 문제가 없다는 것이었다. 위원회는 맥이 원하는 것을 연구할 수 있는 자유를 재확인해 주었고, 어떤 것에도 방해받지 않고 그의 생각을 다른 사람과 나눌 수 있다고 밝혔다. 한마디로 학문의 자유를 완전하게 인정한 것이다. 그러면서도 맥이 환자를 다룰 때 하버드 의대의 기준을 어기지 말라는 주의를 주는 것도 잊지 않았다. 이것이 이 사건의 진상인데 우리는 이 사건을 통해 미국의 주류 사회가 UFO와 관계된 사건에 대해 얼마나 폐쇄적이었는지 알 수 있지 않을까 싶다. 미국이 대단히 개방적인 사회 같지만 맥의 사례처럼 어이없는 일이 일어나는 사회라는 것을 잊어서는 안 된다(그러나 이 일은 30여 년 전에 있었던 일이고 지금은 연구 분위기가 많이 달라졌다).

맥에게 큰 기대를 건 억만장자의 손자 로렌스 록펠러

이즈음에 맥은 미국의 대표적인 억만장자였던 존 D. 록펠러의 손자인 로렌스 록펠러(Laurance Rockefeller)와 지속적인 관계를 유지하고 있었다. 할아버지 록펠러는 그냥 부자가 아니라 역대 세계 최고의 부자로 손꼽히는 인물로 전 세계적인 명성을 지니고 있다. 로렌스는 그의 손자인데, 그 역시 억만장자급의 부자였지만 부자답지 않게 생태계 보호 문제와 같은 사회 문제에 많은 관심을 갖고 있었다. 맥이 처음에 어떤 인연으로 로렌스를 알게 됐는지는 불분명한데 로렌스가 인생 말년에 UFO에 대해 관심을 가지면서 자연스럽게 알게 된 것 같다. 부자 가운데에 UFO에 관심 있는 사람은 상대적으로 적은데 로렌스는 예외적인 경우라고 할 수 있다. 로렌스는 맥을 아는 데에 그치지 않고 맥의 연구소에 재정적 지원도 아끼지 않았다. 맥이 대학에서 연구 윤리 때문에 고초를 겪을 때에도 로렌스는 그의 든든한 후원자가 되었다. 당시 로렌스는 이름을 밝히지 않는 조건으로 맥이 하버드 대학에 세운 연구소에 다년간 일 년에 25만 불 (환율을 1,400원/1달러로 하면 약 3억 5천만 원)을 지원해 주고 있었다. 이 연구소는 'Center for Psychology and Social Change'인데, 이 연구소는 나중에 재정을 충당하기 위해 펀드를 모집하는 과정에 이름을 아예 'John Mack Institute'로 바꾸게 된다. 이 연구소는 지금도 이 이름으로 활동하고 있다. 이 연구소의 홈페이지에는 맥에 대한 자세한 정보가 실려 있어 궁금한 사람은 이것을 참고하면 되겠다.

로렌스가 이처럼 맥에게 재정 지원했다는 것은 잘 알려져 있지만 블루멘탈의 책을 보면 이보다 더 놀라운 일이 있었다. 1996년의 일인 것 같은데 한 번은 로렌스가 에드거 미첼이 세운 연구소가 주최한 모임에 참석한 적이 있었다. 미첼은 잘 알려진 것처럼 아폴로 14호의 조종사이면서 아폴로 우주인으로서 여섯 번째로 달에 내린 사람이다. 이때 로렌스의 나이는 86세였는데, 이 모임에서 그는 캐린 오스틴이라는 여성의 강연을 듣고 감동받았던 모양이다. 그래서 그는 그 후 그녀와 맥 등을 뉴욕에 있는 그의 펜트하우스에 초대했는데, 이 집은 센트럴 파크의 동물원이 보이는 등 조망이 대단히 좋은 집이었다고 한다. 여기서 내가 오스틴의 이름을 거론하는 이유는 이 여성이 맥의 마지막을 지켰기 때문이다. 맥은 부인과 이혼하고 말년에 오스틴과 같이 생활했는데 성적인 관계는 없는 단순한 동거였다고 한다. 맥이 오스틴과 가깝게 된 것은 그녀 역시 UFO 피랍자 가운데 한 사람이었고 맥이 그녀를 조사했기 때문이었다. 그런데 피랍자 가운데에서도 그녀는 매우 뛰어난 체험을 했기 때문에 맥과 통하는 바가 많았다고 한다. 맥이 2004년 영국에 갈 때 그를 공항에 데려준 것도 이 오스틴인데 그게 맥의 마지막이었으니 그녀는 맥을 끝까지 돌본 사람으로 기억될 것이다.

　그런데 이때 로렌스는 맥에게 매우 의미심장한 말을 한다. 자기가 맥을 재정적으로 지원하는 이유는 맥이 자신에게 등대와 같은 역할을 하는 사람이기 때문이라는 것이다. 맥을 등대에 비유했으니 이것은 엄청난 찬탄이 아닐 수 없다. 그러면서 로렌스는 맥에게 '(당신이) 하는 일을 좀 줄이라'는 충고도 아끼지 않는데, 이 이야기는 왜 했는지 알 수 없다(아마 맥을 아끼는 마음에서 이 같은 충고를 하지 않았을까 한다). 로렌스가 느끼기에 맥은 당시 사람들이 별 관심이 없는 외계인과 피랍 체험을 연구해서 인류에게 새로운 세계를 열어주는 사람으로 보였던 것 같다. 인류가 지나치게 지구 일에만 열중한 나머지 그 밖의 우주에 대해 잘 모르고 있는데, 맥이 UFO와 외계인들의 세계를 알려주니 그게 좋았던 모양이다. 인류는 이 지구가 세상의 전부인 줄 알고 여기서 복작복작 지지고 볶고 싸우면서 사는데 맥은 이 지구를 넘어서는 세계를 보여주었으니 대단하다는 것이다. 그러면서 로렌스는 인류가 앞으로 우주로 뻗어나갈 때 맥의 연구가 미래를 밝혀주는 등대 역할을 할 것이라고 예견했다. 나는 이 사실을 접하고 로렌스가 심상치 않은 사람으로 보였다. 이전에는 그가 그저 돈 많은 사람 정도로만 알았는데 그게 아니라 그는 우주나 인류의 미래 같은 고차원적인 문제에 대해서도 많은 관심을 가지고 있었던 것이다. 그는 맥의 연구소에만 재정적인 지원을 한 것이 아니라 크롭 서클을 조사하는 기관에도 상당량의 돈을 지원한 것으로 알려져 있다. 나는 이번에 맥을 연구하면서 이 사람의 이 같은 경력을 처음으로 알게 됐는데, 그때 바로 드는 생각은 '미국에는 이런 부자도 있구나'라는 것이었다. 그 생각과 함께 '그럼 한국은 어떤가?' 하는 생각이 연이어 들었는데 그 대답은 내가 하지 않아도 독자들이 짐작할 수 있을 것이다.

맥이 파헤친 세기적인 UFO 착륙 및 외계인 조우 사건

우리는 지금 맥의 1990년대 중반의 생을 살펴보고 있는데, 여기서 빠트리면 안 되는 사건이 하나 있다. 바로 에이리얼 초등학교의 UFO착륙 사건이다. 이 사건에 대해서는 나의 이전 책(『Beyond UFOs』)에서 자세히 소개했기 때문에 다시 설명할 필요를 느끼지 못한다. 그런데 블루멘탈의 책에서 이 사건을 다룬 부분을 보니 나의 설명과 다소 다르거나 더 세세한 내용이 있어 그것만 잠깐 소개하고 다음으로 갔으면 한다.

1994년 9월 16일에 일어난 이 사건이 전 UFO 연구사에서 중요한 것은 대낮(오전 10시 15분경부터 30분까지)에 UFO가 지상에 착륙했을 뿐만 아니라 외계 존재들이 하선하여 지구인(초등학생)과 교통한 아주 희귀한 사례이기 때문이다. 외계인들이 지상에 내렸다고 하는 이야기는 이전부터 꾸준하게 있었는데 이 사건처럼 명확할 뿐만 아니라 지구인과 교통한 사례는 접해보지 못했다.

블루멘탈은 이 UFO 비행선이 착륙하기 전의 상황에 대해 이렇게 묘사하고 있는데 이 부분은 나도 처음 접하는 설명이다. 아이들의 증언에 따르면 세 개의 은빛 공 같은 것이 학교 상공에 나타났다고 하는데 나의 이전 책에는 이 같은 설명이 없다. 나는 지상에 착륙한 한 대에 대해서만 주목했기 때문에 같이 왔다고 하는 다른 비행선에 대해서는 설명하지 않았다. 그런데 이들은 그곳에 가만있지 않고 섬

에이리얼 초등학교에 착륙한 UFO와 외계인(추정도)
ⓒLim Eunwoo

광과 함께 사라졌다가 나타나기를 반복했다고 한다. 나는 이 현상에 대해서도 언급하지 않았는데, 그다음부터는 나의 설명에도 나온다. 그러다 그중 한 대가 아이들이 가지 못하는 잡초가 무성한 지역에 착륙했는데, 이곳은 학교에서 약 100m 정도 떨어져 있었다고 한다.

당시 학교 운동장에는 60여 명의 아이들이 놀고 있었는데 UFO가 착륙하는 것을 보고 이들은 그곳으로 몰려갔다. 그다음부터는 아이들의 증언이 조금씩 엇갈리는데 그것을 여기서 다 소개할 필요는 없다. 나타난 외계 존재의 숫자도 아이들의 증언마다 달랐다. 좌우간 확실한 것은 키가 1m 정도 되는 외계인이 비행선에서 땅으로 내려와서 아이들과 잠깐 대화를 나눈 다음 다시 비행선을 타고 사라졌다는 것이다. 사라질 때는 말할 수 없이 빠른 속도로 날아갔다고 한다.

이때 나타났다가 사라진 시간이 약 15분이었다고 하는데 어떤 아이는 당시 나타난 외계인이 두 명이었다고 증언하기도 했다. 이렇게 외계인들이 사라진 다음에 아이 중 약간은 학교 건물에서 회의하고 있는 교사들에게 몰려갔다. 겁에 질려서 보호받고자 달려간 것이다.

이것은 잘 알려진 사실인데 재미있는 것은 일군의 아이들은 교내 매점으로 달려갔다는 것이다. 그곳에는 아이들의 부모 중 한 사람인 앨리슨 커크맨이라는 여성이 자원봉사로 일하고 있었다. 아이들은 너무도 황당한 체험을 해 어른에게 가서 빨리 이 현상에 대해 말하고 싶었을 것이다. 그래서 아이들이 커크맨에게 달려간 것인데, 이 여성의 반응이 재미있다. 어떤 여학생이 매점에 들어가면서 '외계인(이 왔어요)!'라고 외치자, 이 여성은 이 아이들에게 훈계하는 투로 '예의 바르게 굴어야지. 거기에 정말로 외계인이 있다면 지구인들이 좋은 존재라는 것을 확인시켜 줘야 해'라고 말했다고 한다. 그렇게 말하면서 이 여성은 음식이나 돈이 없어질까 두려워 가게를 비울 수 없다고 하면서 UFO 착륙지로 가지 않았다. 이 같은 여성의 태도가 다소 의외지만, 이것은 평소에 UFO에 대해 관심이 없거나 UFO에 대한 지식이 없는 사람이라면 능히 취할 수 있는 태도다. 이들에게 UFO 이야기란 귀신 씻나락 까먹는 이야기라 UFO가 바로 앞에 나타났다고 해도 이들은 관심을 두지 않는다.

내가 이 장면을 약간 장황하게 쓰는 이유는 이 사건에서 어른들이 철저하게 배제되었다는 것을 말하기 위함이다. 이 점도 나의 이전 책에서 밝혔는데, 그 책에서는 이 매점 여성에 대해서는 자세히 쓰지 않았다. 이 사건에서 외계인들이 인간 어른을 배제한 이유에 대해 나는, 외계인들은 자신들이 어른들 앞에 나타나면 배척당할까 봐 의도적으로 아이들 앞에 나타난 것이라고 추정했다. 아이들은 어른과 비교해 볼 때 선입견이 적어 외계인이 나타나도 수용할 것이라고 생각한 것 아닌가 하고 추정해 본 것이다. 그런데 아이들이 이 매점의 여성에게 같이 가보자고 했는데 그녀는 거절했다. 이 여성의 태도는 전형적인 어른의 태도를 보여주고 있다. 낯설고 이질적인 현상을 무시하거나 피하는 그런 태도 말이다.

맥은 이 사건에 대해 당시 영국 BBC 방송국의 특파원이었던 팀 리치로부터 처음 듣게 된다. 리치는 이 사건이 발생했다는 소식을 듣고 즉시 이 학교로 향했고, 거기서 UFO 연구가인 신시아 하인드를 만난다. 이때 리치는 하인드로부터 존 맥이라는 하버드대학 의대 교수이자 UFO 전문가가 있다는 소리를 듣고 맥에게 이 소식을 전한다. 그냥 소식만 전한 것이 아니라 아이들이 그린 UFO 그림도 팩스로 같이 발송했다. 이 소식을 접한 맥은 이 사건에 대해 비상한 관심을 갖는다. 이유는 앞에서 말한 대로 이렇게 대낮에 수십 명의 목격자 앞에 외계인이 나타난 예는 매우 드물기 때문이다. 게다가 아이들이 그렸다는 UFO와 외계인들의 모습을 보니 이 사건이 심상치 않은 사건이라는 것을 즉시 알아차렸을 것이다. 당시 맥은 학교에서 자신과 자신의 연구가 검열당하고 있어 심기가 불편한 상태였는데, 마침 이런 사건이 터지니 보스턴을 벗어나기로 작정한다.

그렇게 해서 맥이 이 초등학교에 도착한 것은 사건이 있고 두 달이 지난 11월의 일이었다. 그다음 일은 나의 이전 책에서 충분히 설명했다. 이 사건에서 맥이 중요한 위치를 차지하게 된 것은 그가 조

에이리얼 초등학교 학생을 면담하는 존 맥(유튜브 캡처)

사하면서 사건의 진실한(?) 의미가 밝혀졌기 때문이다. 만일 맥이 이 사건을 조사하지 않았다면 이 사건은 그저 UFO가 착륙하고 외계인이 잠시 지상에 나타났다가 사라진 사건으로만 남았을 것이다. 물론 이것만 가지고도 이 사건은 UFO 조우 사건 가운데에 중요도의 수준에서 수위를 다투는 사건이라고 할 수 있다. 그러나 이 사건은 그것을 넘어서서 인간과 외계인이 교통한 아주 희귀한 사례가 되었다는 점에서 유일무이한 사건이 되었다. 물론 여기서 외계인에 의해 납치되어 UFO에서 생체 실험을 겪으면서 그들과 교통한 사례는 제외해야 한다. 그것은 매우 특수한 환경에서 인간과 외계인이 교류한 것이기 때문이다. 이에 비해 이 초등학교 UFO 사건은 대낮에 지상에서 인간과 외계인이 쌍방으로 교통했다는 점에서 유일무이하다고 할 수 있다.

그런데 이렇게 교통한 내용이 묻힐 뻔했는데 맥이 개입하면서 그
내용을 캐냈다는 점에서 이 사건은 여타 UFO 사건들과 질적으로 큰
차이를 보인다. 만일 일반적인 UFO 연구가가 이 사건을 다루었다면
맥이 찾아낸 내용을 밝혀내지 못했을 것이다. 이런 일이 가능하게 된
것은 맥이 아이들을 심층적으로 면담했기 때문이다. 맥은 정신과 의
사이고 원래 어린이 치료에 관심이 많아 어린이들을 면담하는 방법
에 대해 잘 알고 있었다. 그런데 마침 맥이 이 사건을 겪은 어린이들
을 면담하는 영상이 남아 있어 그가 면담한 방식을 관찰할 수 있었
다. 맥은 아이들 개개인을 따로따로 격리해 면담하면서 아이들 자신
도 잘 기억하지 못한 일을 상기하게 했다. 즉 외계인들이 몇몇 아이
들에게 텔레파시로 전달한 메시지를 기억하게 한 것이다. 맥이 이런
일을 할 수 있었던 것은 그가 정신과 의사로서 면담 기법을 잘 알고
있을 뿐만 아니라 이미 많은 피랍자들을 면담(그리고 최면)한 경험이
있어서 가능했을 것으로 생각된다.

이때 아이들이 외계인들로부터 받은 메시지는 잘 알려진 대로 인
류가 자행한 환경 파괴에 대한 경고로, 이 점은 내가 기회가 있을 때
마다 언급했다. 이 같은 경고는 다른 피랍자들도 외계인들로부터 숱
하게 받았다. 이것은 이 책의 뒷부분에서 피랍자들의 사례를 보면 명
확하게 드러날 것이다. 그러나 이 초등학교 경우처럼 대낮에 정신이
성성한 아이들에게 외계인들이 이 같은 메시지를 전한 사례는 이것
외에는 찾아보기 힘들다. 그래서 이 사례는 UFO 연구사상 가장 빼
어난 사례라고 하는 것인데 이 사건이 이렇게 된 데에는 맥의 공이

지대하다고 할 수 있다.

맥이 이 사건의 연구에서 지대한 공헌을 했다는 것은 다른 사실을 통해서도 알 수 있다. 맥이 죽은 뒤 앞에서 말한 존 맥 연구소에서 이 사건을 가지고 다큐멘터리 필름을 만들기로 결정한 것이 그것이다. 앞에서 이미 언급한 대로 2007년에 이 연구소가 니커슨에게 제작을 의뢰해 2022년에 발표된 "Ariel Phenomenon"이라는 필름이 그것인데 여기서 강조하고 싶은 것은 존 맥 연구소가 맥의 사후 그가 했던 많은 일 가운데 왜 이 초등학교 사건을 다큐멘터리로 만들려고 했느냐는 것이다. 추정하건대 이 사건이 맥에 의해 세계적으로 유명한 사건이 되었기 때문이 아닐까 한다. 그런가 하면 이 사건에서 나타난 것처럼 외계인들이 인류에게 보낸 환경 파괴에 대한 경고 메시지는 맥이 평소에 지녔던 생각과 일치해 이 사건을 영상으로 만들었을 수도 있다. 어떻든 맥의 UFO 연구에서 이 사건이 지니는 중요성은 상당한 비중을 차지하고 있어 여기서 잠시 살펴보았다.

UFO 피랍 사건에 대해 새로운 해석을 내리는 맥

이제 우리는 전혀 예상치 못했던 맥의 죽음으로 서서히 가까이 가는데 그 전에 보아야 할 책은 앞에서 누누이 말한 대로 그가 1999년에 마지막으로 낸 책(『Passport to Cosmos』)이다. 이 책은 일단 맥이 그때까지 행한 UFO 연구를 집대성했기 때문에 중요하다. 블루멘탈의 책을 보면(p. 241) 이 책을 내고 맥은 친구에게 말하길 '내 관점에서 볼 때 이 책은 내가 쓴 것 가운데 최고이고 가장 중요한 것이다'라고 했다고 한다. 나도 맥의 의견에 동의한다. 나 또한 이 책이 아니었다면 이 책을 쓸 생각을 갖지 못했을 것이기 때문이다. 따라서 앞으로 이 책의 내용을 가지고 심도 있게 파헤쳐 볼 생각인데 여기서는 서론 격으로 이 책을 전체적으로 훑어보는 정도에 그칠까 한다.

맥은 이전 책(1994)을 출간하고 당시 동거하고 있던 도미니크와 다음 주제를 구상했다. 도미니크는 UFO 피랍자였는데 맥에게 와서 면담하다가 가깝게 된 여성이다. 맥이 처와 별거한 이후에는 맥과 동거하면서 동료처럼 살게 된다. 이 여성이 맥과 같이한 여정에 관해서도 이야기할 거리가 꽤 있지만 우리의 주제가 아니니 넘어가기로 한다. 처음에 이들은 연구 작업의 일환으로 앞에서 본 짐바브웨 에이리얼 초등학교 사건을 더 확대해서 다루려고 했다. 맥은 자신의 연구를 한 단계 끌어올리려면 무언가 새로운 시도를 해야 한다고 생각해서 이 초등학교 사건을 가지고 그 작업을 하려고 한 것이다. 그런데 그들은 이 사건이 너무 협소하다는 결론에 이르게 된다. 물론 이 사건은 매우 특별한 사건이기는 하지만 깊이 캘 만한 거리를 가진 것은 아니라고 결론 내린 것이다. 사건에 대한 묘사만 정리하면 더 할 말이 없는 일차원적인 사건으로 보인 것이리라.

나도 이 의견에 동의한다. 인간이 UFO를 목격한 사건이나 외계 존재를 만난 사건은 체험자들을 통해 그냥 사건의 개요만 받아 적으면 더 이상 할 일이 없는 경우가 많다. 체험자들은 자기가 의도해서 그 사건을 겪은 것이 아니기 때문에 그 사건이 지니는 의미나 후과(after-effect)에 대해 아는 바가 없다. 그저 UFO나 외계 존재가 눈앞에 나타났다가 사라진 것이다. 그래서 더 할 말이 없다. 이 사건을 깊게 파헤치려면 상대방, 즉 외계인을 직접 만나서 그들의 의도에 대해

들고 많은 질문을 던져서 그 사건의 전모나 의미를 파악해야 한다. 그런데 이 일은 가능한 일이 아니다. 외계 존재를 만날 수 없기 때문이다. 그들은 아직 인간들 앞에 나타날 때가 아니라고 생각한 때문인지 인간들과의 접촉을 극도로 꺼리는 것 같다. 따라서 인간들이 외계 존재를 만날 수 없으니 이런 사건에 대한 설명은 단편적이고 평면적인 것으로 끝날 수밖에 없다.

맥이 느꼈던 한계도 바로 이것이었을 것이다. 따라서 맥은 연구를 업그레이드하기 위해 UFO 피랍 사건을 좀 더 철학적으로 다루어야겠다는 생각을 하게 된다. 외계인과의 조우 사건을 표층적으로 기술하는 데에 그치지 않고 이 사건이 인간에게 주는 의미가 무엇인지, 또 반대로 외계인들은 이 사건을 어떻게 보는지 등등에 대해 이전보다 더 철학적인 접근을 하고 싶었던 것이다. 그런 여러 시도와 설명을 정리해서 낸 책이 바로 이 책이다. 그래서 그런지 맥은 이 책에서 매우 철학적인 표현을 많이 사용하는데 그 가운데 가장 대표적인 것이 존재론적 충격(ontological shock)이라는 표현이다. 이것은 피랍자가 외계인과 접하면서 그의 전 존재가 흔들리는 충격을 받았기 때문에 나온 용어인데 이런 철학적인 표현은 다른 연구자들에게서는 별로 발견되지 않는다. 이 책에서 맥은 이런 식의 접근을 꾸준하게 하고 있는데 나도 그의 노선을 따라 그의 주장을 설명할 것이다.

그가 이런 생각을 바탕으로 책을 집필한 때문인지 이 책의 서문은 에드거 미첼의 철학적인 언사로 시작한다. 앞에서 잠깐 소개했지만 미첼은 자신의 우주 체험을 거의 종교적인 경지로 끌어 올린 사람으로 유명하다. 그는 기술이나 기능을 중시하는 우주비행사라는 직업을 지녔지만 자신이 우주에서 겪었던 일을 종교철학적인 시각으로 풀어낸 것으로 유명하다. 미첼은 평상시에 '우리는 누구인가?', '우리는 이곳에 어떻게 왔는가?', '우리는 어디로 가고 있는가?'와 같은 매우 철학적인 질문을 우리에게 던졌다. 이런 맥락에서 맥도 피랍 체험에 대해 좀 더 넓은 관점을 제시하면서 이렇게 말하고 있다. '나는 피랍 체험이 인간의 몸이 문자 그대로의 의미로 육체적인 상태에서 납치된 것을 의미하는 것은 아니라고 생각한다.' 말이 조금 어렵게 됐지만 이것은 맥이 피랍 체험을 물질적인 시각에서 보려는 게 아니라 그것을 넘어선 것을 찾아보겠다는 것을 의미한다. 다시 말해 이 현상이 지니는 물리적인 모습보다 이 현상이 피랍자나 우리 인류에게 어떤 의미가 있는지에 대해서 철학적으로 탐구하겠다는 것이다.

맥이 그렇게 탐구한 결과가 이 책에 담겨 있는데 그에 따르면 이 피랍 현상은 인간 의식이 직면한 신묘한 교차점(crossover)에 있다. 말이 조금 어렵게 됐는데 여기서 말하는 교차점이란 인간 의식이 물질계인 삼차원 세계를 넘어서 사차원이나 그 이상의 세계로 넘어갈 수 있는 지점을 뜻한다. 이 지점에서 인간은 물질계를 뚫고 이전에는 한 번도 접해보지 못한 영적인 세계로 진입하게 된다. 이와 비슷한 체험으로 맥은 근사체험과 체외이탈체험, 그리고 UFO가 자행하는 것으로 추정되는 동물 훼손(animal mutilation)과 크롭 서클의 형성, 그리고 (성모) 마리아 영의 출현 사건이나 무당의 영적인 순례 비행 등을 들었다. 이런 현상들이 모두 인간이 차원을 이동할 수 있는 수단이 되는것인데 UFO 피랍 체험은 그중에 하나에 불과한 것이다. 그러나 이 피랍 체험은 매우 강력해서 이 경험을 한 사람은 존재 전체가 흔들리는 존재론적인 충격을 겪게 된다고 한다. 이 점에 대해서는 뒤에서 상세하게 설명할 터인데 이런 해석은 맥에게서만 접할 수 있는 매우 귀중한 분석이다.

그다음으로 맥은 보통 혼혈(hybrid)로 불리는 새로운 종의 인류가 출현하는 문제에 대해서도 많은 설명을 하고 있다. 이것은 많은 피랍자들이 간증한 것으로 외계 존재들이 인류와의 성적 교배를 통해 혼혈종을 만든다는 것인데 그 목적에 대해서는 학자마다 조금씩 다른 주장을 한다. 예를 들어 홉킨스와 제이컵스 같은 학자는 외계인들이 이 혼혈종을 가지고 지구를 식민지로 만들려고 한다고 주장한다. 이에 대해서는 앞에서 부분적으로 언급했는데 우리의 설명을 진척시키기 위해 제이컵스의 설명만 잠깐 다시 살펴보자. 제이컵스는 자신의 저서인 『Walking Among Us: The Alien Plan to Control Humanity』(2015)에서 이미 많은 혼혈종들이 인류와 같이 살고 있으면서 인간을 통제하기 위해 모종의 일을 하고 있다고 주장한다(그런데 그들이 구체적으로 무슨 일을 하는지는 잘 알지 못한다고 한다). 그래서 인류는 외계인들을 경계해야 한다고 주장하는데 대종은 비슷하지만 이보다 조금 온화한 주장도 있다. 이 주장에 따르면 외계인들이 혼혈종을 만드는 이유는 지구인을 대체하기 위함이다. 현재 지구인들은 지구를 너무나 망쳤을 뿐만 아니라 그들의 능력으로는 지구를 다시 살려낼 수 없기 때문에 지금의 인류보다 훨씬 진화한 혼혈종을 만들어 새로운 지구의 거주자로 만들겠다는 것이다. 이렇게 하는 이유는 이 아름답기 짝이 없는 지구를 살리기 위해서는 이 방법밖에 없기 때문이란다. 맥은 이런 주장을 부정하지는 않지만 이 같은 '지구

식민지설'에 대해서는 거의 언급하지 않는다. 대신 자신의 설명을 한 단계 업그레이드시켜서 이 피랍 체험의 성공은 새로운 종을 창조하는 데에 있지 않고 인류가 지구가 처한 심각한 위험을 자각하는 데에 있다고 주장했다. 따라서 외계인이 아니라 인류가 직접 개입하여 이 지구의 현실을 바꾸어야 한다는 것이다.

이런 시각에서 맥은 이 피랍 체험의 목적은 인간에게 트라우마를 주는 게 아니라 변화를 주는 데에 있다고 주장했다. 이 체험의 진정한 의미는 인간 의식을 깨우는 데 있다는 것이다. 이 피랍 체험은 일차원적인 관점에서만 보면 피랍자들이 겪는 공포와 아픔, 증오 등만 부각될 수 있다. 이 점은 뒤에서 상세하게 다룰 터인데 피랍자들은 납치될 때 감당하기 힘든 엄청난 공포와 분노를 느낀다. 그래서 다시는 그 체험을 하고 싶지 않다는 생각을 하는 경우가 많다. 그런데 맥의 심층 연구를 보면, 이 공포를 이겨낸 피랍자들은 완전히 다른 존재로 변모한다. 이 점은 홉킨스나 제이컵스 같은 다른 연구가들은 파헤치지 못한 것인데 맥은 자기만의 심층 연구를 통해 피랍 체험의 또 다른 차원을 밝혀냈다.

그런데 맥은 여기서 그치지 않고 한 걸음 더 나아간다. 피랍자들은 그 고된 체험을 통해 영적인 성장을 하지만 그것이 궁극적인 목표는 아니란다. 이 같은 영적인 성장은 '신'이나 '근원', '하나(the One)', '대령(Great Spirit)' 등과 같은 절대 실재로 가는 길로 이어져야 성장이 완성된다고 한다. 완전히 새로운 차원으로 도약해야 한다는 것이다. 이 정도 되면 맥의 이야기는 종교에서 말하는 것과 그리 다를 것이 없게 되는데 이 점에 대해서는 뒤의 결론 부분에서 심도 있게 살펴볼 것이다.

죽기 직전에 크롭 서클의 현장을 방문한 맥

그다음으로 나는 맥의 죽음을 다루면서 그의 일생에 대한 스케치를 마치려고 했는데 그가 죽는 해인 2004년에 재미있는 사건이 있어 그것을 잠깐 보고 갈까 한다. 그는 죽기 두 달 전인 그해 7월에 크롭 서클의 현장에 갔다. 영국에는 이 크롭 서클이라 불리는 기이한 현상이 산재되어 발견되는데 맥은 이쪽 방면의 전문가인 랜들(Randall)이라는 사람과 함께 윌트셔(Wiltshire)에 있는 서클을 보러 간 것이었다. 윌트셔 지역은 이 서클이 많이 발견되는 곳으로 이름이 높은데 그 유명한 스톤헨지도 근처에 있다고 한다. 이 자리에서 맥은 랜들에게 '외계인과 크롭 서클은 연관이 있는 것 같다'라고 말했다. 그러자 랜들은 의심쩍은 표정으로 매우 재미있는 발언을 한다. 즉 인간을 납치하는 등 위협적인 행동을 많이 한 외계 존재들이 이처럼 일시적이지만 말로 할 수 없이 아름다운 경관을 만들어냈다는 게 상상하기 힘들다는 것이다. 크롭 서클 가운데 몇몇은 그 모양이 흡사 프랙털 이론을 바탕으로 만들어진 것처럼 기하학적으로 매우 정교하고 아름답다. 이런 아름다움에 취해서 랜들이 이런 발언을 한 것이리라. 그런데 랜들은 외계인을 인간을 위협하는 존재로 생각한 모양이라 이 두 요소가 연결된다고 생각하지 않은 것이다. 이 주장의 진위는 차치하고 나는 크롭 서클과 외계인의 관계에 대해 이런 의견을 낸 사람은 처음 보았다. 그래서 재미있다고 한 것이다.

이 크롭 서클도 UFO 연구에서 한 자리를 차지하고 있는데 이 서

대표적인 크롭 서클

클의 정체에 대해서는 아직 명확한 대답을 내놓지 못하고 있는 형편이다. 다시 말해 이 서클을 '누가, 어떻게, 왜' 만들었는지에 대해 밝혀진 바가 없다는 것이다. 맥은 랜들의 반응을 보고 말하길 '어쨌든 그것들은 모두 근원(Source)에서 오는 것이죠. 그렇지 않아요?'라고 했다. 여기서 말하는 근원은 조금 추상적인 개념인데 우주의 모든 것이 유래하는 원천 정도로 이해하면 될 것 같다.

그런 말을 나누면서 그들은 첫 번째 서클로 들어갔다. 그때 맥은 무슨 충격을 받았는지 뒤로 점프하면서 '와우!'하고 소리쳤다. 당시 그는 이 서클을 만들 때 동원된 에너지를 느끼는 듯했다. 그러더니 맥은 이 힘을 흡수하고 싶다고 하면서 꺾여서 일자가 된 줄기 위에 큰 대(大) 자로 누웠다. 그는 외쳤다. '세상에, (나의 원기가) 되살아나는 것을 느껴요!' 맥은 이때 어떤 힘을 느낀 것인데 이러한 느낌은 이곳을 방문한 사람들이 많이 갖는 것이다. 예를 들어 아주 피곤한 상태로 이 서클에 도착한 사람은 그 안으로 들어가는 순간 에너지가 보충되는 느낌을 받는다고 한다. 이것을 체험한 사람들의 말에 따르면 서클 안에는 모종의 강력한 에너지가 있다고 하는데 이것은 아마도 앞에서 말한 것처럼 이 서클을 만들 때 사용했던 전자기적인 에너지가 잔류한 것으로 생각된다.

이때 일행 중 한 사람이 맥을 촬영했는데 그의 주위에 수증기가 모락모락 피어나는 것 같은 장면이 찍혔다고 한다. 이것이 과연 무슨 일일까? 이에 대해서는 추측할 수밖에 없는데 아마 맥의 몸에 기가 충만해지니 그게 아지랑이처럼 피어오른 것 아닌지 모르겠다. 그때 다른 일행인 오스틴이 농기구로도 이런 유형의 도형을 만들 수 있다고 주장했다. 실제로 당시에 어떤 두 명의 영국 남자가 이 도형들은 자기들이 만든 것이라고 하면서 시범을 보이기도 했다. 이에 대해 맥은 '이 세상에 어느 누구도 나에게 이 서클이 인간에 의해 만들어졌다는 확신을 줄 수 있는 사람은 없다'라고 강력하게 주장했다. 그러니까 맥은 인간이 이 서클을 만든 것이 아니라고 굳게 믿은 것이다. 그렇다고 성급하게 외계인이 만들었다고 주장한 것도 아니었다. 누가 만들었는지는 모르지만 적어도 인간이 만든 것은 아니라는 것이다.

흔히 미스터리 서클이라고도 불리는 이 크롭 서클은 대단히 기이한 현상으로 많은 설명이 필요한 주제이다. 그러나 내가 이 주제에 관해 공부한 것은 책을 한두 권 읽은 것과 다큐멘터리 영상 몇 개를 본 것에 불과해 할 수 있는 말이 별로 없다. 아니, 공부하려 해도 한국에는 책이 없어서 연구 자체가 가능하지 않다. 그러나 확신이 가는 부분도 있다. 맥은 이 서클이 인간이 만들지 않았다고 했는데 나도 전적으로 이에 동의한다. 그렇다고 외계인이 만들었다는 결정적인 증거는 없다. 하지만 그들이 만들었을 가능성이 크다. 앞에서 말한 것처럼 몇 년 전에 이 서클을 만든다는 친구들이 나타난 적이 있는데 그들이 만든 것은 조야하기 짝이 없어서 외계인이 만든 것과는 비교가 되지 않았다. 특히 작물의 꺾인 부분이 달랐는데 인간이 만들 때는 이 부분이 그냥 꺾여 있었던 것에 비해 외계인이 했을 경우에는 이 부분에 강한 열이 가해진 것처럼 깨끗하게 굽어 있었다. 그래서 전체 그림이 깔끔하게 나오는데 인간이 만든 것은 겉모습이 엉성하게 보인다. 그리고 이 서클은 영국에서만 발견되는 것이 아니다. 인근 국가인 독일이나 프랑스 등지에서도 발견되고 심지어 일본이나 호주 등 세계 곳곳에서 같은 현상이 발견된다. 따라서 이 두 영국 친구가 모든 서클을 만들었다는 주장은 설 자리를 잃는다. 이 친구들이 다른 나라에까지 가서 서클을 만들 리는 없지 않은가? 그뿐만이 아니라 전 세계적으로 발견되는 크롭 서클의 수가 적어도 수백 건이 되는데 이것을 기껏 두 사람이 만든다는 것은 어불성설이다.

인간이 아닌 존재가 이 서클을 만들었을 것이라는 증거는 그뿐만이 아니다. 이 서클의 도형을 보면 그 모양이 장난이 아니다. 크롭 서클에 대한 기록은 1600년대로 거슬러 올라가지만, 최근 수십 년 동안 그 복잡성과 지적 정교함이 과거와는 비교도 안 되게 심화되었다.

현대에 들어와서는 1966년에 호주에서 처음으로 이 서클이 발견됐다고 하는데 그 뒤로 영국을 비롯한 다른 국가에서도 이 서클이 발견된다. 그런데 이 서클이 20세기 중반에 처음으로 나타났을 때는 간단한 형태의 도형으로 되어 있었는데 후대로 가면서 그 복잡함이 더해간다. 특히 기하학적인 의미가 있는 도형들이 많이 출현하는데 이런 것들은 손으로 그리려고 해도 어려운데 그것을 그 넓은 밭에서 곡물들을 가지고 그린다는 것은 인간의 능력으로는 불가능하다고 할 수밖에 없다.

게다가 이런 복잡한 도형이 어떤 때는 수 시간 만에, 혹은 밤사이에 만들어지는데 이것 역시 인간의 능력으로는 가능하지 않은 일이다. 예를 들어 오전에 그 밭을 지나갈 때는 서클이 없었는데 오후에 다시 지나가면서 보니 서클이 만들어져 있었다는 이야기는 심심치 않게 접할 수 있다. 또 밭 위에 빨간빛을 내는 구체(orb)들이 움직이는 모습이 보였다는 주장도 있는데 그런 일이 있으면 밭에는 서클이 만들어지곤 했다고 한다. 이런 현상을 통해 추정해 보면, 이 서클은 외계인이 만들었다고밖에는 볼 수 없을 것 같다. 이런 작은 구체들은 UFO와 함께 나타난 사례가 많이 보고되었기 때문에 그렇게 추측해 보는 것이다. 그런 목격담을 보면, 이 구체들이 드론처럼 UFO를 본체 삼아서 나타나서 돌아다니다 다시 모선인 UFO로 돌아간 것 아닌가 하는 생각이 든다. 이에 대해서는 나의 이전 책(『Beyond UFOs』)에서 벨기에 전역과 영국의 렌들샴 숲에 나타난 UFO를 설명하면서 상세하게 다루었으니 관심 있는 독자는 그것을 참고하면 되겠다.

그런가 하면 이렇게 서클이 생긴 땅에서는 곡물이 아주 잘 자랐다는 보고도 있는데 이렇듯 우리는 이 서클에 대해 할 말이 많다. 그러나 연구가 미진한 관계로 예서 그치는데 마지막으로 던지고 싶은 질문은 외계인들은 왜 이 서클을 만드느냐는 것이다. 이것은 물론 외계인이 이 서클을 만들었다는 것을 인정했을 때 던질 수 있는 질문이다. 그런데 내가 이전 책에서 말한 것처럼 외계인에 대한 것은 캐면 캘수록 모르겠다는 말만 나올 뿐 어느 것 하나 명확하게 알 수 있는 것이 없다. 그러나 그렇다고 가만히 있을 수도 없는 노릇이라 있는 힘을 다해 추정해 보려고 한다. 그렇게 문제의식을 갖고 있어야 나중에 해답이 다가올 때 재빨리 그 답을 취할 수 있기 때문이다.

그런 심사로 이 문제에 대해 추정해 보면, 외계인들은 이 서클을 통해 인류에게 무언가 메시지를 전달하고 있다는 느낌을 받는다. 개인적인 생각으로는 외계인들이 이 메시지를 보내면서 앞으로 있을 인간과 외계인 간의 공식적인 만남을 준비하고 있는 것 아닌가 한다. 지금까지 있어 온 여러 정황을 보면 외계인들은 지구인과 만나기를 매우 바라는 것 같다. 나의 개인적인 생각이지만 지금 외계인들은 지구인들에게 더 이상 어리석은 짓을 하지 말고 어서 상위 질서로 올라오라고 권유하고 있는 것 같다. 그들이 보기에 지구인들은 한심할 것이다. 인류는 수천 년간을 싸워오면서 서로를 죽고 죽이는 일을 거듭하다가 급기야 원자폭탄과 같은 공멸의 무기를 만들어냈다. 그러더니 지구 환경을 다 망쳐놔서 인간 자신들의 안전과 잔존도 심각한 위기에 이르게 만들었다. 한 마디로 지구를 다 말아먹은 것인데 이것을 막으려면 우선 지구인과 만나 대화해야 한다. 인류는 자신의 힘으로 이 위기를 타개할 수 있는 능력이 없기 때문에 외계인들이 개입하기 위해 대화를 해야 한다는 것이다. 그런데 외계인들은 너무도 이질적인 존재라 갑자기 나타나면 지구인들이 큰 공포를 느끼고 패닉에 빠지게 된다. 이런 예는 UFO 피랍자들을 통해 많이 접했다. 그래서 지구인들이 받을 충격을 줄여야 하는데 그렇게 하기 위해서는 서서히 자신들을 드러내는 게 좋겠다고 생각한 것 같다. 그 일환으로 이렇게 밭에다가 자신들의 흔적을 남기면서 슬슬 군불을 지피는 것 아닌가 한다. 여기서도 외계인들은 완급을 조절해서 처음부터 복잡한 도형이 아니라 단순한 도형으로 시작해 천천히 복잡함이 더해가는 도형을 보여주고 있는 것 같다. 그럼으로써 지구인들에게 자신들이 훨씬 뛰어난 기술 문명을 가졌다는 것을 알리려는 것 아닌가 한다. 최근에는 도형뿐만 아니라 외계인의 얼굴로 추정되는 스몰 그레이의 얼굴을 그린 서클도 발견되었는데 이런 것을 통해 저들은 자신들의 정체를 서서히 드러내고 있는 것처럼 보인다. 그러나 이 가설이 맞는다 하더라도 언제 어떤 형태로 외계인과 인류의 만남이 이루어질지는 확실히 알 수 없다.

이렇듯 크롭 서클에 관해서 엄청나게 많은 이야깃거리가 있지만 외계인에 관한 이야기들이 대부분 그렇듯 추측에 그치는 경우가 많다. 이 주제에 대해서는 본격적인 공부를 해서 나중에 제대로 알리고 싶은 심정인데 앞에서 말한 대로 한국에는 이 주제를 다룬 문헌이 없으니 이 일이 언제 가능할지 예측할 수 없다.

허망한 죽음을 맞이하는 맥

이 뒤에 일어난 사건 가운데 맥과 관련해서 중요한 것은 맥의 사망밖에 없다. 앞에서 말한 대로 그는 이 크롭 서클을 방문하고 2개월 뒤에 예기치 못한 죽음을 맞이한다. 당시 그는 왕성한 열정을 갖고 UFO 피랍 사건을 연구하고 있었는데 그만 어이없는 죽음을 맞이한 것이다. 그는 당시 아라비아의 로렌스로 불리는 T. E. 로렌스를 주제로 열린 학회에서 강연을 하기 위해 런던에 왔다가 2004년 9월 27일 시내에서 교통사고를 당해 죽는다. 정확히 말하면 사고 현장에서 죽었던 것은 아니고 병원에 실려 가서 그곳에서 죽음을 맞이하게 된다. 술 취한 운전사가 모는 트럭에 치여 죽는데 당시 상황을 보면 이상하게 꼬인 것을 알 수 있다. 맥은 우측통행과 좌측통행을 혼동해서 차도를 건너다가 사고를 당한 것이다. 맥이 길을 건널 때 그만 반대 방향을 보고 건너가다 다가오는 트럭을 발견하지 못한 것이다. 이런 실수는 우리가 영국이나 일본 같은 좌측통행 국가에 가면 늘 하는 것이다. 나도 일본에 갔을 때 이런 실수를 한 적이 있었다.

그런데 일이 더 꼬이려고 그랬는지 트럭 운전사가 술에 취한 상태였다고 한다. 그 때문에 맥이 갑자기 차도로 들어왔을 때 재빨리 브레이크를 밟지 못해 맥을 치고 만 것이다. 그런데 이것은 얼마든지 피할 수 있는 사고였다. 가령 맥이 길을 건널 때 방향을 제대로 잡고 차를 확인하고 길을 건넜으면 이런 사고는 나지 않았을 것이다. 또 만일 운전사가 술에 취하지 않았다면 맥이 갑자기 차도로 들어왔을 때 기민하게 대처해서 사고를 피할 수 있었을 것이다. 그런데 일이 꼬이느라고 이런 악재들이 겹쳐서 맥은 대형 사고를 당했고 그 결과 병원에 도착한 뒤 2시간도 안 되어 사망 선고를 받는다.

그렇게 허망하게 맥은 죽었는데 그의 가족은 너무도 관대하게 그

술 취한 운전사를 배려했다. 법원에 서한을 보내 '그 운전사는 악의
나 고의로 사고를 낸 것이 아니니 선처를 바란다'라고 했으니 말이
다. 이것은 수준이 높은 영혼들만이 할 수 있는 일이 아닐까 한다. 왜
냐하면 보통의 우리들은 이런 경우 그 운전자를 살인자 취급하면서
엄하게 다스려달라고 탄원할 텐데 맥의 가족은 외려 관용을 베풀어
달라고 했으니 말이다. 이것은 그나 그의 가족이 영적으로 남달랐기
때문에 가능했던 일로 생각된다. 용서와 관용은 영적으로 성숙한 대
인만이 취할 수 있는 태도이기 때문이다.

나는 이 사건을 접하고 '도대체 이게 뭔가?' 하는 생각을 지울 길
이 없었다. 세계적으로 촉망받던 학자가 왜 이렇게 죽어야 하는지
에 대해 강한 의문이 들었기 때문이다. 앞에서 본 대로 록펠러는 맥
을 두고 새로운 시대를 여는 학자, 즉 우리가 그동안 무지한 채로 있
었던 외계 존재와의 교통을 가능하게 하는 등대 같은 학자라고 치켜
세웠는데 그런 사람이 이렇게 맥없이 가니 어이가 없는 것이다. 나는
평소에 모든 일에는 원인이 있다는 카르마 법칙의 보편성을 주장했
는데 맥의 죽음에는 도대체 무슨 카르마가 있는지 알 수 없었다. 그
가 그런 어이없는 사고로 죽어야 할 하등의 이유가 없을 것 같은데
왜 이런 일이 생겼는지 조금도 짐작할 수 없었다. 흡사 이 사건은 카
르마 법칙과 관계없이 우연히 일어난 것처럼 보일 정도였다. 세상에
는 카르마 법칙과 무관하게 일어나는 일은 하나도 없다는 게 정설인
데 맥의 돌연한 죽음은 그 설을 무색하게 만드니 이렇게 말해본 것
이다.

그런데 나는 그동안 여러 선구자들의 연구에 힘입어 '영혼의 생

전 기획설'을 주장해 왔다. 이 용어가 낯선 독자들이 적지 않을 터인데 이것은 영혼이 태어나기 직전에 영계에 있을 때 다음 생에 있을 사건을 모두 기획하고 태어난다는 설이다. 그러니까 자신이 어떤 집안에 태어나고 그 생을 살면서 어떤 사건을 겪을지. 그리고 언제 어떻게 죽을지 등등을 다 정하고 온다는 것이다. 이렇게 하는 이유는 그런 세팅이 자신의 카르마를 소멸할 수 있는 좋은 환경이 되기 때문이다. 이 이론에 따른다면 맥은 태어나기 전에 '다음 생에 나는 70대 중반에 교통사고로 죽음을 맞이하겠다'라고 정했다고 보아야 한다. 이 설이 맞는다면 우리는 다음과 같은 질문을 던질 수 있다. 맥은 왜 그렇게 정했느냐고 말이다. 왜 굳이 그런 처참한 교통사고로 생을 마감할 생각을 했냐는 것이다. 이런 질문에 답을 알려면 맥(의 영혼)에게 물어봐야 하는데 그럴 수 없으니 이에 대한 답은 얻을 수 없을 것 같다. 그런데 맥의 사후에 흥미로운 일이 있어 그것을 소개하는 것으로 이 장을 마쳐야겠다. 맥이 영혼 상태에서 사후통신을 한 것으로 보이는 사건이 있어 그것을 소개하려는 것이다.

사후통신(After-Death Communication)을 시도하는 맥

블루멘탈 책의 맨 뒤에 있는 '에필로그'에는 맥이 죽은 후에 지인들과 교통하는 이야기가 나온다. 만일 이 이야기가 사실이라면 이것은 전형적인 사후통신이라고 할 수 있다. 첫 번째로 나온 사례는 캘리포니아에서 정신요법사이자 결혼 상담사로 일하고 있던 바버라 램의 이야기이다. 램은 맥이 죽기 두 달 전에 있었던 맥의 크롭 서클 답사 일정을 짜 준 사람이다. 맥이 죽은 후 그녀는 샌디에이고 근처에 사는 딸을 방문했는데 부엌에서 풍기는 냄새에 알레르기가 있어 추운데도 불구하고 테라스에서 자기로 했다. 그녀가 눈을 감고 잠을 청했는데 갑자기 숨 쉬는 일이 힘들어졌다. 숨이 턱턱 막혀 질식해서 죽을 것만 같았다. 그때 갑자기 테라스에 누군가 있는 것처럼 느껴 졌는데 그와 동시에 맥의 목소리가 들려왔다. '걱정하지 말아요. 바 버라. 당신은 괜찮을 거예요. 이겨낼 거예요'라는 목소리였는데 그때 그녀는 자기 가슴으로 부드러운 기운을 가진 빛 덩어리가 들어오는 것을 느꼈다. 그러자 다시 숨을 쉴 수 있었고 그녀는 곧 잠에 빠져들 었다.

이것이 바버라 램과 관계된 맥의 사후통신 이야기인데 나는 이 이야기를 처음 접하고 뜬금없다는 생각 외에는 별생각이 나지 않았 다. 만일 이 이야기가 사실이라면 제일 궁금한 것은 왜 맥이 바버라 에게 나타났느냐는 것이다. 사후통신은 아주 가까운 사이에서만 발 생하는 것인데 바버라는 맥과 인척 관계도 아닌데 왜 맥이 그녀에게 나타났는지 알 수 없다. 게다가 그녀는 잠을 청하다가 왜 갑자기 질 식하게 됐는지도 석연치 않다. 이 사례는 마뜩잖은 부분이 있지만 블 루멘탈이 소개했으니 나도 한 번 거론해 보았다.

맥의 사후통신은 아직 끝나지 않았다. 이번에는 맥과 같이 크롭 서클의 현장을 방문한 랜들이 전한 것이다. 바버라가 자다가 맥을 만 났다고 주장한 다음 날 이번에는 랜들이 맥이 나오는 꿈을 꿨다. 꿈 에서 맥이 군중 사이에서 걸어 나오더니 그녀에게 말하길 앉아서 이 야기를 좀 하자고 했단다. 그래서 그녀는 식당 벽에 붙은 긴 의자에 앉았고 맥은 그녀의 왼쪽에 앉았다. 그녀는 말했다. '맥, 당신은 자신이 죽었다는 거 알고 있지요?'라고 하자 맥은 물론이라고 답했다. 그런데 재미있는 것은 그들의 팔이 접촉됐을 때 랜들이 맥의 몸에서 강한 열기가 뿜어져 나오는 것을 느꼈다는 것이다. 그래서 놀란 랜들은 맥에게 '당신은 나를 태우고 있어요!'라고 소리쳤다. 이에 맥은 또 말하길 '당신은 내가 진짜라는 것(I'm real)을 알게 될 겁니다'라고 하더니 느닷없이 '바버라는 어떻습니까' 하고 물어왔다. 그때 마침 랜들은 그녀의 지갑에 바버라의 사진을 갖고 있어서 그것을 꺼내 맥에게 보여주려고 했다. 그런데 놀랍게도 사진에 나온 바버라의 얼굴이 마치 누가 페인트를 칠해놓은 것처럼 검은 얼룩으로 흉하게 되어 있었다. 맥은 그때 '바버라를 잘 돌보아주세요'라고 말했는데 그것으로 그 꿈은 끝났다고 한다. 그날 깨어나서 랜들이 서둘러서 바버라에게 맥의 이야기를 하니까 바버라도 자신이 질식사할 뻔한 일을 들려주었다. 이 꿈에 대해 몇 가지 의문이 들지만 이 체험이 그다지 중요한 것이 아니니 그냥 넘어가기로 한다.

바버라는 한 달 뒤에 맥과 관련해서 또 다른 기이한 체험을 한다. 그때 그녀는 담배를 끊으려는 여성을 돕기 위해 최면 요법 같은 것을 행하고 있었다. 최면 세션이 끝날 무렵 그 여성이 쿠션을 도닥거리며 바버라에게 이렇게 말했다. '이제부터 내가 말하는 것을 당신이 어떻게 생각할지 모르지만 지금 어떤 사람이 당신에게 말하고 싶어 해요.' 이 말에 바버라는 이 여성의 정체를 궁금해하면서 계속해서 말해보라고 권했다. 그러자 이 여성이 '지금 여기 있는 사람이 이름은 존이에요'라고 말했는데 그녀 자신은 정작 존이 누구인지 전혀 알지 못했다. 이 여성은 존 맥과 일면식도 없는 사이였다.

그러나 바버라는 '아, 맥이 다시 왔구나' 하는 느낌이 왔다. 두 번째로 맥이 자신을 찾은 것이라고 생각한 것이다. 그래서 바버라는 서둘러서 이 여성을 통해 맥에게 어떤 일에 관해 물어보려고 했다. 그의 조언이 절실하게 필요한 일이 있었기 때문이다. 앞에서 본 것처럼 바버라는 맥과 더불어 크롭 서클 답사를 했는데 그때 그녀는 조 르웰스라는 UFO 연구가와 함께 파충류형 외계인에 대해 연구하기로 결정했다. 그리고 그 결과를 2005년에 미국 네바다에서 열리는 제14회 국제 UFO 학회의 연례 모임에서 발표하기로 했다. 그런데 맥이 갑자기 유명을 달리하니 그녀를 지도해 줄 수 있는 맥이 없어진 관계로 이 연구를 계속해야 할지 여부를 정하지 못하고 있었다. 그러던 중 맥의 영혼이 영매처럼 보이는 여성을 통해 나타난 것이다. 바버라는 이 기회를 놓칠 수 없어 그 여성을 통해 맥(의 영혼)에게 이 발표를 르웰스와 함께 계속해야 하는지를 물었다. 그러자 맥은 단숨에 이 여성을 통해 '당연하지'라고 대답했다.

맥과의 소통이 여기서 끝났으면 이 사건은 별것 아닌 것으로 보였을 것이다. 영혼 하나가 나타났다는 게 큰 일이 될 수는 없기 때문이다. 게다가 이런 일은 얼마든지 조작할 수 있다. 그런데 문제는 그 다음이다. 믿을 수 없는 일이 벌어졌기 때문이다. 이때 맥은 바버라에게 자신이 이 파충류형 존재에 대해 쓴 것을 모아 놓은 노트를 꼭 참고하라고 하면서 그 노트의 소재지를 알려주었다. 그런데 이 노트가 있는 곳은 맥 자신이 아니면 알 수 없는 아주 독특한 곳이라 매우 흥미롭다. 그때 맥은 오스틴이라는 여성과 동거하고 있었는데 오스틴도 이 노트의 소재를 알지 못했다고 한다. 그런데 이 노트가 있는 곳은 맥만 아는 비밀의 장소이기 때문에 내가 설명하기가 매우 힘들다. 그것을 아주 간단하게 보면, 식당과 부엌 사이에 움푹 들어간 곳에 오래된 책상이 하나 있는데 이 책상과 가장 가까운 데에 있는 책장의 중간 칸에 있는 큰 봉투 안에 그 노트를 넣어 두었다는 것이다. 아주 간단하게만 묘사한 것인데도 이곳은 매우 찾기 어려운 곳이라는 느낌이 든다.

이 전언을 듣고 바버라는 그 집에 살고 있던 오스틴에게 전화를 걸어 자초지종을 말했다. 오스틴이 찾아보니 놀랍게도 맥이 말한 곳에 그 노트가 있었다. 이 공책을 발견하고 오스틴도 놀랐다. 자기가 전혀 모르는 곳에 이렇게 중요한 연구 자료가 있으니 놀랄 수 밖에 없었을 것이다. 어떻든 바버라와 르웰스는 이 자료를 바탕으로 보고서를 작성하고 다음 해에 발표했는데 대부분의 시간을 맥의 자료를 읽는 것에 할애했다고 한다. 그러니까 자신들의 연구는 거의 없고 맥이 연구한 것을 거의 그대로 발표한 것이다. 나는 개인적으로 이 보고서가 어떤 것인지 대단히 궁금한데 그 이유는 UFO 현상의 최고 전문가인 맥이 이 파충류 형의 존재에 대해 어떤 견해를 갖고 있는지 궁금하기 때문이다(나는 맥이 파충류형의 외계인에 대해 연구했다는 사실을 알지 못했다). 나는 이런 유형의 외계인에 대해 관심이 많은데 어디서도 그 정체에 대해 속 시원하게 밝힌 자료를 아직 발견하지 못했다. 그래서 맥의 연구가 궁금한 것인데 이 보고서를 접할 방법이 없으니 안타까울 뿐이다.

이것이 맥이 행한 사후통신의 전모인데 이 정도 되면 맥의 영혼이 실제로 나타났다는 데에 이의를 제기할 사람이 없을 것 같다. 맥이 말한 그 노트는, 어느 누구도 그것이 실제로 존재한다는 것을 알지 못했고 더더군다나 그 노트가 어디에 있는지는 아예 깜깜한 상태였다. 이것은 전 우주에 맥만 알고 있던 정보인데 이게 영매 같은 여성의 입에서 흘러나왔으니, 맥의 영혼이 실제로 현현해서 사후통신을 했다는 것을 인정할 수밖에 없겠다. 그러나 그렇다고 해서 의문이 생기지 않는 것은 아니다. 우선 드는 의문은 맥은 왜 이렇게 자꾸 이승에 있는 사람과 교통하는지 그 이유를 모르겠다. 그것도 별로 중요하지 않은 일을 가지고 그들의 일에 개입하는 것 같은데 굳이 그럴 필요가 있을까 하는 생각이 든다. 그러나 맥의 의중을 알 수 없으니 내가 무어라 말할 수는 없겠다. 나의 관심은 다른 데에 있다. 내가 만일 그 자리에 있었다면 맥에게 꼭 묻고 싶은 질문이 하나 있다. '왜 맥 당신은 (자동차 사고라는) 이상한 방법으로 최후를 맞이했느냐'라고 말이다. 동시에 '당신의 연구가 정점에 이르렀는데 왜 그렇게 속절없이 가버렸는가?'라고도 물어보고 싶다. 나는 그가 연구를 더 했더라면 훌륭한 연구가 많이 나와 UFO 학의 수준을 몇 단계는 올려놓았을 것이라고 믿는다. 그런데 그는 이런 현실을 마다하고 그렇게 허망하게 가는 길을 택했으니 그게 궁금한 것이다. 이 질문은 이처럼 개방형 질문으로 남기고 이 장을 마쳐야 하겠다.

2. 존 맥이 밝히는 UFO 피랍 사건의 전모

UFO 피랍 사건의 개요 - 사람은 어떻게 납치되는가

UFO 피랍 현상은 여러 학자들이 연구했는데 이 장에서는 맥이 자신의 책(1994)에서 이 현상에 관하여 정리한 것을 토대로 살펴보려고 한다. 그가 서술하는 UFO 납치 현상은 다른 학자들의 견해와 겹치는 부분도 있지만 곳곳에서 그의 탁월한 해석이 돋보인다. 따라서 맥의 설명을 들으면 이 현상의 전체적인 얼개를 알 수 있을 뿐만 아니라 맥의 독특한 해석까지 접할 수 있어 우리는 이 현상에 대하여 매우 입체적인 시각을 가질 수 있다.

이제부터 맥의 인도로 UFO 피랍 사건의 전모를 파헤쳐 보자. 앞에서 누누이 보았듯이 UFO 피랍 사건은 피랍자가 인간이 아닌 존재(non-intelligent being)에게 납치되어 그 존재들의 우주선으로 보이는 곳에서 여러 가지 실험을 당하고 되돌아 온 현상을 말한다. 그런데 그러한 엄청난 일을 당했음에도 본인은 기억하지 못한다. 그러나 당사자는 무의식적으로 느끼는 심리적인 트라우마 때문에 지속적으로 큰 고통을 겪는다. 이와 같은 납치가 가장 흔하게 일어나는 경우는 피랍자가 집에서 잠자고 있을 때나 자동차를 운전하고 있을 때이다. 물론 이례적인 경우도 적지 않다. 어떤 여성은 설상차(snowmobile)를 타고 가다가 납치된 사례가 있는가 하면, 어떤 아이는 학교 운동장에서 납치되기도 했다.

집에서 납치되는 경우를 보면 여러 가지 일이 벌어지는데 대체로 다음과 같은 현상이 일어난다. 먼저 침실 안이 알 수 없는 푸른빛과

흰빛으로 가득 찬다. 그와 함께 '즈즈즈' 하는 이상한 소리가 나기도 하는데, 이때 당사자는 자신도 모르는 불안감이 엄습하는 것을 느낀다. 그때 침실 안에는 한 명 이상의 인간처럼 생긴(humanoid) 존재들이 나타나며 동시에 집 밖에서는 UFO로 추정되는 비행선이 목격된다. 이러한 일이 있은 다음 피랍자는 보통 둥둥 떠서 비행선으로 인도되는데 여기서부터 도저히 믿을 수 없는 일이 일어난다. 피랍자가 증언하기를, 이때 집의 벽이나 유리창을 그대로 투과하거나 자동차의 지붕을 통과하여 공중으로 부상하였다고 하니 말이다. 당시 그들(피랍자)도 이런 일이 발생하는 것을 목격하고 놀란다고 한다. 도무지 상식으로는 이해할 수 없는 기괴한 현상이 일어났기 때문이다. 그런데 이렇게 기이한 일이 벌어지고 있음에도 본인들은 가벼운 진동만 느낀다고 한다.

이때 반드시 등장하는 것이 있다. 앞에서 본 것처럼 환한 광선인데 이 광선이 그들을 비추면 그들은 이 광선이 지닌 힘에 이끌려 공중으로 부상하게 된다. 이 광선은 에너지의 원천 혹은 연결로(ramp) 같은 역할을 하는 것으로 보이는데, 개인적인 추측이지만 피랍자들이 벽이나 지붕을 뚫고 지나갈 수 있었던 것은 이 광선이 피랍자의 몸 세포를 어떤 식으로든 변형시켰기 때문이 아닌가 한다. 이때 외계인이 손이나 어떤 기구를 피랍자의 몸에 대면 그는 전신이 마비되면서 옴짝달싹 못 하게 된다. 그러나 머리는 움직일 수 있고 눈도 정상적으로 기능하기 때문에 그 현장을 모두 목도할 수 있는데 많은 경우 자신 앞에서 벌어지는 현실이 너무 무서워 눈을 감아버린다고 한다. 동시에 그들은 극심한 공포나 무력감, 놀라움 등과 같은 강한 감정을 느낀다.

이때 피랍자들이 목격하는 UFO는 크기가 수 미터에서 수십 미터에 이른다고 하는데 모양이 천차만별이다. 잘 알려진 것처럼 시가형, 접시형, 돔형 등이 제일 많으며, 은빛이 나고 금속처럼 빛난다고 한다. 그리고 우주선의 바닥이나 가장자리에 있는 둥근 구멍에서는 하얀빛이나 푸른빛, 오렌지빛, 빨간빛 등이 뿜어져 나오는데 이것은 아마 추진 에너지와 관련된 것으로 보인다. 집에서 납치된 사람들은 우선 집 앞에 착륙해 있는 작은 우주선으로 끌려가는데 이 우주선은 다시 피랍자를 높은 하늘에 있는 모선으로 끌고 간다. 그런가 하면 어떤 피랍자는 이런 과정 없이 빛에 의해 들려서 바로 모선으로 들어가는 경우도 있다. 이때 피랍자는 자기 밑으로 자신의 집이나 마을이 전개되는 모습을 목격한다. 공중으로 부상하면서 밑의 경치를 한눈에 보는 것이다. 이것은 흡사 헬리콥터를 타고 공중으로 부상할 때 보는 모습과 비슷하다고 하겠다.

이상하게 목격자가 없는 UFO 피랍 현상

이 피랍 현장에서 재미있는 것은 이 일이 벌어질 때 목격자가 없다는 것이다. 현장에는 피랍자 외에 다른 사람이 있는데도 그 사람은 자신의 지인이 납치되는 상황을 전혀 알지 못한다. 가장 대표적인 예가 부부가 자는 침실에서 피랍 사건이 발생하는 경우이다. 만일 아내가 납치되는 경우라면 남편은 무슨 일이 일어나는지 모르고 잠만 잔다고 한다. 이때 방에는 앞에서 말한 현상이 벌어진다. 즉, 환한 빛이 비치고 어디서 들어왔는지 모르는 두세 명의 외계 존재가 침대

맡에 서 있다. 이것을 본 아내는 공포에 질려서 소리를 지르는데 남편은 전혀 듣지 못하고 마치 죽은 사람처럼 잠만 잔다. 이 때문에 피랍자는 크게 좌절한다. 자기는 지금 납치되어 죽을지도 모를 길에 들어섰는데 배우자는 태평스럽게 자고만 있으니 야속한 것이다. 또 몇 시간 뒤에 피랍자가 돌아왔을 때도 배우자는 전혀 눈치채지 못한다. 이와 같은 상황이 벌어진 것은 외계 존재들이 인간의 의식을 조작했기 때문이 아닐까 한다.

잘 알려진 것처럼 외계 존재들은 인간의 의식을 통제하는 데에 매우 능한 것 같다. 이와 관련해서 가장 대표적인 것이 피랍자로 하여금 자신이 납치되었다는 사실을 전혀 기억하지 못하게 만드는 것이다. 피랍자들은 이른바 '사라진 시간(missing time)' 동안 자신이 어떤 일을 당했는지 전혀 기억하지 못하는데 이것은 외계 존재가 인간의 의식을 가지고 모종의 '장난질'을 했기 때문이 아닌가 한다. 이 때문에 인간과 외계인의 관계를 쥐와 고양이의 관계에 비유하는 경우도 있다. 쥐가 고양이 앞에 가면 꼼짝 못 하듯이 인간도 외계 존재를 만나면 속수무책이 되기 때문이다. 인간에게 외계인은 '넘사벽' 같은 존재인 모양이다.

그런데 맥에 따르면 예외적인 사례가 하나 있었단다. 인간이 외계 존재에게 납치될 때 은밀하게 이루어진 것이 아니라 여러 명이 보는 앞에서 납치된 예가 있었다는 것이다. 맥이 아는 한, 이와 같은 사례 가운데 논문으로 발표된 것은 홉킨스가 1992년에 『MUFON UFO Journal』이라는 학술지에 발표한 린다 코르틸레의 사례이다. 이 여성의 사례는 정말로 믿기 어려운데, 그 진위는 여기서 따지지 말고 홉킨스가 설명한 것만 보기로 한다. 홉킨스는 동료로부터 어떤 여성이 1989년 뉴욕의 브루클린에 있는 아파트의 12층에서 벽을 뚫고 공중에 떠서 외계인의 비행선 안으로 들어가는 모습을 보았다는 이야기를 들었다. 이 이야기에 큰 흥미를 느낀 홉킨스는 자신이 직접 린다를 만났다. 그때 여러 가지 방법을 통해 정밀하게 조사해 보니 린다의 설명과 홉킨스의 동료가 말한 것이 일치했다. 이때 이 여성이 허공에 떠서 UFO로 향하던 모습은 그 아파트 주위에 있던 사람들이 모두 목격했다고 한다. 이 사례는 UFO 연구사에서 상당히 잘 알려져 있는데, 그 내용이 황당해 사람들이 자주 언급하지는 않는다(이 사례에는 뒷이야기가 많으나 지면상 모두 생략한다).

이와 같은 맥의 설명을 읽고 그동안 내가 책으로 접했던 UFO 피랍 사건을 보니 납치되는 사람들이 대부분 혼자 있을 때 피랍된다는 사실을 그제야 알았다. 그리고 앞에서 말한 것처럼 그 현장에 다른 사람이 있어도 그들은 당사자가 납치되는 현장을 직접 목도하지 못한다는 것도 새삼 알았다. 그 대표적인 경우가 말 많은 트레비스 월턴의 사례이다. 이것은 1975년에 일어났다고 알려진 사건으로 애리조나주에서 벌목공으로 일하던 트레비스가 현장에서 UFO에 의해 납치되었다가 5일 만에 다시 나타난 사건이다. 이 사건에는 많은 특이점이 있는데 우선 이 남자의 경우처럼 5일이나 되는 오랜 시간 동안 피랍된 사례가 없다는 점이 독특하다고 할 수 있다. 다른 사례를 보면 거의가 한두 시간 동안만 피랍되어 있었지, 이 경우처럼 며칠씩이나 잡혀 있는 사례는 없었다. 그 외에도 의문이 많이 생기지만 그것을 보는 자리가 아니니 그냥 지나가는데 이 사례도 주인공이

UFO에 의해 '견인'되는 모습은 아무도 보지 못했다는 데에 주목해야 한다.

당시 트래비스는 5명의 동료와 같이 일하고 있었는데, 느닷없이 UFO가 숲속에 나타났다. 이에 트레비스는 과감한 것인지 무모한 것인지 비행선 밑으로 다가갔다. 바로 그때 비행체가 광선을 발사했고 그는 그 광선을 맞고 멀리 나가떨어졌다. 그 모습을 보고 다른 동료들은 겁에 질린 나머지 트레비스를 두고 트럭을 타고 현장을 빠져나갔다. 트레비스가 납치된 것은 그다음의 일인데 이렇게 되니까 동료들은 트레비스가 UFO에 의해 납치되는 순간은 보지 못한 것이다. 납치되기 직전까지는 동료들이 현장에 있었는데 납치되는 순간에는 없었으니 아무도 트레비스의 피랍 순간을 보지 못한 것이다. 이렇게 보면 외계 존재들은 매우 은밀하게 납치를 실행하고 있는 것 같다는 생각이 든다.

피랍자들이 묘사하는 비행선 내부

피랍자 가운데에는 자신이 비행선의 밑바닥이나 옆에 있는 입구를 통해 안으로 들어간 것은 기억하는데 정확히 비행선 안으로 들어가는 순간은 기억하지 못한다고 한다. 비행선 안으로 들어가면 처음에는 어두운 작은 방에 들어가는데 이 방은 일종의 연결 통로 같은 역할을 하는 것 같다. 그러고는 곧 훨씬 더 큰 방으로 인도되는데 모든 일은 여기서 이루어진다. 이 방에 대한 진술은 피랍자에 따라 다른데 어떤 피랍자는 이 방이 흡사 축구 경기장처럼 넓었다고 진술하는 등 물리적인 공간이 아닌 것처럼 묘사하는데 진상은 알 수 없다. 상식적으로 생각하면 비행선 안에는 축구장처럼 넓은 공간이 있을 리가 없는데 피랍자들이 그렇게 느끼는 것은 그들이 다른 세계에 들어왔기 때문이 아닌가 한다. 여러 피랍자들의 체험을 통해 추정해 보면 외계인들과 접촉할 때는 3차원적인 시공 개념이 사라지고 '너/나'를 구분하는 이분법적인 의식도 사라지는 것 같다. 이것은 외계인들의 세계가 인간계보다 차원이 높기 때문에 일어나는 일로 보인다. 이 때문에 그들과 그들의 세계를 이해하는 일은 지극히 힘들다.

다시 우리의 주제로 돌아가서, 피랍자가 들어간 방은 벽으로부터 발광하는 간접적인 빛으로 인해 내부가 은은하게 빛난다고 한다. 그렇지만 전체 분위기는 축축하거나 차가운 것 같은 느낌이 있는데 심지어 어떤 때는 역겨운 냄새가 나는 경우도 있다고 한다. 천장이나 벽은 굴곡져 있었고 하얀색이었던 것에 비해 바닥은 어둡거나 까만색으로 되어 있다고 한다. 방의 벽에는 컴퓨터 같은 기계도 있고 계기판들도 많이 있는데 인간 세계에서 보던 것과는 많이 다르다고 한다. 그런가 하면 벽에는 발코니나 움푹 파인 벽감(alcove) 같은 것이 있다고 증언한 피랍자도 있었다. 그러나 가구는 별로 없어서 기껏해야 의자나 테이블 정도만 있다고 한다. 테이블에는 기울일 수 있는 지지대가 있는데 피랍자에 대한 모든 시술은 이곳에서 행해진다고 한다. 이곳은 시술이 벌어지는 곳이라 그런지 분위기가 약간 살벌하고 기계적으로 느껴지는데 그 때문에 병원 같은 느낌을 받는다고 한다.

이 정도 설명이면 독자들이 비행선의 내부가 어떤지 감이 올지 모르겠지만 일반적으로 비행선 내부는 단순한 것처럼 보인다. 이것은 1945년에 자신의 아버지 목장 근처에 추락한 외계 비행선의 내부에 들어갔다가 나온 호세의 증언과도 일치한다. 이것은 일명 트리니티 사건이라고 불리는데, 이에 대해서는 나의 다른 책(『Beyond UFOs』)에 상세히 설명하였으니 관심 있는 독자는 그것을 참고하기 바란다. 이때 호세는 자선(子船) 격에 해당하는 작은 비행체 안에 들어가서 그 내부를 보았다. 그때 그는 비행선 안에는 인간의 비행기에서 발견되는 조종간이나 페달 등 이렇다 할 구조물이 전혀 없었다고 명확하게 증언했다.

비행선 안에서 만나는 외계인에 대하여

다음은 외계 비행선 안에서 만나는 외계인에 대한 것이다. 비행선 안에는 계기들을 모니터링하고 납치 과정을 진행하는 외계인들이 많이 있다고 한다. 이들은 몸이 반투명한 것처럼 보인다는데, UFO 현상을 연구하다 보면 이런 이야기를 심심치 않게 접할 수 있다. 외계 존재와 접촉했다고 주장하는 사람, 즉 접촉자(contactee) 중에 이렇게 말하는 사람들이 꽤 있다. 그러나 이것이 사실이라면 우리는 심각한 의문이 드는 것을 피할 수 없다. 외계인의 몸이 순수하게 물질로 만들어졌다면 그 몸이 반투명하게 보이는 일은 가능하지 않다. 그렇다면 외계인의 몸은 무엇으로 만들어졌다는 말인가? 물질이 아니라면 도대체 어떤 요소로 만들어졌느냐는 것이다. 우리는 이에 대하여 어떤 짐작도 할 수 없다. 그만큼 인간의 기준으로 외계인을 파악하는 일이 어렵다.

　이렇게 의문점만 남겨 놓고 우리의 논의로 돌아가자. 이러한 외계인 가운데에는 잘 알려진 것처럼 작은 존재(스몰 그레이)와 큰 존재(라지 그레이)가 있다. 그 외에도 기계적인 것을 담당하고 있는 듯한 파충류 형 존재가 있다. 그런가 하면 인간처럼 보이는 조력자도 가끔 눈에 띄었다고 하는데, 가장 흔하게 보이는 존재는 충분히 예상할 수 있는 것처럼 키가 90cm~120cm에 달하는 스몰 그레이다. 이들은 흡사 작은 드론이나 곤충처럼 일만 한다는데, 우주선 안팎을 로봇처럼 미끄러지듯 움직인다고 한다(만일 이들의 몸이 물질로 만들어졌다면 이렇게 움직이는 일은 가능하지 않다!). 이들보다 조금 더 큰 라지 그레이는 리더나 의사로 불린다고 한다. 그런가 하면 여성적인 간호사 등도 눈에 띄는데 리더는 보통 남성적인 존재가 맡는다고 한다.

　이 대목에서 맥은 스몰 그레이에 대하여 집중적으로 설명하는데 그것은 인간이 이들과 가장 많이 접촉하기 때문일 것이다. 맥이 묘사하는 스몰 그레이의 모습은 우리가 아는 것과 다르지 않다. 우선 그들은 뒤가 튀어나온 배(pear)처럼 생긴 머리에, 3개 내지 4개가 되는 긴 손가락이 달린 긴 팔을 갖고 있다. 몸은 홀쭉하고 다리는 막대기처럼 생겼다. 발은 부츠 같은 것을 신고 있어 맨발이 보이지 않는다. 그리고 예외가 전혀 없는 것은 아니지만 생식기도 안 보인다. 또 털도 없고 귀도 없으며 콧구멍은 구멍만 뚫려 있는 단순한 모습이다. 입은 좁은 구멍처럼 되어 있는데 열려있지 않고 감정을 표현하는 경우도 거의 없다. 스몰 그레이의 가장 큰 특징은 위로 치켜 있는 형태로 되어 있는 아몬드형 눈일 것이다. 이 눈은 전체 얼굴에서 가장 큰 기관인데, 흰자위나 눈동자가 없어 까맣게만 보인다. 어떤 피랍자는 눈 안에 또 다른 눈이 있는 것 같아 흡사 고글을 쓰고 있는 느낌을 받았다고 한다. 그뿐만 아니라 뒤에서 사례를 검토할 때 다시 나오겠지만 외계인의 눈은 매우 강렬한 힘을 갖고 있어 피랍자들은 종종 그 눈을 직시하는 것을 피하고 싶다고 실토한다. 그 눈을 보고 있으면 피랍자가 자아존재감에 큰 위협을 받고 의지 상실감을 겪기 때문에 자동으로 피하고 싶은 마음이 든다고 한다. 한마디로 그들의 눈을 보면 주눅이 든다는 것이다.

리더나 의사로 불리는 조금 큰 그레이는 키가 1.35m 내지 1.5m 정도 되는데 조금 나이가 들어 보이고 주름이 많이 있는 것 말고는 스몰 그레이와 비슷하게 생겼다. 이 그레이는 비행선 내에서 일어나는 모든 일을 관장하는데 피랍자들은 이 그레이에 대하여 양가감정을 갖고 있는 경우가 많다고 한다. 피랍자들 가운데에는 이 리더 그레이와 평생 알고 지냈다는 것을 발견하고 강한 연대감을 갖게 되는 사람도 있다. 그들은 이 사실을 모르다가 생체 실험을 받는 도중에 알게 된다고 하는데 이에 대해서는 뒤에서 사례들을 다룰 때 다시 언급하니 그때 세세하게 볼 생각이다. 이 그레이와 갖는 연대감이 더 강해지면 매우 밀접한 관계가 되어 서로 사랑하는 관계로까지 발전한다고 하는데 이것도 나중에 개별 사례를 다룰 때 다시 다룰 예정이다. 이것은 이 그레이를 좋게 보는 경우이다. 이와는 반대의 경우도 있다.

피랍자들 가운데에는 이 리더 그레이가 그들의 삶에 지나치게 관여하는 것에 분개하는 사람도 있었다. 이런 사람들은 대부분 한 번만 납치된 것이 아니라 어린 시절부터 꾸준히 납치되어 그 변화 과정을 점검받았기 때문에 이런 간섭이 너무 싫은 것이다. 피랍자들은 이처럼 그레이에게 복잡한 감정을 갖고 있었는데 이런 다양한 감정을 심층적으로 파헤친 것은 연구자 가운데 맥이 단연 최고인 것 같다. 앞에서 말한 것처럼 맥은 여기서 그치지 않고 이 피랍 체험을 종교적인 경지까지 심화시켜 해석했다. 그래서 대단하다는 것인데 이 책을 끝까지 읽어보면 독자들도 이 의견에 동감할 것이다.

이때 피랍자와 외계인 사이의 의사소통은 잘 알려진 대로 텔레파시로 이루어진다고 하는데 나는 항상 여기에 의문을 제기했었다. 인간은 무슨 소리를 듣든지 종국에는 그것을 언어로 치환해야 이해할 수 있다. 다시 말해 인간은 언어가 없으면 어느 것도 이해할 수 없다. 그런데 인간과 외계인은 공유하는 언어가 없다. 사정이 그렇다면 인간은 외계인이 보내오는 정보를 해독할 수 없다. 그 반대도 마찬가지일 것 같은데 이런 문제를 어떻게 해결했길래 의사소통이 가능했던 것인지 잘 모르겠다.

비행선 안에서는 무슨 일이 벌어질까?

그다음으로 볼 것은 비행선 안에서 이루어지는 일이다. 맥이 조사한 피랍자들은 당시의 상황을 다음과 같이 회상한다. 비행선 안에서는 주로 생체 실험이 이루어지는데 피랍자는 알몸 상태나 큰 셔츠를 입고 작은 테이블 위에 눕혀진다. 이때 대부분은 피랍자가 한 사람만 있다고 하는데 간혹 큰 방에서 다른 피랍자들과 같이 실험을 당하는 일도 있다고 한다. 실험하는 과정에서 외계인들은 그 큰 눈으로 피랍자의 머리를 주시하면서 무슨 정보라도 얻으려고 하는 것처

럼 그를 끊임없이 살펴
본다고 한다.

　이렇게 실험이 진행
되는 동안 피랍자들은
자신들이 마음속으로
생각하는 것이 모두 외
계인들에 의해 읽히는
것 같다고 전한다. 그래
서 심리적으로 완벽하
게 압도되는 느낌을 받
는다고 한다. 아울러 외
계인들은 일정한 기구
를 사용하여 피랍자의
피부나 머리털, 혹은 몸

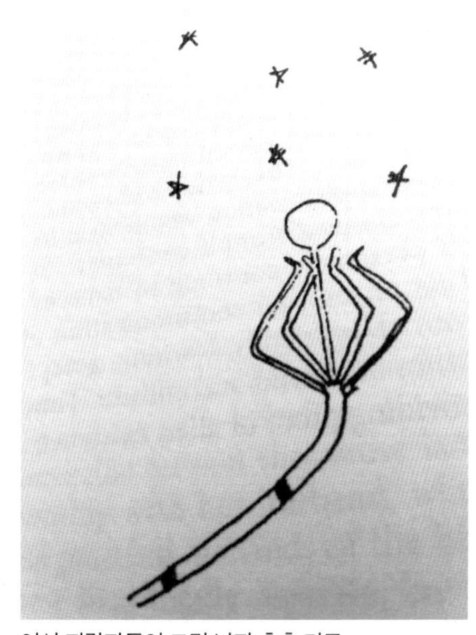

여성 피랍자들이 그린 난자 추출 기구
맥(1992, p.264)

안에 있는 것들을 조금씩 추출해 간다고 한다. 그런데 재미있는 것
은, 이때 외계인들이 사용한 기구들이 어떻게 생겼는지에 대하여 피
랍자들이 정확하게 묘사한다는 것이다. 맥의 책에는 피랍자들이 그
린 기구 가운데 여성의 난자를 추출하는 기구가 소개되어 있는데, 상
당히 세밀하게 묘사되어 있다. 그런데 놀라운 것은 서로 다른 기회에
납치된 두 여성이 그린 기구가 똑같이 생겼다는 것이다. 다시 말해
이들이 납치되어 난자를 추출당했을 때 외계인이 썼던 기구가 똑같
았다는 것이다. 이것은 이 피랍 체험이 개인의 주관적인 상상이 아니
라 실재했던 일이라는 것을 보여주는 좋은 증거라고 할 수 있다.

이 기구들은 피랍자의 몸 구석구석에 삽입되는데, 코나 코안의 구멍(부비강), 눈, 귀, 머리, 팔, 다리, 복부, 생식기, 그리고 드물게 가슴에 이 기구들이 삽입되었다고 한다. 어떤 피랍자는 외계인들이 이 기구를 가지고 자신의 머리 안을 수술하듯이 파헤쳤는데 그때 흡사 자신의 신경계가 변화되는 것 같은 느낌을 받았다고 전했다. 그러나 여기서 벌어지는 일 가운데 가장 중요하면서 흔한 일은 생식과 관련된 것이다. 이를 위해 기구가 복부나 생식기에 삽입되는데 이는 남성으로부터는 정액 샘플을, 여성으로부터는 수정된 난자를 추출하기 위함이다. 그런가 하면 여성 피랍자는 외계인에 의해 임신을 당하는 경우가 있는데 그렇게 임신된 태아는 나중에 외계인들이 이 여성을 다시 납치해서 떼어낸다.

피랍자들이 비행선에서 용기 안에 보관되어 있는 태아를 직접 목격하는 경우도 있다. 그러고는 그 뒤에 그들이 다시 납치되어 비행선에 갔을 때, 이 태아가 혼혈 아기가 되어 인큐베이터 안에서 자라고 있는 모습을 보게 된다. 거기서 그치지 않고 그들은 이 아기가 자라서 어린아이, 청소년, 어른이 된 모습까지도 보는 경우가 있다. 이럴 때 외계인이 여성 피랍자에게 그들이 부모 자식 관계라는 것을 말해주는데, 어떤 때는 이 혼혈종 아이를 보자마자 직관적으로 자기 아이라는 것을 알아차린다고 한다. 그런가 하면 어떤 때는 외계인들이 이 인간 모친에게 그 아이를 안고 보살펴달라고 부탁하는 경우도 있다고 한다.

이와 같은 과정은 피랍자에게는 매우 충격적인데 나중에 이 외계인들이 자신에게 해를 끼치지 않으리라는 것을 확신하게 되면 충격이 다소 완화된다고 한다. 이때 피랍자가 갖게 되는 불안과 고통을 경감시키기 위해 외계인들은 마취약이나 기구 같은 것을 쓴다고 한다. 그런데 이 가운데 특히 기구는 피랍자가 지닌 진동과 에너지를 변화시킨다고 하는데 이것이 정확하게 무엇을 의미하는지는 잘 모르겠다.

이에 대해 맥이 정리하기를, '이 과정은 인간과 외계인의 혼혈종을 만드는 것을 목적으로 행하는 유전 공학, 혹은 유사(quasi)유전 공학적인 작업인 것으로 이해된다'라고 했는데, 이때 외계인들이 생물학적인 의미에서 어떤 유전적 변형을 가했는지는 자신도 잘 알지 못한다고 고백했다. 맥이 이 과정을 잘 알 수 없다고 한 것은 당연한 일이 아닌가 한다. 왜냐하면 피랍자들이 이 점에 대해서는 아무 언급도 하지 않았기 때문이다. 이 점에 대해서는 앞에서 이미 밝혔는데, 이 유전자 변형 과정이 밝혀지지 않는 한 우리는 이 혼혈종 만들기 프로젝트에 대하여 제대로 아는 것이 아니라고 할 수 있다. 후학들이 이것을 밝혀주었으면 하는 바람을 갖지만 그 성공 여부는 불투명하다.

인류의 미래 등에 대해 교육받는 피랍자들

지금까지 다룬 것은 피랍 체험의 물리적인 측면만 본 것이고 이제부터는 정보의 전달이나 피랍자의 의식이 변화되는 것과 같은 소프트웨어적인 면을 보려고 한다. 이 체험에서 피랍자는 외계인들이 주는 정보를 접하고 자신들의 인간관이나 세계관이 심오하게 변화하는 것을 느끼게 된다. 이 정보에는 지구가 앞으로 처하게 될 운명이나 지구를 파괴하고 있는 인간이 어떤 책임 의식을 가져야 하는 지에 관한 것이 포함된다. 익히 짐작할 수 있는 것처럼 피랍자에게는 텔레파시 형식으로 정보가 전달되는데 그와 함께 비행선 안에 있는 스크린에 지구 파괴 현장이 영상으로 펼쳐진다고 한다. 이런 식의 정보 전달은 피랍자가 어린아이 때부터 지속적으로 이루어졌다고 하는데, 어릴 때는 이 정보의 의미를 모르다가 나중에 어른이 된 다음에야 알게 된다고 한다. 이것은 당연한 이야기 아닌가? 어린아이가 지구가 파괴되는 모습을 어떻게 이해할 수 있겠는가? 이때 펼쳐지는 영상은, 핵폭발로 쑥밭이 된 지구의 모습이나 생명이라고는 하나 없는 황량한 풍경, 역대급 지진 이미지, 불을 동반한 엄청난 폭풍, 심지어는 지구가 분열되어 있는 이미지 등이 포함된다. 피랍자들은 이 영상을 접하고 이것이 지구의 미래라는 것을 확신하고 크게 좌절한다. 그 가운데 어떤 피랍자는 외계인들로부터 그런 위기 때 생존자들을 돌보는 임무를 할당받기도 한다는데, 이것은 그리 흔한 경우는 아닌 것 같다.

그런데 인류가 이런 위기에 봉착해 있음에도 불구하고 외계인들은 공개적으로 인간의 일에 참견하지 않는다고 한다. 이유는 간단하다. 인간들이 외계인을 적으로 간주하는 등 아직 그들을 받아들일 준비가 되어 있지 않기 때문이다. 그런데 만일 외계인들이 지구의 일에 개입한다면 그 방식은 인류를 위협하는 식이 아니라 인류의 의식을 변화시키는 식이라는 설이 있다. 이것은 맥이 조사한 피랍자들이 공통으로 주장하는 바이기도 하다. 사실 외계인들이 인류의 일에 직접적으로 개입하려고 했다면 벌써 하고도 남았을 텐데, 지금까지 그런 모습을 본 적이 없다. 이에 대하여 맥은, 외계인들은 인류가 스스로 깨쳐 이 위기를 타개하게끔 간접적으로 돕고 있다고 주장하는데 나도 이 생각에 동의한다(지구상의 문제나 인류에 대하여 관심 없는 외계인 종족도 있다는 설이 있는데 그것은 알 수 없는 일이다).

피랍자들의 삶에 나타나는 변화

그다음으로 맥은 피랍을 경험한 사람들이 사건 후에 어떤 변화를 보이는가를 분석하고 있다. 이와 같은 분석은 다른 연구자들에게서는 잘 보이지 않는데 이 일이 가능한 것은 맥이 정신의학자이기 때문일 것이다. 그는 누구보다도 사람의 심리에 밝기 때문에 피랍자가 외계인에게 납치되는 경험을 한 뒤에 내면적으로 어떤 변화를 겪는지를 읽어낼 수 있었을 것이다. 이런 변화는 피랍자 자신조차 알아차리지 못하는 경우가 많은데 맥이 워낙 유능한 정신과 의사라 그의 인도에 따라 피랍자도 나중에는 그 변화를 의식하게 된다.

맥에 따르면 피랍자가 겪는 트라우마 체험은 4차원에 걸쳐서 발현된다고 한다. 이것을 순서대로 보면, 먼저 첫 번째 차원은 트라우마란 말 그대로 충격적이고 고통스러운 체험을 하는 차원을 말한다. 이것은 납치 과정을 보면 충분히 이해할 수 있다. 우선 자신의 의지와 관계없이 낯선 존재에 의해 마비된 채로 납치되어 이상한 곳으로 끌려간다. 그리고 그곳에서 생체 실험을 당하면서 온갖 것들이 몸에 삽입되는가 하면 강간 비슷한 것을 당한다. 그러니 당사자는 인간의 존엄성이 붕괴되는 굴욕을 겪지 않을 수 없다. 우리 대부분은 이런 체험을 해보지 않았기 때문에 이 상황이 얼마나 무섭고 굴욕적인지

체감이 안 된다.

　이 상황을 이해하기 위해 아주 간단한 상상 하나를 같이 해보자. 내가 밤에 침대에서 자고 있는데 갑자기 환한 빛이 밖으로부터 비추어지더니 느닷없이 파충류처럼 생긴 난쟁이들이 내 침대를 둘러싼다. 이것부터가 얼마나 무서운 일일지는 말로 표현하는 것 자체가 힘들다. 집에 도둑이 들어도 소스라치게 놀라는데 이 경우에는 사람처럼 생기긴 했지만 그렇다고 사람이라고 할 수 없는 존재가 내 앞에 있으니 혼비백산할 판이다. 소리를 지르려고 해보지만 몸이 완전히 마비되어 아무 짓도 못 한다. 이전에도 가위눌리는 체험을 몇 번 해보았지만 그것과는 비교도 안 된다. 여기까지만 상상해 봐도 그 공포가 어떤지 알 수 있지 않을까 싶다. 그런데 그다음에는 그들의 비행선에 끌려가서 차가운 수술대 같은 데에서 온갖 생체 실험을 당하니 그 공포가 몇 배는 되지 않겠는가? 이처럼 UFO 피랍 체험은 당사자에게 엄청난 트라우마를 남긴다.

　두 번째 차원은 그다음 과정에 대한 것이다. 이런 체험을 겪은 피랍자들은 일생을 주위 사람들로부터 소외되고 격리된 느낌을 갖고 살게 된다. 그 때문에 자신들은 이 사회에 속하지 않는다고 생각해 자신을 일반인들과는 다른 존재인 것처럼 파악한다. 그렇다고 주위 사람들과 잘 못 지내는 것은 아니지만 아무리 주위 사람들과 친해도 자신은 다른 질서에 속해 있다고 생각한다. 그리고 아주 예외적인 경우가 아니면 자신의 체험에 대하여 철저하게 함구하고 산다. 이것도 충분히 이해할 수 있는 것이다. 그런 체험을 주위에 이야기하면 미친 사람처럼 대하면서 손가락질하고 무시하기 때문에 차라리 아무 이야기도 하지 않는 편이 낫다고 생각하는 것이다. 말을 안 하고 살면 소외감을 혼자만 느끼면 되지만, 체험을 고백하면 그 소외감에 멸시와 무시까지 더해지니 고통이 몇 배나 배가되는 것이다. 그러니 자신을 닫고 사는 것이 낫다고 생각하고 그렇게 사는 것이다.

세 번째 차원은 맥이 이른바 '존재론적인 충격(ontological shock)'이라고 부르는 것을 체험하는 것이다. 이에 대해서는 앞에서 잠시 언급했다. 그때 본 대로 이 충격은 조금 철학적인 내용인데 피랍자들은 대부분의 우리처럼 이 우주에는 지성적인 존재가 인간밖에 없다고 생각했는데 그 믿음이 깨지면서 생기는 충격이다. 지구의 물리 법칙을 초월할 뿐만 아니라 지구의 기술과는 비교도 안 되게 앞선 기술을 갖고 있는 외계 존재들을 목격하면서 크게 놀란 피랍자들이 갖게 되는 충격인 것이다. 이 우주에서 인간만이 지성을 갖고 있고 가장 뛰어난 존재라고 생각했는데 인간이 도저히 어찌할 수 없는 월등한 존재가 있다는 것을 알게 되니 충격을 받게 되는 것이다.

이 체험이 지닌 마지막 차원은 이 체험의 불확실성과 지속성과 관계된다. 이 체험은 본인이 전혀 예기치 않은 때에 일어날 뿐만 아니라 평생토록 지속된다는 데에 그 특징이 있다. 이 가운데 이 체험이 평생 지속된다는 것은 당사자를 매우 곤혹스럽게 만든다. 아동 학대나 강간 같은 다른 트라우마 사건은 한 번 일어나면 그것으로 그치는 경우가 많지만, 이 UFO 피랍 체험은 도대체 언제 일어나는지부터 알 수 없을 뿐만 아니라 일생 내내 발생하기 때문에 그 트라우마가 남다르다고 할 수 있다. 물론 아동 학대의 트라우마도 오랜 기간 지속될 수 있지만 이 UFO 피랍 체험에 비하면 강도가 약하다고 할 수 있다.

피랍자들은 처음에는 자신이 한 번만 납치된 것처럼 생각하기 쉽다. 그런데 나중에 최면을 받아보면 어릴 때부터 여러 차례 납치되었다는 것을 알게 된다. 아주 어릴 때도 납치되었지만 그때는 인지가 거의 발달하지 않아 자신이 무엇을 체험했는지 모른다. 생후 몇 개월밖에 안 된 때에도 납치당한 사람이 있으니 이 사건은 피랍자가 아주 어릴 때부터 발생한 것임을 알 수 있다. 외계인들은 일단 대상을 정하면 어릴 때부터 모니터링을 하면서 계속해서 관찰하는 것 같다. 그럼으로써 인간이 어떤 식으로 발달하고 성장하는지 살펴보는 것일 것이다. 외계인들은 여기서 그치지 않고 한 가족을 대상으로 여러 대에 걸쳐서 납치하는 경우도 있다. 예를 들어 할아버지와 아버지, 그리고 본인에게 이르기까지 3대에 걸쳐 납치하는 경우가 그것이다. 만일 이런 정보가 사실이라면 이것은 외계인들이 인류의 생식 문제나 유전적인 문제에 대하여 관심을 갖고 조사한 것이 아닌가 한다. 그러니까 인류는 어떻게 생식하면서 번식하고 어떤 식으로 여러 특징이 다음 세대로 전달되는지를 살펴보려고 한 것 같다는 것이다. 이상이 맥이 정리한 UFO 피랍 체험의 특징인데 인간이 겪을 수 있는 체험 가운데 가장 독특한 것 아닌지 모르겠다.

피랍자의 숫자는 아무도 모른다!

맥은 그다음에 피랍자의 숫자에 대하여 논의하고 있는데 외계인들이 얼마나 많은 인간을 조사했는지 몰라도 그들은 아마 인간에 대하여 많은 데이터를 갖고 있을 것이다. 피랍자의 정확한 숫자는 모르지만 그들이 이런 식으로 수도 없이 인간들을 납치해 가서 조사했을 터이니 그동안 모은 정보가 엄청나게 많을 것으로 추측할 수 있다. 이 상황은 인간들이 야생 동물을 조사할 때와 비교해 보면 쉽게 알 수 있을 것 같다. 예를 들어 아프리카 초원에서 사자가 어떻게 사는가를 알기 위해 동물학자들은 위치추적기를 그들의 몸에 부착한다거나 그들이 이동하는 길에 카메라를 설치해서 그들의 행동을 낱낱이 조사한다. 이렇게 함으로써 인간들은 이 사자가 어떻게 무리를 지어 살며, 어떻게 번식하는지, 무엇을 먹는지 등과 같은 세세한 정보를 알게 된다. 그래서 나중에는 이 사자의 거의 모든 것에 대하여 파악하게 되는데, 바로 이와 같은 일이 외계인과 인간들 사이에 일어난 것 아니냐는 것이다. 우리 인간들은 아직도 자신들이 샅샅이 조사된 줄을 모르고 있는데 외계인들은 인간에 관한 정보를 다 파악하고 있으니 이렇게 말할 수 있는 것이다. 그런데 확실히 밝혀진 것은 아니지만 맥은 이렇게 피랍된 사람이 적게는 수십만 명, 많게는 수백만 명이 될 것이라고 자신의 생각을 밝혔다.

피랍자 숫자가 나와서 말이지만, 우리는 이 숫자를 절대로 정확하게 알 수 없다는 것을 잊어서는 안 될 것이다. 이유는 간단하다. 피랍자 가운데에는 자신이 UFO에 의해 납치되었다는 사실을 알지 못하는 사람이 꽤 있을 수 있기 때문이다. 피랍자들 가운데에는 자신이 피랍된 적이 있다는 사실을 눈치채지 못하고 일생을 마치는 사람들이 있다. 자신에게 무언가 이상한 일이 발생한 것 같은데 무슨 일이 있었는지 알 수 있는 방법이 없어 그냥 살다가 가는 것이다. 개중에는 자신이 피랍된 사실을 아는 사람이 간혹 있는데, 이런 사람들은 주위로부터 이상한 사람 취급받기 싫어 아예 함구하고 사는 것이 태반이다. 이에 대해서는 앞에서 이미 언급하였다. 이른바 '왕따' 당하기 싫으니까 아무 소리 하지 않고 조용히 살다 그냥 가는 것이다. 이런 사람들이 얼마나 되는지 확실히 모르기 때문에 피랍자의 수를 정확히 아는 것이 불가능하다고 하는 것이다. 그럼에도 불구하고 맥은 수십만 명, 수백만 명의 사람이 납치되었다고 주장했는데 그것이 사실이라면 매우 충격적인 소식이 아닐 수 없다.

마지막으로 궁금한 것은 저 외계인들이 인간들에 대하여 도대체 어떤 정보까지 갖고 있느냐는 것이다. 그렇게 오랫동안 인간들을 납치해서 실험했으니 엄청난 정보를 갖고 있을 것 같은데 현재로서는 이에 대하여 알 수 있는 방법이 없다. 미래에 그들과 공식적으로 교류하게 되면 알게 되지 않을까 하는 생각이 드는데, 그 시기가 언제가 될지 매우 궁금하다.

피랍 후 겪는 심리적인 변화에 대하여

피랍자들은 이처럼 평생 피랍된 기억에 젖어 살기 때문에 그 후과로 여러 가지 형태의 고통을 겪는다. 예를 들면, 어떤 피랍자는 병원이나 바늘에 대하여 이유를 알 수 없는 공포증(포비아)을 느끼는 경우가 있다. 이것은 그가 외계 비행선으로 끌려가서 병원 같은 환경에서 주사 바늘 같은 것으로 실험을 당했기 때문에 생긴 증상일 수 있다. 이에 대해서는 앞에서 보았다. 외계인들이 피랍자를 수술대 같은 곳에 눕혀놓고 바늘처럼 생긴 것으로 온몸을 찌른다고 하지 않았던가? 이런 일을 실제로 당한다면 얼마나 무섭겠는가? 몸은 마비되어 꼼짝도 할 수 없는데 저들이 바늘로 복부 같은 곳을 푹푹 찌르면 당사자는 소스라치게 놀랄 것이 틀림없다. 이때의 트라우마가 뇌리에 깊이 남아 나중에 병원만 보아도 떠는가 하면, 바늘을 보면 경기를 일으키는 포비아 증상을 보이게 되는 것이다.

이 이외에도 두통이나 코안의 구멍(부비강)에서 통증을 느낀다거나 위장과 비뇨기 계통 기관, 그리고 성적인 기능에 문제가 생기는 등 그와 같은 육체적 고통이 평생 지속된다. 피랍자가 이런 기관에서 통증을 느끼고 기능이 저하되는 것은 외계인들이 비행선에서 피랍자의 몸을 '험하게' 조사했기 때문이다. 그런데 맥에 따르면 아이로니컬하게도 피랍 경험을 하고 병이 낫는 경우도 있다고 한다. 작은 상처는 물론이고 폐렴이나 소아 백혈병 같은 중증의 병도 낫는 경우가 있다고 하는데 맥 자신이 조사했던 피랍자 중에는 피랍 체험 후에 소아마비가 나았다고 증언한 사람도 있었다. 이것은 참으로 믿을수 없는 일인데 만일 이 일이 사실이라면 다음과 같은 설명이 가능할 것이다. 이것은 아마 비행선 안에서 느낄 수 있는 강한 전자기장때문이 아닌가 한다. 이 전자기장에서 발생하는 강한 에너지가 피랍자의 경락을 뚫어서 병을 낫게 한 것 아니냐는 것이다. 우리는 이런예를 나의 이전 책(『UFO 세계가 주목한 두 접촉자의 이야기』)에서 다룬 크리스 블레드소의 치유 사건에서 보았다. 그는 불치병으로 생명이 1, 2년밖에 남지 않은 12살짜리 소년을 전자기적 에너지로 고쳐주었다. 그는 이 에너지를 그가 상대하는 외계 존재로부터 받았는데, 이 힘이그의 내면에서 들끓어 오르자 단순히 상대방을 포옹하는 것으로 그아이를 고쳤다. 나의 책에는 이 이외에도 신이한 치유 장면이 많이 나오니 관심 있는 독자는 그 책을 보면 되겠다.

이 대목에서 맥은 또 의미 있는 발언을 한다. 그에 따르면 모든 피랍자들이 이와 같은 트라우마를 겪는 것은 아니라고 한다. 어떤 피랍자는 자신이 외계 존재들에게 선택되었고 가장 먼저 교육받았으며 심지어 개명되었다는(enlightened) 느낌을 받았다고 실토했다. 이런 사람들은 비범한 수준의 의식을 갖게 되는데 그 덕에 두려움을 모르는 사람이 되었고 영적인 지도력을 발휘하는 탁월한 인간으로 변모했다고 한다. 이 일이 가능했던 것은 그들이 피랍 체험을 영적인 단계로 승화시켰기 때문일 것이다. 맥이 제시한 사례에는 유독 이런 사례가 많은데, 그것은 앞에서 누누이 말한 대로 맥이 피랍자도 모르고 있었던 이 체험의 본질적인 중요성을 알게 해 주었기 때문일 것이다.

이 피랍자들이 체험을 복기할 때 처음에는 자신들이 외계인들에 의해 좌지우지 당하는 것처럼 느끼는 경우가 태반이었다. 이것은 당연한 일이다. 자신의 의지와 상관없이 외계인에 의해 납치되어 나체 상태에서 생체 실험을 당하거나 더 나아가서 외계 존재로부터 성관계를 반강제적으로 당하는 등 일방적으로 당했으니 말이다. 그러다가 맥과 깊은 면담을 하면서 그들은 외계인과의 관계가 일방적으로 강요된 것이 아니라 사실은 서로 소통하는 관계였다는 것을 깨닫게 된다. 일방통행이 아니라 쌍방의 관계였다는 것이다. 그러다가 어떤 피랍자는 외계인을 깊게 사모하는 일까지 생기는데 이 사랑은 인간과의 관계에서 생기는 그것과는 비교할 수 없을 정도로 심오하다고 한다. 이런 사랑은 피랍자가 외계인과 시선을 교환할 때 주로 발생한다고 하는데 이때 피랍자들은 외계인의 눈에서 영적으로 말할 수 없을 정도로 깊은 느낌을 받았다고 실토했다. 외계인의 눈을 보고 있으면 빨려 들어갈 것 같고 최면당할 것 같은 느낌이 드는 등 매우 기이한 감정이 생긴다고 한다.

독자들의 이해를 돕기 위해 피랍자의 생각이 공포에서 깨달음으로 바뀌는 과정을 한 예를 가지고 설명해 보자. 앞에서 말한 대로 피랍자들이 납치되어 겪는 사건 중에 대표적인 것은 정자나 난자를 축출당하는 사건이다. 이런 일은 설명할 필요도 없이 피랍자에게는 아주 굴욕스럽고 수치스러운 일이다. 성인이 강제로 탈의를 당하고 알몸으로 수술대 같은 데에 누임을 당하는 것부터 얼마나 치욕스러운 체험이겠는가? 이것만 가지고도 미칠 지경인데, 이상하게 생긴 난쟁이들이 바늘이나 이상한 기구를 가지고 내 몸을 찌르니 환장할 노릇 아니겠는가? 특히 여성의 경우에는 난자를 채취하기 위해 이상한 기구를 성기 안으로 넣게 되는데 이게 얼마나 황당한 일이겠는가?

이런 경험을 한 사람은 자신의 정자나 난자가 혼혈종 만드는 데에 쓰였다는 것을 알고 격분한다. 누누이 말한 것처럼 외계인들이 인간들을 납치해 가는 가장 중요한 목적은 유전자 변형을 통해 혼혈 아이를 만드는 것이다. 이와 같은 외계인들의 의도를 안 피랍자는 처음에는 자신이 이용당했다는 사실에 크게 화를 낸다. 그러다가 맥의 도움을 받아서 자신이 겪은 체험의 깊이를 반추하게 되면서 서서히 자신들이 생명이 창조되거나 진화되는 과정에 참여했다는 느낌을 받는다. 여기서 한 걸음 더 나간 체험자는 자신의 체험 안에서 초인격적인 의미나 보편적 사랑, 그리고 우주 만물이 상호 연결되어 있다는 일체감마저 느낀다고 한다. 완전히 긍정의 자세로 바뀐 것이다. 이 과정은 맥의 연구에서 가장 중요한 것인데, 이에 대해서는 뒤에서 사례들을 검토해 보면 확실하게 알 수 있으니 그때까지 기다려 보자.

맥이 정리한 피랍자들의 영적인 성장

맥은 체험자들이 피랍 체험을 통해 성취한 개인적인 성숙이나 변화를 다음의 몇 가지 항목으로 정리하였다. 먼저 '헤치고 나아가는(pushing through)' 태도이다. 앞에서 본 것처럼 피랍자들은 처음에는 무력하고 강제적인 상황에서 공포와 분노를 느끼지만, 곧 외계존재들을 받아들이고 그들과 쌍방적인 관계를 확립하면서 개인적으로 성숙하고 상위 차원의 학습을 하는 등 많은 변화가 생긴다. 이것을 두고 맥은 이전의 '에고'가 죽고 다른 차원으로 변환하는 것이라고 표현했다. 에고가 죽는다는 것에 대하여 맥이 더 이상 설명하지 않아 그 뜻을 명확하게 알 수 없지만, 이 대목에서 UFO 피랍 체험 연구의 권위인 스트리버가 한 말이 생각난다. 그는 영적인 발전이라는 관점에서 볼 때 명상을 15년 하는 것보다 외계인과 15초 동안 조우 체험을 하는 것이 훨씬 더 뛰어난 효과를 가져온다고 하면서 이 피랍 체험을 치켜세웠다. 외계인과의 조우 체험이 이렇게 강한 영향력을 갖는다는 것이다.

피랍자들이 외계인과의 조우 체험에서 영적인 성장을 할 수 있는 것은 외계인들을 영적으로 매우 앞선 존재로 여기기 때문이다. 구체적으로 외계인들은 어느 정도로 높은 존재일까? 피랍자들에 따르면 외계인은 인간과 신(이 신은 인격화된 신이 아니라 우주 의식으로서의 신을 말함) 혹은 창조의 시원적 근원(primal source) 사이에 있는 중간적 존재라고 한다. 이렇게 보면 외계인은 인간보다 절대적 실재에 더 가깝게 있는 것이니 인간보다 상위 존재가 된다. 이런 관점에서 피랍자들은 외계인들을 천사나 '빛의 존재'에 비유하기도 한다. 이렇게 되니까 피랍자들이 지금까지 지녔던 존재론이 바뀌게 되는 것이다. 이것은 이 우주에서 인간이 차지하는 자리가 바뀌는 것을 말하는데 이 점에 대해서는 나의 다른 책(『Beyond UFOs』)에서 상세히 설명하였다.

이와 같은 새로운 존재론에 따르면 인간은 우주에서 홀로 뛰어난 영장(靈長)류의 존재가 아니고 외계인의 밑에 처할 수밖에 없는 이등적(二等的)인 존재가 된다. 이러한 설명은 맥의 책에 나오는 사례에 명확하게 나오는데 뒤에서 그런 사례를 다루니 그때 자세하게 살펴보자. 그런데 여기서 주의하지 않으면 안 되는 것이, 인간이 직접 체험한 외계인이 그렇다는 것이지 인간이 아직 만나보지도 못한 외계인들에 대해서는 아무것도 모르고 있다는 것이다. 인간이 직접 만난 외계인은 스몰 그레이라 불리는 친구들인데 이들은 외계인 가운데 '하치'에 속한 존재로 알려져 있다. 그런데 이 스몰 그레이 같은 하치의 외계인조차 인간보다 영적으로 훨씬 앞서 있다고 한다면 그 위에 있는 외계인들은 영적으로 얼마나 더 높은 존재인지 가늠하기조차 힘들다. 예를 들어서 이른바 'PK Man'이라 불렸던 테드 오웬스는 자신과 직접 소통하던 스몰 그레이 급의 외계인 배후에는 '순수의식'으로 불리는 최고의 존재가 있다고 주장했다. 만일 이 말이 사실이라면 우리 인간의 수준에서는 파악할 수 없는 엄청난 수준의 영적 존재가 있다는 것이 된다. 따라서 이와 같은 수준의 외계인에 비해 볼 때 인간의 위상은 초라하게 될 수밖에 없다. 그러니 존재론이 대폭 변하는 것이다.

그다음에 볼 세 번째 특징은 더 가관이다. 피랍자들이 이 체험을 하면서 우주적 근원, 혹은 '집(Home)'으로 돌아갔다고 주장하니 말이다. 그런데 그 집이 그저 그런 3차원적인 장소가 아니라 말로 표현할 수 없이 아름다운 저 너머의 곳이라고 하는데, 그들이 생각하는 집은 바로 외계 비행선이다. 이들이 이곳을 생각하면서 이와 같은 감정을 갖는다고 하니 놀랍다. 이들에게 최면을 걸어 피랍 당시로 돌아가게 하면 이들은 그 비행선에서 형용할 수 없이 즐거운 감정을 느끼고 심지어는 성적인 흥분을 경험하게 된다. 그러다가 그곳을 떠나야만 했을 때에는 지구로 돌아가야 한다는 생각에 너무나 실망한 나머지 흐느껴 울기까지 하였다. 이것은 너무도 반전이라 믿기 어려울 정도다. 처음에는 납치되어 온갖 치욕적인 일을 당했다고 생각해 외계인들이 행한 행동에 분개하고 혐오하던 피랍자가 그 외계 비행선을 자신의 집, 즉 고향으로 생각한다고 하니 말이다. 그러면서 그곳을 말할 수 없이 아름다운 곳이라고까지 하니 이해하기 힘든 것이다. 비행선 내부가 도대체 얼마나 아름답기에 이렇게 말하는지 모를 일이다.

혹자는 피랍자에게서 보이는 이러한 변화가 스톡홀름 증후군일 수 있다는 주장을 하기도 한다. 스톡홀름 증후군이란 잘 알려진 것처럼 피랍된 사람이 납치자에게 감화되어 그들과 한편이 되는 것을 말한다. 이 관점에서 보면 이 UFO 피랍 사건도 주인공이 너무나 큰 체험을 하면서 당시 상황에 압도되어 납치자, 즉 외계인에게 자신의 주재권을 넘겨주고 조복하는 것처럼 보일 수도 있겠다는 생각이 든다.

그러나 그것은 추측일 뿐이고 피랍자의 진정한 심리 상태는 더 면밀하게 조사해 봐야 할 것이다.

UFO 안에서 전생을 체험하다!

그다음 특징 역시 매우 특이한 것으로 피랍자가 피랍되었을 때 전생을 체험하는 경우가 있다고 한다. 최면 세션 중에 그가 어릴 때 피랍된 기억을 되살리게 하면 자신의 전생을 기억하는 경우가 있다는 것이다. 이때 피랍자에게 어릴 때의 기억으로 돌아가라고 하니까 어떤 피랍자는 지구에 '다시 돌아온' 것에 대하여 불만을 토로했다고 한다. 이게 무슨 말일까? 그러니까 자신은 전생에 좋은 곳에 있었는데 지금은 지구라는 힘든 환경에 되돌아와 살고 있으니 그게 불만인 것이다.

이런 체험을 한 사람에 따르면, 우리가 이곳 지구에 태어나는 이유는 영적인 발전을 하기 위해서라고 한다. 이와 같은 생각이 재미있는 것은 UFO 피랍 체험이 사후생이나 전생과 관계되기 때문이다. 피랍 체험이나 사후생 체험은 모두 삶 너머의 것을 지향한다는 점에서 공통점을 찾을 수 있다. 피랍 체험을 한 주인공은 현세의 삶만 보는 것이 아니라 더 높은 시각에서 전생에 자신이 어떤 삶을 살았는지 조망하면서 자신과 우주에 대하여 더 깊은 이해를 하게 된다.

이것은 그다음 특징으로 연결되는데 피랍자는 전생 체험을 하면서 시간이나 인간의 정체성에 대하여 다른 시각을 갖게 된다. 그리고 자신이 과거에 수없이 환생했다는 사실을 깨달으면서 우주적 관점에서 볼 때 이 한 생의 삶이 얼마나 왜소한지를 알게 된다고 한다.

그와 동시에 우리의 의식 혹은 영혼이 몸과 별도로 존재한다는 것을 확실하게 깨닫게 되는데, 맥의 내담자 중에는 이러한 깨달음 때문에 또 다른 유의 '초인격적인' 체험을 하는 사례가 있었다. 그런데 이 체험은 우리의 이해 범위를 훌쩍 넘는 것이라 소개하기조차 힘들다. 그러나 궁금한 독자들을 위해 억지로 소개해 보면, 피랍자가 자신을 넘어서는 체험을 하자 그들은 자신과 다른 다양한 존재들과 동일시되는 경험을 했을 뿐만 아니라, 시간과 공간을 넘어선 다른 시공(時空)대에서 자신을 발견하는 현상을 겪게 된다. 이와 관련해서 맥이 든 예는 기괴해서 정말로 믿기 어려운데, 맥의 내담자 가운데 폴이라는 친구는 최면 세션 중에 자신이 과거 언젠가 공룡이나 공룡처럼 생긴 파충류였다고 고백했다. 이 진술도 황당하지만 이에 버금가게 황당한 고백이 또 있다. 자신이 수십 년 전에 있었던 UFO 추락 사건 현장에 있었다고 주장한 것이 그것이다. 그때 자신은 군인들이 추락한 외계 비행선에서 나온 외계인을 사살하는 현장도 목격했다고 주장했다.

이와 같은 고백은 황당함의 원단 그 자체인데 이것을 억지로 이해하자면 체험자들이 시공 개념과 자아 개념을 초월하는 체험을 한 것으로 해석할 수 있다. 다시 말해 인간의 의식이 시간이나 공간에 제한되지 않고 시공을 초월해서 존재할 수 있다고 상정한다면 위의 이야기를 어느 정도는 이해할 수 있다. 그런 맥락에서 볼 때 폴이 자신을 공룡으로 인식한 것은 그의 영혼이 생물의 진화 과정을 재체험하는 것으로 이해할 수도 있겠다. 그의 의식은 항존(恒存, ever-present)하니 지구상에 인류는 아직 없고 공룡만 있던 시절에도 공룡의 존재를 느낄 수 있다는 생각이 든다. 그런데 평소에는 이런 사실을 모르고 있다가 최면을 받으면서 전생으로 돌아가 보라고 하니까 그의 무의식 속에 꼭꼭 감추어져 있던 이 공룡 체험이 드러난 것이다. 그런데 그 많은 과거 기억 중에 왜 하필이면 자신이 공룡과 동일시되는 기억만 되살아났는지는 알 수 없다.

이런 유의 이야기는 다른 역행 체험의 사례에도 나온다. 마이클 뉴턴 같은 최면 전문가에 따르면 내담자들을 최면으로 전생으로 보내면, 그들 가운데에는 자신이 석기 시대에 살았던 때를 기억하는 사람도 있었고, 심지어는 자신이 파충류로 존재했던 때를 기억해 내는 사람도 있었다고 한다. 이런 이야기들이 진실인지 허구인지 판단하기는 힘들지만 위에서 말한 맥의 설명과 통하는 바가 있어서 재미있다.

폴이 그다음으로 고백한 이야기, 즉 그가 추락한 UFO 사건 현장에 있었다는 이야기는 외려 이해하기가 쉬울지 모르겠다. UFO 추락 사건은 발생한 지 얼마 되지 않았고 장소도 같은 나라이니 말이다. 그가 지목한 UFO 추락 사건은 아마 로즈웰 사건 같은데, 정확한 것은 그가 밝히지 않아 잘 알 수 없다. 어떻든 폴이 이 사건을 기억하고 시간을 역행하여 그 현장에 간 것은 그가 UFO와 남다른 관계가 있어서 그렇게 된 것 아닌가 한다. 그는 UFO에 의해 피랍된 전적이 있으니 UFO와 친연의 관계에 있었을 것이고, 그 덕분에 최면 세션에서 관련 사건으로 가는 일이 쉬웠을 것이다. 그는 UFO의 외계인들과 시공 개념을 넘어서 연결되어 있으니, 몇십 년 전에 일어난 UFO 추락 사건에 다가가는 것은 그다지 어렵지 않을 것이라는 생각이 든다. 그러나 이렇게 시간을 거슬러서 과거를 구체적으로 재체험하는 일이 어떻게 가능한지는 잘 모르겠다.

신화와도 연결되는 외계인들

맥은 또 다른 피랍 사례로 젊은 브라질인을 하나 소개하는데 이 경우도 재미있다. 이 청년은 외계인을 만나고 나서야 브라질의 민속에 나오는 신화나 요정 같은 영적 존재들에 대해 알게 되었다고 실토했다. 사실 맥도 민속에 관심이 많아 스스로 미국의 인디언 무당이나 브라질의 영매, 무당 등을 찾아가서 깊은 대화를 나눈 적이 있었다. 이 내용은 그의 책(1999)에 자세하게 나와 있는데 이 무당들은 이미 외계 존재들을 잘 알고 있었고 자신들의 조상이 이 존재들과 긴밀한 관계를 갖고 있었다고 주장했다. 그리고 그러한 만남은 그들의 사회에 전승되어 내려오는 민담에 고스란히 반영되어 있는데 사람들은 이 민담에 나오는 이야기가 외계 존재와의 만남을 기록한 것인지 모르고 배척만 했다고 한다. 그러나 외계인과의 접촉이 가능해지자 그 민담이나 신화를 조상들의 관점에서 볼 수 있었다고 한다.

이것은 한국의 경우도 비슷한데, 한국 무속에서 핵심적인 자리를 차지하고 있는 바리공주 신화를 예로 들어보자. 이 신화에서 바리는 부모의 약을 구하기 위해 저승에 갔다 오는데 현대인의 물질주의적 관점에서 보면 이처럼 이승과 저승을 넘나드는 일은 허무맹랑하게 들릴 것이다. 그런데 외계인을 만난 피랍자들의 증언에 따르면 이승과 저승을 나누는 것은 우리가 사는 3차원 세계에만 국한된 것이다. 피랍자들은 외계인들과 같이 있는 동안 여러 차원을 경험하기 때문에 3차원 이외에도 많은 차원이 있음을 알게 되는데 그 관점에서 보면 신화에 나오는 이야기들이 허구가 아니라 또 다른 실재의 세계를 보여준다고 생각할 수 있다는 것이다. 이런 것은 모두 피랍자들이 인간의 의식에 대하여 새로운 이해를 하면서 생기는 변화라고 할 수 있다.

이중적 정체성을 갖는 UFO 피랍자들

UFO 피랍자에게 이런 변화가 생기면서 그들은 인간으로서의 정체성만 갖는 게 아니라 외계인의 정체성까지 지니게 된다고 한다. 그러니까 쉽게 말해 인간이면서 동시에 외계인이라는 이중적인 정체성(double identity)을 갖게 된다는 것이다. 이들은 외계인과 인간과의 유전적 변형을 통해 나온 혼혈종이기 때문에 그렇게 생각할 수 있을 것이다. 그런가 하면 이들은 어려서부터 외계인들에게 납치되어 교육받고 실험을 당했기 때문에 자신을 외계인 사회의 일원으로 여길 수도 있다. 예를 들어, 외계인에 의해 UFO로 납치된 어떤 여성이 그곳에서 자신이 수태하여 낳은 혼혈 아기를 만나게 된다면, 그녀는 그 아이를 보면서 자신이 이미 이 외계인들과 깊은 관계에 있다는 것을 깨닫고 동질감을 느낄 것이다. 또 UFO 안에서 외계 여성으로 보이는 존재와 성적 관계를 가진 남자는 자신이 이 외계 사회와 친연성이 높다는 것을 확인하게 될지도 모른다. 맥에 따르면 이런 사람들은 인간적 정체성과 외계인의 정체성을 동시에 살리면서 이 두 요소를 통합하려고 노력한다고 한다.

맥이 마지막으로 드는 이 체험의 특징은 앞에서 부분적으로 언급한 것이다. 이 체험을 최면 등을 통해 다시 겪게 해 주면 피랍자들은 우리가 사는 3차원의 시공 개념을 넘어선 다른 실재의 세계에 눈을 뜨게 된다고 한다. 그들은 새로운 세계를 '베일'이나 장벽을 넘어선 곳이라고 표현하는데 우리의 의식은 이런 장애 요소 때문에 물리적 세계에 갇혀 있다고 한다. 피랍자들은 이 세계를 묘사하는 데에 어려움을 느끼는데 그럴 수밖에 없는 것이 그 세계에서는 기존의 시공 개념이 '붕괴'되기 때문이다. 따라서 물질계에서 통용되는 단어로는 이와 같은 초월적인 세계를 설명하기가 힘든 것이다. 그런가 하면 어떤 피랍자는 자신이 체험한 세계에서는 같은 순간에 여러 시간대나 여러 장소에 동시에 나타날 수 있었다고 주장하기도 했는데, 이들의 이야기를 들어보면 이 세계는 우리의 인식을 넘어선 곳이라는 것을 절감하게 된다.

이와 같은 체험을 한 피랍자는 의식의 변화를 겪게 되는데 예를 들면 이런 것이다. 즉, 그들은 원대한 우주적 계획(design) 속에서 자신의 위치가 새롭게 바뀐 것을 알게 되고 지구의 생태 시스템과 온건하고 조화로운 관계를 맺게 된다고 한다. 이와 더불어 그들은 우주에 대해 외경심을 갖게 되고 자연의 신비에 대해 존경심을 표방한다. 이들은 이처럼 자연 세계가 지니는 성스러움에 대하여 고양된 느낌을 갖는데 이와 동시에 지구 환경의 미래에 희망이 없다는 것을 깨닫고 깊은 슬픔에 빠지기도 했다. 맥에 따르면 피랍자들이 외계 체험을 했다고 해서 지구에 대하여 소홀해지는 것이 아니라, 오히려 지구가 얼마나 소중한가를 절실히 느낀다고 한다. 어떤 피랍자는 자신을 '우주의 아이(child)'라고 부르기도 했는데, 이들은 이처럼 체험 후에 자연과 우주에 대한 생각이 보통의 인간들과는 판연히 다르게 변화한 것을 알 수 있다.

이원론적인 관점으로는 이해 불가능한 UFO 피랍 사건

이상이 맥이 전하는 UFO 피랍 사건의 전모인데 사실 맥은 이 주제를 연구하면서 항상 부딪히던 문제가 있었다. 이것은 피랍 사건을 포함해서 UFO와 관계된 대부분의 사건이 맥이 따르고 있는 세계관과는 병립할 수 없었기 때문에 생긴 문제였다. 맥이 이 사건을 연구하면서 가장 많이 던졌던 질문 중의 하나는 'UFO 납치는 진짜(real)냐 아니냐?'라는 것이었다. 이런 일이 실제로 일어났느냐는 것인데 이것은 누구나 가장 궁금해하는 질문일 것이다. 여러 체험자들의 이야기를 들어보면 이 사건은 분명히 일어난 것 같다. 왜냐하면 앞에서 이미 언급한 대로 이 체험을 겪은 사람들이 매우 다양한데도 불구하고 그들이 증언하는 내용이 거의 비슷했기 때문이다. 그러니까 그들이 미국인이든, 브라질인이든 그런 것과 관계없이 겪은 일이 대동소이하게 나타나니 그들의 말을 믿지 않을 수 없다는 것이다. 심지어 두 사람이 동시에 납치되었는데 나중에 별도로 최면해서 그들의 진술을 들어보아도 완전히 일치하였다고 하니, UFO 피랍 사건은 실제로 일어난 사건임을 부정할 수 없다.

그런데 그렇게 끝나면 좋으련만 문제는 이 사건에는 인간의 일상적인 상식으로는 이해할 수 없는 일이 너무 많이 포함되어 있다는 데에 있다. 그래서 그 진실성을 의심하지 않을 수 없는데 그런 예는 수도 없이 많다. 예를 들어 앞에서 많이 설명했지만 외계인들이 창문이나 벽을 뚫고 들어오는 것을 비롯해서 피랍자들이 비행선 안에서 겪은 체험은 대부분 인간의 오성(悟性) 능력으로는 도저히 이해할 수 없는 것들이었다. 이런 요인들 때문에 이 피랍 사건이 진짜로 일어난 것인지에 대해 의문을 품지 않을 수 없는 것이다.

맥은 UFO 피랍 사례뿐만 아니라 다른 여러 사례를 예로 들면서 인류, 특히 서구인이 신봉하는 이원론적인 세계관에 대해 큰 의문을 표했다. 그가 사례로 든 것은 그 유명한 근사체험이나 그와 매우 관련이 깊은 체외이탈 체험, 그리고 수천, 수만 건에 달하는 동물 훼손(animal mutilation) 사건, 크롭 서클 사건, 성모 마리아 출현 사건, 미국의 스킨워커 목장 사건 등등인데, 이와 같은 사례가 너무 많아 다 들 수 없을 정도이다. 이 사건들은 모든 것의 이원성을 강조하는 서구인의 인식 구조로는 파악하기 힘든 면모를 많이 갖고 있다.

서구의 인식론에 따르면 물질과 의식은 명확하게 구분되는 것이라 서로 섞일 수 없다. 이 두 매체 사이에는 넘을 수 없는 장벽이 있는 것이다. 물질은 물리적 법칙을 절대로 어길 수 없고, 의식은 물질에 어떤 영향도 줄 수 없다. 쉽게 말해 물질은 물질이고 의식은 의식이기 때문에 그 둘 사이에 어떤 교통도 있을 수 없다. 그런데 조금 전에 들었던 예에서는 이와 같은 이원론적 개념이 적용되지 않는다. 이에 대해서는 앞에서 많이 설명하였으니 생략해도 될 것이다.

맥은 매우 솔직한 사람이라 이 문제에 대하여 지속적으로 고민했다. 그는 이 문제를 가지고 세계적으로 저명한 과학철학자였던 토마스 쿤(Thomas Kuhn)과 많은 논의를 했다. 쿤은 1962년에 지금은 거의 고전이 된 『과학 혁명의 구조』라는 책을 써서 과학사 영역에서 한 획을 그은 사람이다. 그가 주장한 용어 가운데 가장 유명한 것은 '패러다임의 전환(change 혹은 shift)'인데, 지금은 이 용어를 친숙하게 쓰고 있어 진부한 용어로 보이지만 당시 쿤이 처음으로 주장했을 때는 매우 신선한 용어였다. 여기서 쿤의 주장을 세세하게 볼 수는 없지만, 그 핵심은 이런 것이다. 쿤 이전에는 과학 분야에서 진보를 말할 때 진보란 사실과 이론이 축척되면서 연속적인 선상에서 발전하는 개념으로 여겨졌다. 쿤에 따르면 변화가 없는 시기에는 이른바 '정상 과학(normal science)'이 대세를 이룬다. 그러다가 과학적 혁명의 시기가 되면 기존의 이론으로는 설명할 수 없는 예가 많아져 이 기존 이론은 위기를 맞게 된다. 이때 이런 '이상 현상'이 많이 발생하게 되면서 새로운 패러다임의 출현이 임박하게 된다. 이때 기존의 현상을 더 잘 설명할 수 있는 새로운 패러다임이 정착되면 이전과는 다른 정상 과학이 자리를 잡게 된다. 패러다임의 전환이 이루어진 것인데, 쿤은 이러한 변화가 종래에 주장하는 것처럼 서서히 일어나는 것이 아니라 패러다임이 바뀌면서 급격하게 일어난다고 주장한 것이다.

앞의 설명에 가장 잘 부합되는 예가 천동설과 지동설의 관계다. 지동설이 나타나기 전까지 천동설은 정상 과학이었다. 그런데 인류의 천문학적인 지식이 발전하면서 천동설이 설명하지 못하는 현상이 자꾸 발견되게 된다. 기존의 패러다임이 위기를 맞은 것이다. 이때 지동설이 새로운 패러다임으로 등장하는데 이 이론이 기존 현상을 훨씬 더 잘 설명해 주었다. 그때부터 새로운 이론인 지동설은 기존의 이론인 천동설과 각축을 벌이기 시작했는데 결국 과학계는 지동설이라는 새로운 패러다임을 선택한다. 그런데 보통 이와 같은 변화 과정이 급격히 생기기 때문에 불연속적인 발전이라고 하는 것이다. 이렇게 해서 지동설이 새로운 정상 과학으로 등극하고 양 세계관의 분쟁은 끝이 난다.

맥이 쿤과 UFO 피랍 체험에 대하여 말을 나눌 수 있었던 것은 두 사람이 어릴 적부터 친구였기 때문이다. 그들이 소꿉친구가 될 수 있었던 것은 그들의 부모가 서로 친구였기 때문인데 어린 시절 그들은 크리스마스 같은 때에 뉴욕에서 같이 많이 놀았다고 한다. 또 쿤이 보스턴에 있는 MIT 공대에 교수로 있을 때 맥 역시 하버드대에 있었기에 둘은 어렵지 않게 만나서 대화할 수 있었다. 맥이 쿤에게 UFO 피랍 체험과 같은 기존의 학계에서는 도저히 받아들일 수 없는 주제에 대하여 말할 수 있었던 것은 두 사람이 어릴 때 친구이기 때문에 가능한 일이었을 것이다. 특히 쿤과 같이 과학적인 사고로 똘똘 뭉친 사람에게 UFO에 관한 이야기를 꺼내기가 힘들었을 터인데 두 사람이 어릴 적 친구라 맥이 부담 없이 이 주제에 대하여 질문을 던질 수 있었을 것이다.

이들이 나눈 대화는 『UFOs and UAP—Are We Really Alone』라는 책에 상세히 나와 있어 그것을 소개한다. 이 책은 제프리 미쉬로브가 자신의 유튜브 방송 채널인 "New Thinking Allowed"에 출연한 연구자들과 나눈 대화를 녹취해서 만든 것으로 이 가운데 맥과 대화한 장이 있다. 여기서 맥은 자신이 쿤에게 말한 것을 이렇게 전하고 있다. 자신은 지금까지 지니고 있었던 '실재 개념틀(framework of reality)'로는 도저히 이해할 수 없는 어떤 사건에 봉착해 있다. 이것을 쿤의 용어로 하면 기존의 패러다임으로는 도저히 이해할 수 없는 대상에 직면해 있다고 할 수 있을 것이다. 맥이 특히 이해하지 못하겠다고 한 것은 앞에서 말한 UFO 피랍 체험과 관련해서 생긴 사건들이다. 그는 고백하기를, 자신은 실재하는 것은 물질뿐이라는 물질주의를 진리로 인정하는 가정에서 자라났다. 따라서 물질이 아닌 의식은 주관적인 것에 불과한 것이고 그 바탕에는 물질이 있다는 믿음을 갖고 있었다. 이 입장은 곧바로 인간의 주관적인 심리 작용은 뇌에서 일어나는 신경생리학적인 반응에 불과한 것이라는 견해로 이어졌다. 인간의 의식조차 물질에서 파생한 것이라고 믿은 것이다. 그런데 UFO 피랍 체험을 접해보니, 여기서는 주관적인 세계에 있는 것이 객관적인 세계에 나타나는 등 기존의 이원론적인 세계관으로는 도저히 이해할 수 없는 사건이 너무나 많이 목격되었다. 따라서 맥은 자신이 극도의 혼란에 빠질 수밖에 없었다고 고백했는데, 그런 예는 수없이 많다. 앞에서 많이 언급했지만 피랍자가 창문이나 지붕을 뚫고 간 것부터가 그렇다. 이 현상이 실제로 일어난 것이라면 이것은 물질과 에너지의 이원론적인 구분이 사라졌기 때문에 발생한 것으로 보아야 한다. 따라서 물질과 에너지를 엄격히 구분하는 기존의 물질주의적 세계관으로는 결코 이 현상을 이해할 수 없다. 이와 같은 사례가 UFO 피랍 사건에 많이 발견되니 맥이 혼란스러울 수밖에 없었던 것이다.

이와 같은 맥의 반응에 대하여 쿤은 '과학에 연연해하지 마라. 지금 과학은 우리 문화에서 신흥종교가 되었다. 과학에서 인정하는 실재는 인간의 감각이 측정하고 관찰할 수 있는 것에만 한정되어 있다. 만일 당신이 이것을 넘어서는 것에 대하여 이야기하고 싶다면 당신의 앎(knowing)을 확장시킬 필요가 있다. 그리고 언어에 조심하라. 언어는 당신을 실재의 구조 안에 가둘 수 있다. 언어에 갇히면 당신은 이원론적인 구조 안에서만 답을 찾으려 할 것이다. 이원론적 구조란 존재/비존재, 실재(real)/비실재(unreal), 안/밖, 발생/비발생 같은 것인데, 언어를 쓰는 순간 이 구조 안에 갇히게 된다'라고 말했다. 그러면서 쿤은 맥에게 그가 겪은 일을 언어로 범주 나누는 일은 가능한 한 지양하고 가공되지 않은 정보를 모으는 데에만 전념하라고 조언했다.

이에 대하여 맥은 기본적으로 쿤의 말에 동의하면서 '그러나 우리는, 쿤 당신이 말한 일을 완벽하게 할 수는 없을 것'이라고 답했다. 이 말은 '우리 인간은 우리가 자라난 문화의 피조물이기 때문에 지금까지 지녀온 세계관을 단번에 벗어날 수는 없다'라는 것을 의미한다. 그러면서 맥은, 자신은 모든 것을 범주화하려는 시도를 유예하고 모호함이나 역설, 불확실성 등과 함께 할 수 있게 최선을 다할 것이라고 밝혔다. 이것은 이원론적인 세계관을 가능한 한 벗어나려고 노력하겠다는 것으로 풀이된다. 아울러 맥은 다음과 같은 아주 재미있는 발언을 한다. 자기 책은 아마 '한편으로는/또 다른 한편으로는'과 같은 화법이 범람하면서 불확실성이나 역설 등으로 가득 찰 것이라고 한다. 이것은 우리의 기존 언어로는 피랍 체험을 설명할 수 없기 때문에 여러 방식으로 설명할 수밖에 없다는 것을 표명한 것이다. 이러한 설명 방식에는 현상에 대한 설명이 불확실하거나 더 나아가서 역설적으로 되는 것도 포함된다. 독자들은 이와 같은 말들이 생소할 수 있는데 나중에 개별 사례를 보면 이 말이 무엇을 뜻하는지 알게 될 것이니 조금만 기다려 보자.

이와 동시에 맥은 UFO 피랍 사건은 우리가 사는 실재의 세계가 아니라 또 다른 실재의 세계에서 일어난 것이라고 주장했는데, 문제는 이 다른 실재의 세계가 어떤 속성을 지니고 있고, 어디에 있는지 모른다는 데에 있다. UFO와 외계인의 일은 파고들면 파고들수록 미궁에 빠지는 것 같은 느낌이 드는데 이 피랍 체험도 마찬가지다. 이 체험은 분명히 일어난 것 같은데 우리에게는 그 체험이 일어난 세계를 이해할 수 있는 인식의 틀이 없으니 환장하는 것이다. 우리가 기존에 갖고 있던 이원론적인 물질주의로는 이 현상을 이해할 수 없다는 것이 확실하지만 그렇다고 이 체험을 설명해 줄 수 있는 새로운 패러다임이 등장한 것도 아니라 맥과 우리가 곤혹스러운 것이다.

피랍자를 원위치할 때 실수하는 외계인들

이 정도면 UFO 피랍 사건에 대하여 어느 정도 설명이 된 것 같다. 이제 개별 사례를 보았으면 하는데 그전에 한 가지 재미있는 사안이 있어 간단하게 소개해보자. 이것은 피랍이 끝나고 피랍자를 '원위치'하는 과정에서 생기는 일종의 '해프닝' 같은 것이다. 이에 대해서는 내가 지영해와 공저한 『외계지성체의 방문과 인류종말의 문제에 관하여』에 자세히 설명해 놓아 그것을 중심으로 간략하게 보려 한다.

UFO 연구자들에 따르면 외계인들이 여러 면에서 인간보다 월등히 뛰어난 것은 사실이지만 그들도 실수를 한다고 한다. 특히 피랍자들을 지상으로 돌려보낼 때 실수하는 경우가 많다는데 외계인들이 실수한다는 게 잘 믿기지 않는다. 그러나 수십 년 전에 UFO가 종종 지구에 추락한 사실을 생각해 보면 그들도 실수할 때가 있는 것 같다. 이 UFO 추락 사건은 우리에게 알려진 것만 해도 수 건이 된다. 이 사건 가운데 1945년에 미국 샌안토니오에 추락한 UFO 사건이나 1947년에 로즈웰에 추락한 UFO 사건이 제일 유명한데 이처럼 초기에는 UFO가 다수 추락했다. 여기서 말하는 초기란 저들이 인간을 주밀하게 감시하기 시작한 때를 말한다. 나의 개인적인 추정인데, 저들은 인류가 원자폭탄을 발명하자 그때부터 인류에게 다가오기 시작한 것 같다. 그전에는 주로 관망하는 태도를 유지했는데 인류가 극악한 무기를 개발하자 화들짝 놀라서 적극적인 감시 체제로 들어간 것 같다는 것이다. UFO가 지상에 추락하기 시작한 것은 이즈음부터다. 1945년 샌안토니오에 추락한 UFO는 인류가 핵폭탄을 처음으로 실험한 날로부터 딱 한 달 뒤에 추락했으며 추락한 장소도 핵폭탄을 실험한 곳(트리니티 사이트)에서 불과 30km밖에 떨어지지 않은 곳이었다. UFO가 이처럼 속절없이 지상에 추락한 것은 저들이 그동안 지상에 가까이 온 적이 별로 없어서 지상 근처로 오다가 비행선을 잘못 조종하는 바람에 실수한 것 아닌가 하는 생각을 해본다. 그런데 1947년에 로즈웰에서 또 UFO가 추락했으니 그때까지만 해도 여전히 저공비행이 서툴렀던 모양이다. 그러다가 그들도 점차 지구 환경에 익숙해져 추락 사고를 더 이상 일으키지 않는다. 1960년대 이후에는 UFO가 추락했다는 뉴스가 더 이상 들리지 않았으니 말이다. 우리는 이런 예를 통해 날고 긴다는 외계인들도 실수하는 경우가 있다는 것을 알 수 있을 것 같다.

이런 실수는 외계인들이 피랍자를 되돌려 보낼 때도 반복하는데, 제일 많이 하는 실수는 피랍자들을 제자리로 돌려보내지 않는 것이다. 예를 들어 피랍자를 집으로 돌려보내면서 그가 원래 자던 방이 아니라 다른 방에 떨궈 놓는 경우가 그것이다. 어떤 때에는 피랍자를 그냥 집 밖에 놓고 사라지는 경우도 있다고 한다. 그런가 하면 집을 혼동해 다른 집에 데려다 놓는 경우도 있다고 하는데 가장 극적인 예로 지영해가 소개한 사례를 들어보자(최준식 외, 2015, p. 127). 영국의 스티브 존스라는 친구가 그 주인공인데, 그는 1973년 1월 17일 추운 겨울밤 친구 집에서 잠을 자다가 외계인에 의해 납치되었다. 그런데 다음 날 아침에 깨어보니 팬티만 입은 채 5km나 떨어진 또 다른 친구 집에 있는 자신을 발견하게 된다. 원래 자던 곳이 아닌 엉뚱한 곳으로 간 것인데 이 경우는 외계인이 실수해도 너무 크게 한 것 아닌가 싶다. 재미있는 것은 이 친구의 집은 모두 잠겨 있었고 방범 경보 장치까지 켜져 있었다고 한다. 이런 것에 방해받지 않고 스티브는 그 집 안으로 끌려간 것이다. 이 사례에는 의문스러운 점이 많지만 너무 옆길로 빠지면 안 되니 여기서 그치기로 한다. 우리는 외계인도 실수를 범한다는 사실만 직시하면 되겠다.

재미있는 사례는 더 있다. 위와 같은 큰 실수는 아니고 그저 옷이 뒤바뀌는 작은 실수가 생긴 사례이다. 피랍자가 원위치로 돌아왔을 때 어떤 경우에는 그가 입고 있던 잠옷이 안팎이 바뀐 채로 입혀 있는가 하면, 또 어떤 경우에는 다른 사람의 잠옷이 입혀져 있는 사례가 있었다고 한다. 이것은 외계인들이 피랍자를 실험하기 위해 옷을 벗겼다가 나중에 입힐 때 되는 대로 입혀서 생긴 일인 것 같다. 이런 일이 생긴 이유를 추정해 보면, 아마 외계인들은 옷이라는 개념이 없거나 약해서 일어난 일이 아닌가 한다. 전해지는 외계인들의 외모를 보면 그들은 옷을 입었다고 할 수 없을 정도로 옷 입은 티가 나지 않는데 그런 것을 통해 보면 그들에게는 옷이 아예 없을 수도 있겠다는 생각이 든다. 그러니 피랍자에게 옷을 입힐 때 대충 입혔을 것이고 그러다 보니 저런 사고가 난 것이리라.

이보다 더 재미있는 예도 있다. 차를 통째로 들어 올려 납치하는 경우인데, 납치가 끝나고 되돌려 놓을 때 잘못해서 차를 반대 방향에 내려 놓은 경우가 있다고 한다. 이 과정을 설명해 보면 다음과 같다. 피랍자가 고속도로를 운전하고 가다가 하늘에서 아주 밝은 빛을 발견하는데 그 빛이 자기에게 접근한 것까지는 기억한다. 그다음에 기억나는 것은, 의식이 다 돌아온 것 같지는 않은데 자신이 반대편 방향으로 운전하고 있다는 것이었다. 예를 들어 말하면 아까는 '남쪽' 방향으로 가고 있었는데, 지금은 느닷없이 '북쪽' 방향으로 가고 있는 것이다. 그래서 다시 방향을 바꿔 목적지로 향했는데 도착해보니 원래 도착 시간보다 수 시간이 늦은 것을 발견하게 된다. 이것은 이른바 사라진 시간인데 이에 대해서는 앞에서 이미 설명했다. 여기서 중요한 것은 외계인들이 실수로 자동차를 반대 방향에 가져다 놓았다는 것인데 만일 이것이 사실이라면 매우 흥미로운 일이 아닐 수 없다.

이것을 굳이 외계인의 입장에 서서 설명해 보면, 그들은 우주를 나다니고 차원 간 이동을 하는 존재들이니 공간 감각이 지구인들과 같을 수 없을 것이다. 그래서 그들에게는 지구에서 통용되는 동서남

북 개념 같은 방향 감각이 없을 수 있겠다는 생각이 든다. 이 개념은 극이 있는 지구에서만 통용되기 때문이다. 따라서 납치한 자동차를 되돌려 놓을 때 원지점은 입력된 게 있어 그 지점까지는 차를 가져 갈 수 있지만, 거기서 방향 개념이 헷갈려 잠깐 실수한 것이 아닌가 한다. 그러니까 그들에게는 차가 남쪽으로 가든 북쪽으로 가든 큰 차이가 없으니까 자동차를 아무 데나 놓은 것 같다는 것이다.

그런데 이 사례에서 이보다 더 이해가 안 되는 것은 자동차를 통째로 납치한다는 사실이다. 이 사례를 연구한 사람들의 말을 들어보면 이런 경우 UFO가 쏜 빛 안에서 차가 들림을 당해 비행선 안으로 끌려 들어간다고 하는데 이런 것이 어떻게 가능한 건지 도대체 가늠조차 할 수 없다. 그런데 더 궁금한 것은 UFO 안에 자동차를 주차할 수 있을 만큼의 공간이 있느냐는 것이다. 이것이 가능하려면 지름이 수십 미터에 달하는 UFO 모선이 와야 하는데 실제의 사건에서는 상황이 어떻게 펼쳐졌을지 궁금하다. 이번 장에서는 의문을 남기지 않고 마치려고 했는데 그 뜻을 이루지 못해서 아쉽다.

3. 맥이 조사한 피랍 사례

이제부터 우리는 맥이 설명하는 피랍 사례에 대해서 보려 한다. 맥은 다년간 연구하면서 76개에 달하는 사례를 접했는데, 그중 13개를 선별하여 자신의 책에 실었다. 나는 이 중에서 다시 5개를 엄선해서 이 책에서 소개할 예정이다. 그런데 이 사례들을 보기 전에 그냥 지나칠 수 없는 사례가 있다. UFO 피랍 사건을 말할 때 항상 먼저 나오는 바니-베티 힐 부부 UFO 피랍 사건이 그것이다. 1961년에 일어난 이 사건은 UFO 피랍 사건의 효시를 이룬다는 의미에서 중요한 사건이라고 할 수 있다. 이 사건을 기점으로 UFO 피랍 사건이 세간의 관심사로 등장했기 때문이다. 그런데 사실 이 납치 사건 전에도 꼭 언급해야 하는 UFO 피랍 사건이 하나 더 있다. 내가 이 사건을 힐 부부의 사건보다 먼저 언급하려는 의도는 다음의 설명을 읽어보면 알 수 있을 것이다.

시원이 된 UFO 피랍 사건

안토니오 빌라스-보아스 피랍 사건

이제부터 볼 피랍 사건은 1957년 브라질에서 일어난 안토니오 빌라스-보아스 납치 사건(이하 보아스 사건)인데, 연대로만 따지면 가장 먼저 일어난 피랍 사건이다. 그런데 이 사건은 UFO 연구의 중심인 미국이 아니라 브라질에서 일어났기 때문에 서구 학계에 나중에 알려지는 바람에 상대적으로 힐 부부 사례보다 늦게 주목을 받았다. 이 보아스 사건의 진상이 알려졌을 때 브라질 사람들은 어리둥절했을 것이다. 그 내용이 너무나 황당하고 허황되게 보였을 테니 말이다. 나는 이 사건에 대해 자세한 정보를 접하지 못해 상세한 설명은 하지 못한다. 게다가 이 사건은 불투명한 부분이 적지 않아 전모를 명확하게 알기 힘들다. 따라서 여기서는 전체 윤곽만 간단하게 보는 것으로 만족해야겠다.

보아스는 이 사건을 23세 때 겪었는데, 당시 그는 밤에 밭에서 일을 하고 있었다. 그때 UFO처럼 보이는 '붉은 별'이 그의 옆에 착륙했다. 놀란 나머지 그는 트랙터를 타고 도망쳤는데, 결국 외계인으로 보이는 존재에게 사로잡혀 비행선 안으로 끌려 들어갔다. 그는 그곳에서 혈액이 채취되는 등 여러 가지 생체 실험을 당했는데 그때 믿을 수 없는 일이 일어났다. 인간처럼 생긴 외계인 여성이 그에게 다가 온 것이다. 그런데 그녀가 성적으로 너무 매혹적으로 보여 욕정이 끓어오른 보아스는 그녀와 성교하고 말았다. 이 일이 끝난 다음 그는 귀가 조치를 당했는데, 집에 와보니 4시간이 지났다. 이 일이 있은 다음 보아스는 온몸에서 느끼는 통증이나 메스꺼움, 식욕 부진, 혹은 지속적으로 눈이 타는 듯한 느낌 등으로 고생했는데 이것은 UFO 피랍자들이 흔히들 겪는 증상이다.

이상이 아주 간략하게 본 보아스 사건의 진상인데 이 사례를 처음 접한 사람은 브라질 사람이든 아니든 국적과 관계없이 이 사건을 믿지 않았을 것 같다. 당시는 UFO를 대하는 사회 전반적인 분위기가 매우 부정적이거나 회의적이라 UFO에 대해 말 꺼내는 것 자체가 허용되지 않던 시기였다. 그런데 보아스의 경우에는 인간이 외계인들에 의해 납치되었다고 하니 그것부터 황당했을 터인데 거기서 그치지 않고 UFO 안에서 외계인 여성과 성적 관계를 가졌다고 하니 황당의 끝까지 간 것으로 보였을 것이다. 이것은 내가 당시 브라질 사회에서 이 사건을 어떻게 받아들였는지를 확인하고 말하는 것은 아니다. 그러나 1950년대라는 시기를 생각해 볼 때 당시는 전 세계가 UFO 신봉자를 미친 사람으로 간주하던 때라 이렇게 추론해 본 것이다.

그런데 그 뒤에 UFO 피랍 현상이 흔하게 일어났을 뿐만 아니라 학계에도 많이 보고되고 연구되면서 보아스 사건이 결코 이상한 게 아니라는 것이 판명되기 시작했다. 특히 외계인과의 성교 체험은 피랍자가 남자인 경우에 드물지 않게 일어났다. 이것은 잘 알려진 것처럼 새로운 인류라 할 수 있는 하이브리드, 즉 혼혈종을 만들기 위한 프로젝트의 일환으로 일어난 일인데, 이 일의 진위를 떠나서 UFO 피랍 체험에서는 자주 등장하는 현상이다. 이렇게 이 현상에 대한 연구가 진행되면서 보아스의 증언이 주목받기 시작했다.

이 사례는 미국 쪽에서 그다지 연구가 되지 않아 설명을 보태는 일이 쉽지 않지만 의문이 생기는 것은 어쩔 수 없다. 많은 의문이 생기지만 어차피 답을 얻을 수 없으니 그 많은 의문을 뒤로 해야겠다. 그래도 꼭 던지고 싶은 의문이 있는데 그것은 보아스가 납치되어 가는 모습에 대한 것이다. 보아스는 착륙한 UFO를 보고 처음에는 트랙터를 타고 도망갔다고 했다. 그런데 어찌된 일인지 트랙터의 모든 기능이 꺼져서 할 수 없이 내려서 걸어가는 도중에 외계인들에 의해 붙잡혀서 비행선 안으로 끌려 들어갔다. 내가 의문을 던지는 것은 바로 이 강제 구인의 모습이다. 보아스는 흡사 경찰이 범인을 잡아서 끌고 가는 것처럼 붙잡혀 갔다. 이런 모습은 뒤에서 보게 될 힐 부부 사례에서도 발견된다.

이런 상황이 모두 사실이라면 나는 다음과 같이 묻고 싶다. 왜 이때는 외계인들이 이렇게 원시적으로 인간을 잡아갔느냐고 말이다. UFO의 비행 능력 등을 통해 보면 그들의 기술 수준은 인간의 그것과는 비교도 안 되게 뛰어난데 왜 사람을 납치할 때는 저렇게 전근대식(?)으로 했는지 모르겠다는 것이다. 물론 조금 시간이 지나면 이런 원시적인 납치 모습은 더 이상 발견되지 않는다. 즉, 앞에서 본 것처럼 모종의 광선을 발사해 이른바 '휴거(携擧)'를 할 때처럼 피랍자를 '달랑' 들어 올려 납치하는 일이 훨씬 더 자주 발생한다. 이에 대해 어줍은 추정을 해보면, 처음에는 외계인들이 미숙해서 원시적인 방법으로 인간을 납치했는데, 조금 시간이 지나자 그들도 나름의 '노우하우'가 생겨 세련된 방법을 쓴 것 아닌지 모르겠다.

바니와 베티 힐 부부 피랍 사건

1961년에 있었던 바니와 베티 힐 부부의 UFO 피랍 사건은 같은 사건의 계열 가운데 최초의 사건으로 꼽힌다. 그런데 그것은 이 사건보다 먼저 일어난 사건이 없어서 그런 것이 아니라 이 사건이 공개되면서 '센세이셔널'한 반응이 있었기 때문이다. 그래서 이 사건은 역사상 가장 유명한 UFO 납치 사건으로 간주된다. 어떤 연구가는 힐 부부를 "외계인 납치 이야기의 아담과 이브"라고 불렀을 정도

이니 그들이 겪은 사건이 얼마나 큰 영향력을 행사했는지 알 수 있다. 이 사건이 당시 미국인에게 얼마나 큰 영향을 주었는가 하는 것은 다음과 같은 사건으로 알 수 있다. 1966년에 존 풀러라는 작가가 이 사건을 가지고 『The Interrupted Journey』라는 소설을 썼는데, 이 책이 당시에 일약 베스트셀러의 반열에 올라간 것이 그것이다. 사람들이 이 소설에 많은 감동을 받았던지 1975년에는 NBC 방송사에서 이 소설을 바탕으로 TV 영화인 『The UFO Incident』를 제작하기도 했다. 이 영화에는 흑인 배우로서 상당히 성공한 제임스 얼 존스가 주인공을 맡아서 열연했는데, 존스는 영화 "스타워즈"에서 다스 베이더의 목소리 연기를 한 것으로 유명하다. 이 영화는 그 이후에 나온 대중문화 작품에서 외계인과의 만남을 묘사할 때 일종의 원형 역할을 했다고 전해진다(그러나 나에게는 꽤 지루한 영화였다). 이들의 피랍 사건은 나름대로 복잡하게 진행되었지만 이 사건이 이 책의 주인공이 아니니 여기서는 간단하게만 보려 한다.

힐 부부는 당시 매우 드문 흑백 부부로 인권 운동에도 참여하는 등 대단히 건실한 삶을 살던 사람들이었다. 이 이야기를 하는 이유는 이들이 돈과 같은 다른 목적을 위해 자신들의 이야기를 지어내거나 거짓말할 사람이 아니라는 것을 말하기 위함이다. 또 그들은 이 같은 체험을 하고도 세상에 자기들 체험이 알려지는 게 싫어 그 이후에 조사도 받고 최면도 받았지만 함구하며 살았다. 그러다 5년이 지난 뒤에 우연히 신문에 그들의 체험이 기사화되면서 미국뿐만 아니라 전 세계적으로 주목을 받게 된다. 재미있는 것은 그들이 외계인에 의해 납치된 도로에는 뉴햄프셔 주정부가 공식적으로 안내판을 만

자신이 목격한 외계 비행선을 그리고 설명하는 바니

들어 설치했다는 사실이다. 이들의 체험이 기이하니 주정부까지 나서서 알리는 작업을 한 것이다.

이 일이 터진 것은 1961년 9월 19일 밤이었다. 그들은 나이아가라 폭포 지역으로 늦은 신혼여행을 갔다가 태풍이 온다고 해 서둘러서 그들의 집이 있는 뉴햄프셔주 포츠머스로 돌아가는 길이었다. 집까지는 약 5시간이 걸리는 거리였는데 그들이 랭커스터라는 곳 근처의 고속도로를 달리고 있을 때 별처럼 밝은 물체가 그들을 쫓아오고 있는 것을 발견했다. 그들은 이 물체의 정체가 궁금해 차를 멈추고 쌍안경으로 그 물체를 보았지만 무엇인지 알 수 없어서 그냥 운전을 계속했다. 그런데도 이들이 집요하게 따라오니까 힐 부부는 차를 세우고 내려서 그들을 관찰했다. 이 비행선은 힐 부부 차의 20m~30m 상공에 있었다고 한다. 이때 바니는 쌍안경을 들고 차에서 내려 그 비행선을 관찰했는데 팬케이크처럼 생겼고 직경은 약 20m에 달했

영화에서 바니와 베티가 외계인에 의해 끌려가는 장면

다고 한다. 원반형의 이 물체에는 두 줄로 된 직사각형 창문이 있었고 그 안에는 여러 명의 미지의 존재가 움직이고 있었다고 한다. 이 뒤에 일어난 일은 힐 부부가 최면 받기 전에는 기억하지 못했다. 이 때 이 기괴한 장면에 너무 놀란 그들은 차로 돌아가 도망쳤고 예상보다 2시간 이상 늦게 집에 도착했다. 그때 자신들의 모습을 보니 바니는 구두 앞부분이 손상되어 있었고, 베티는 드레스가 찢어져 있었다.

그 뒤에 이 부부는 트라우마 때문에 악몽을 꾸는 등 심리적인 문제를 많이 겪는데, 그 사이에 공군과 협력해 자신들의 경험을 보고서

형식으로 내는 등 나름대로 자신들의 경험을 정리하려고 했다. 그러나 심리적인 트라우마가 사라지지 않아 결국 당시 정평 있는 정신과 의사인 벤저민 사이먼을 소개받고 그로부터 최면을 받게 된다. 이들이 이른바 '사라진 시간'에 겪은 일은 최면을 받으면서 드디어 드러나게 된다. 이처럼 이들의 체험에서 사이먼은 중요한 역할을 하는데, 그는 이럴 일을 할 수 있는 충분한 자격이 있었다. 그는 2차 세계대전 때 전쟁 후유증을 겪는 전역 군인들의 트라우마를 치유하는 데에 놀라운 능력을 발휘했다고 한다. 그가 이처럼 심리적인 상흔을 고쳐 주는 데에 능한 의사였으니 힐 부부에게는 매우 적절한 의사였을 것이다.

이때 최면 중에 힐 부부가 실토한 내용을 간략하게 정리하면 다음과 같다. 우선 그들은 차에서 외계 비행선으로 이동할 때 보아스와 마찬가지로 매우 전근대적으로 외계인들에 의해 끌려갔다. 이것은 앞에서 보아스를 설명할 때 이미 언급한 바 있다. 그런데 베티는 제정신으로 끌려갔던 것에 비해, 바니는 몽유병에 걸린 것처럼 의식이 없는 상태였기 때문에 외계인들이 그를 거의 끌고 가다시피 하면서 갔다고 한다. 그래서 베티가 바니에게 '정신 차려라!'라고 외쳤지만 끝끝내 바니는 정신을 차리지 못했다. 바니의 구두 앞부분이 헤진 것은 이때 질질 끌려가면서 생긴 것이라고 한다. 이 장면에 대해서도 많은 의문이 생기지만, 앞에서 보아스 사례를 볼 때 잠깐 언급했으니 여기서는 그냥 지나가자. 그러나 바니가 왜 정신을 잃고 질질 끌려갔는지에 대해 궁금증이 생기는 것은 어쩔 수 없는 일이다.

이렇게 해서 외계 비행선 안으로 들어간 이들은 각기 다른 방에서 생체 실험을 받는다. 이때 베티의 드레스는 외계인들이 벗기는 과정에서 찢어졌다고 한다. 이 일은 외계인들이 아직 인간의 옷이라는 게 무엇인지 잘 몰라서 일어난 일일 것 같다. 그들에게는 옷의 개념이 없어 인간이 어떻게 옷을 입고 벗는지 잘 알지 못해 무리하게 벗기다 일어난 일인 것 같다는 것이다. 외계인들은 이들을 찬 테이블 위에 알몸으로 눕히고 피부와 머리털, 손톱 등을 채취한다. 이때는 외계인들이 인간을 납치하는 초기라 이렇게 단순한 것들만 채취했던 모양이다. 후대로 가면 외계인들이 일종의 칩 같은 것을 피랍자의 몸에 삽입하는 경우가 많은데 힐 부부나 보아스에게는 이런 일이 발견되지 않으니 이렇게 생각해 본 것이다.

중요한 것은 그다음이다. 외계인들이 베티의 배에 긴 바늘을 찔러 넣었는데 베티는 이것을 '임신 테스트'라고 생각했다(그런데 나중에 임신 테스트가 아니라는 설도 등장한다). 이때 베티는 엄청난 고통을 겪게 되는데 그녀는 이 고통을 최면받을 때 재체험하게 된다. UFO 피랍 체험을 말할 때 이 광경이 자주 언급되기 때문에 우리에게는 익숙하지만, 이 일을 직접 겪은 당사자는 얼마나 무섭고 아프고 공포스러울지 상상이 안 된다. 우선 괴물 같은 존재들에게 잡혀서 생판 모르는 곳으로 끌려가서 알몸으로 탁자 위에 누워 있는 자신을 상상해 보라. 이것부터가 얼마나 어이 없는 상태인가? 그런데 거기서 그치지 않고 외계 존재들이 내 몸의 일부를 떼어내는가 하면 큰 바늘로 몸을 마구 찌르고 정액을 채취해 간다면 그 무서움은 상상을 절할 것이다. 이 같은 일을 바니가 겪었는데 이 이야기는 처음에는 잘 알려지지 않았다. 바니는 이때 이상한 기구를 통해 정액을 채취당하는데 그는 이 일이 수치스럽다고 생각해 공표하지 않은 것이다. 그래서 앞에서 잠깐 언급했던 풀러의 소설에는 이 대목이 실리지 않았다.

사이먼은 이들의 최면 과정을 모두 녹음했기 때문에 우리는 당시의 생생한 모습을 그대로 접할 수 있다. 그리고 앞에서 본 영화도 이 녹음된 것을 그대로 활용했기 때문에 바니와 베티가 납치되었을 때 실제로 어떤 일이 있었는지 정확하게 알 수 있다. 예를 들어 평소에는 매우 침착한 성격이었던 바니가 두려움에 절어 최면 도중에 마구 소리치는 모습은 매우 인상적이었다. 그리고 사이먼은 노련한 의사답게 바니와 베티를 따로 최면을 걸었고 나중에 그들이 최면 중에 실토한 내용을 비교했다. 이 둘이 최면 중에 실토한 것이 일치하면 이들은 진짜 이 사건을 겪었다고 할 수 있기 때문에 이런 식으로 실험한 것이다. 물론 결과는 긍정적으로 나왔다. 두 사람의 증언이 일치했기 때문이다. 그러나 사이먼은 그들의 체험을 인정하지 않았다. 즉, 그는 힐 부부가 실제로는 그 일을 겪지 않았다고 주장했다. 사이먼은 서양 의사답게 힐 부부의 체험을 '공유된 꿈 혹은 환상(shared dream or fantasy)'으로 최종 결론을 내렸다. 힐 부부가 체험한 것은 객관적인 사실이 아니고 환상에 불과하다는 것인데 이 견해에 대해 힐 부부는 충분히 예상할 수 있는 바와 같이 적극적으로 부정했다. 자신들이 경험한 것은 '객관적으로 사실(objectively true)'이라고 하면서 말이다.

사이먼은 힐 부부에게 그들이 겪은 것에 대해 함구하라고 지시한다. 그렇지 않아도 그들은 자신들이 겪은 일이 주위에 알려지는 게 싫어 대체로 함구하고 살았다. 그러던 중 두 사람은 1965년 어떤 교회 모임에 나가 자신들이 겪은 것에 대해 말할 기회가 생겼다. 그런데 그 청중 중에 '보스턴 트래블러' 신문의 기자가 있었다. 이 기자는 힐 부부의 사건이 기삿거리가 된다고 생각해 면담하려고 했으나 힐 부부가 거부했다. 그러나 그는 자기 혼자 막무가내로 힐 부부에 대해 기사를 썼고, 이로 인해 힐 부부의 사건은 세상에 알려지게 되었다. 그런데 남편 바니는 1969년에 46세의 나이로 일찍 죽어 더 이상 주목을 받지 않았던 것에 비해, 아내인 베티는 그 후에 UFO 동네에서 꽤 활발하게 활동한다. 그녀는 이 사건 뒤에 다시 외계인에 의해 피랍되지는 않았지만 여러 번 이 외계 비행선을 목격했다고 주장했다. 심지어 그녀는 자신이 원하면 이 외계 비행선을 부를 수도 있다고 공언했다는데, 이 때문에 비난받기도 했다. 그녀는 죽기 전에 자신이 갖고 있던 자료를 모두 모교인 뉴햄프셔 대학에 기증했다. 여기에는 찢어진 그녀의 드레스나 앞이 헤진 바니의 구두를 비롯해 그녀가 이 사건과 관계해서 평생 모아두었던 자료가 포함되어 있다. 나는 이것이 사실인지 궁금해서 실제로 이 대학의 홈페이지에 들어가 보니 'Betty and Barney Hill Papers, 1961-2006-Collection number: MC 197'라는 제목으로 자료들이 소장되어 있었다. (인터넷 주소는 https://library.unh.edu/find/archives/collections/betty-barney-hill-papers-1961-2006#series-11)

이상이 대충 훑은 힐 부부 UFO 피랍 사건인데 그들의 이야기가 다른 피랍자들의 이야기와 특히 다른 점은 없다. 굳이 그런 것이 있다면 앞에서 말한 것처럼 그들을 범인 잡아가듯이 끌고 갔다는 점 정도가 아닐까 한다. 지금까지 있었던 UFO 피랍 사건 가운데 이 사례가 차지하는 중요성은 피랍 사건으로 처음으로 알려졌고 전 세계적인 관심을 받았다는 것을 들 수 있을 것이다. 그래서 UFO 납치 사건을 이야기할 때 이 사건은 반드시 언급해야 하는 그런 중요한 사건이 되었다.

이런 시각에서 볼 때 마지막으로 드는 의문이 있다. 외계인은 왜 이 시기부터 인간들을 납치해 갔느냐는 것이다. 그전에도 피랍 사건이 있었는지 모르지만 힐 부부 사건 이후처럼 자주 벌어진 것 같지는 않다. 가령 1940년대를 생각해 보면 트리니티나 로즈웰에서처럼 UFO 추락 사건은 있었지만 인간을 납치해 가서 생체 실험했다는 이야기는 듣지 못했다. 본격적인 납치는 1950년대나 1960년대에 시작된 것으로 보이는데 그 이유가 궁금한 것이다. 굳이 추정해 본다면 그전까지는 인간의 일에 개입하지도 않고 궁금해하지도 않았는데 이때부터 부쩍 인간에 대한 궁금증이 많이 생긴 것 아닌가 싶다. 궁금증이 생긴 이유는 인간들이 핵을 개발하면서 역사상 처음으로 공멸할 수 있는 위기가 발생하자 외계인들이 화들짝 놀라 인간들을 연구하기 시작한 것 아닌가 하는 억측을 해본다.

존 맥이 조사한 UFO 피랍자들

이제부터 맥이 연구한 UFO 피랍자들에 대하여 살펴보려 한다. 가장 먼저 살펴볼 피랍자는 피터이다. 이 인물을 가장 먼저 선정한 까닭은 맥 역시 인정하였듯이 우리가 추구하는 목표에 가장 적합한 인물이기 때문이다.

나는 앞에서 이 책이 단순히 UFO 피랍의 실상을 밝히고자 하는 것이 아님을 언급하였다. 피랍 체험을 다룬 서적들을 살펴보면, 단순히 체험을 나열하여 설명하는 데 그치는 경우가 많다. 그래서 피랍 체험들을 두루 살펴보면, 그 내용이 '대동소이(大同小異)'하다. 이는 즉, 피랍 체험에는 일종의 관습적인 패턴이 존재한다는 것이다. 사례들을 살펴보면 세부적으로 다른 점이 있기는 하지만 전체적인 틀은 크게 다르지 않다. 이 점에 대해서는 앞에서 이미 언급한 바 있다.

처음에 이 주제에 대하여 흥미를 갖고 몇 권의 서적을 읽었으나, 곧 나는 더 이상의 흥미를 느끼지 못했다. 체험의 전형적인 패턴이 쉽게 드러났기 때문이다. 그러다가 맥의 책을 접하고 생각이 바뀌었다. 내가 알고자 했던 것, 즉 이 UFO 피랍 사건이 지니는 의미가 무엇인가에 대하여 맥이 매우 훌륭한 답을 제시해 주었기 때문이다.

맥은 UFO 피랍자들이 초기에 겪었던 공포와 분노를 넘어서 영적으로 혹은 종교적으로 진화하는 모습을 보여줌으로써 UFO 피랍 사건의 진정한 의미를 밝혀주었다. 피랍자에 대한 이와 같은 접근 방식은 다른 연구자에게서는 찾아볼 수 없는 맥의 고유한 발견이라고 할 수 있다.

지금부터 살펴볼 피터는 맥이 자신의 저서에서 다룬 13개의 사례 가운데 가장 이상적인 모델이기 때문에 이 인물을 가장 먼저 살펴보는 것이다. 사실 독자들은 피터의 사례 하나만 보아도 UFO 피랍이라는 사건이 우리에게 어떤 의미가 있는지 깨닫게 될 것이다.

피터(가명)는 34세로 이전에는 호텔 매니저로 일했으며, 현재 (1992년)는 침술학교 졸업생이다. 케임브리지 병원에서 맥의 강의를 들었던 친구가 피터에게 맥에게 연락해 볼 것을 권하였다. 평소에 피터가 UFO 피랍 같은 일을 당했다고 이야기했기 때문이다. 그래서 맥과 피터는 1992년 1월에 처음 만나게 되는데, 같은 해 2월에 시작하여 다음 해인 1993년 4월까지 총 7번에 걸쳐 최면 세션을 갖는다.

맥에 따르면, 앞에서 말한 것처럼 피터의 사례는 피랍자의 의식이 극적으로 진화하는 과정을 가장 잘 보여주는 사례라고 할 수 있다. 피터의 최면 과정을 보면 그 극적인 변화를 알아차릴 수 있는데, 피터도 처음에 최면을 받았을 때는 심한 고통을 느꼈다. 그러나 자신의 피랍 체험을 계속 탐구해 보니, 점차 이 체험이 영적인 여정에서 핵심적인 역할을 하고 있었다는 사실을 알게 되었다. 피터는 이 체험을 통하여 자신이 살고 있는 물질세계 너머에 다른 실재나 상위 차원이 있다는 사실을 알았다. 그는 또 맥의 내담자 중 '인간/외계인'의 이중적인 정체성을 가진 대표적인 피랍자였다. 맥의 내담자 가운데에는 자신이 인간이면서 동시에 외계인이라는 이중적인 시민권을 가진 사람들이 있다. 이 말을 처음 듣는 독자들은 이 단어가 다소 낯설겠지만 뒤에서 피터의 체험을 더 접해 보면 이 말이 무엇을 뜻하는지 알게 될 것이다. 그는 자신을 외계인으로 생각할 때는 인간과 외계인의 혼혈종을 만드는 프로그램에 더욱 적극적으로 참여하였다. 그는 또 피랍자 중에서도 리더였으며 주위 사람들에게 피랍의 진상을 알리기 위해 공식적인 자리에서 자신의 체험에 대하여 발표하는가 하면 라디오나 TV에도 나가서 당당하게 자기 체험에 대해 설파했다. 그는 가능한 한 자신의 체험을 감추려 하는 다른 피랍자들과는 달리 자신의 체험이 대단히 소중하다는 것을 깨달았기 때문에 당당하게 주위에 임했던 것이다.

맥은 이러한 피터를 중요한 사례라고 여겨 그에게 여러 가지 심리 테스트를 실행하였다. 이는 그가 심리적으로 전혀 문제가 없다는 것을 증명하기 위해 하는 테스트인데, 이 테스트는 대학의 전문 기관이 하는 것이기 때문에 비용이 많이 든다. 그래서 맥의 내담자 가운데에는 이 테스트를 광범위하게 받은 사람이 별로 없다. 그 까닭은 방금 말한 것처럼 비용이 많이 들기 때문인데 그러한 비용을 감수하더라도 피터를 확실한 사례로 삼고 싶은 생각에 맥은 적지 않은 비용의 지출을 감내한 것이다. 이때 행해진 테스트를 보니 5개 정도였는데, 나도 그중 3개는 아는 것이었다. 이 가운데 미네소타 대학에서 개발한 성격 검사법인 그 유명한 MMPI(Minnesota Multiphasic Personality Inventory)가 있는데, 이는 한국에서도 잘 알려진 검사법이다. 또 투사법을 활용해 성격을 진단하는 TAT(Thematic Apperception Test)나 RIBT(Rorschach Inkblot Test)도 있었다. 이러한 다양한 검사를 하버드 대학의 심리학과에 있는 교수를 통해 진행하였으니 거기에 들어가는 비용이 만만치 않았을 것이다. 검사 결과를 보니, 피터는 지능이 높고 산만하지 않으며 불안 요소가 전혀 없다는 평가가 나왔다. 더 중요한 것은 피터에게는 정신 질환적인 요소가 전혀 없다는 것이었다. 결과가 이렇게 나왔다는 것은 피터가 어떤 것을 말하든 그의 언행은 믿을 만하다는 것을 의미한다. 이제 그러한 피터가 UFO 와 외계인, 그리고 피랍 체험에 대하여 무슨 말을 하는지 들어보자.

피터는 누구?

피터의 피랍 체험을 살펴보기 전에 우리는 피터가 어떤 사람 인지 알아야 한다. 맥은 피터에 대해 시시콜콜하게 자세히 설명하고 있는데 그것을 다 볼 필요는 없고 그의 피랍 사건과 관계된 것만 보 기로 하자. 그는 가톨릭 집안에서 자랐는데 부모는 평범한 사람이었 던 것 같다. 피터는 학교에서 웃기는 친구였고 어려서부터 술 마시고 담배 피우고 심지어 대마초까지 피웠다고 한다.

그에게는 린다와 코린이라는 누나가 둘 있었는데, 특히 3살 많은 린다와 친했다고 한다. 린다는 9학년(중3) 때 수녀가 되기 위해 수녀 원에 들어갔는데, 그녀는 종교적인 성향이 강했는지 UFO도 보았다 고 하고 피터의 UFO 피랍 체험에 대해서도 의심하지 않았다고 한 다. 피터는 고교 졸업 후에 전문 요리사 자격증과 요리 교사 자격증 을 땄고, 1982년부터 1984년까지 하와이의 빅 아일랜드에 있는 호텔 에서 일했다. 이때 그는 지압사로 일하는 3살 연상의 제이미라는 여 성을 만나 결혼한다. 제이미는 상담 심리학에 석사 학위도 있었는데 제이미의 영향이었는지 피터는 1990년에 보스턴으로 가서 침술학 교에 입학하여 3년 뒤에 졸업한다. 제이미가 지압에 능통하니 피터 도 지압과 같은 원리로 작용하는 침술을 배운 것이 아닌가 한다.

첫 번째 세션 때 피터는 맥에게 실토하기를, 자신은 언제나 수호 령 같은 천사의 존재를 믿고 있고 신과도 교감할 수 있으며 UFO나 외계인들이 존재한다는 것도 알고 있었다고 말했다. 그뿐만 아니라 아주 어린 시절에 외계인을 만난 것 같다는 기억도 상기했고 여섯 번째 세션에서는 자신이 4살 때 혼혈종 아이들과 놀았던 기억도 찾아냈다. 그는 이렇게 8, 9세 때까지 혼혈종 아이들과 놀았다고 한다. 그런가 하면 세 번째 세션 때는 어린 소년이었을 때 외계인을 즐겁게 바라보고 그들에 의해 선택된 것을 기뻐했던 기억도 떠올렸다. 여기서 벌써 UFO 목격이나 혼혈종 이야기가 나오는데 피터가 기억해 낸 것이 사실인지 아닌지는 모르지만 앞에서 말한 것처럼 UFO에 의해 납치됐던 사람은 평생 그런 일을 당하면서 살게 된다. 그런데 혼혈종 아이들과 같이 놀았다는 것은 너무 나간 이야기가 아닌가 싶은데 이것을 사실로 받아들인다면 피터는 외계인들의 혼혈종 만들기 프로젝트에 깊숙이 관여한 것이 틀림없다.

세 번째 세션에서 피터는 19세나 20세 때쯤에 외계인에 의해 납치되어 비행선 안에서 정액을 채취당하는 아주 고통스러운 체험을 기억했다. 그러나 피터가 맥을 만나기 전에 체험한 것 가운데 가장 강렬한 체험은 그가 1987년과 1988년 사이에 카리브해 인근에 살 때 벌어진 일이었다. 당시 그가 막연한 두려움을 느끼면서 자고 있으면 어떤 존재가 그의 척추 밑부분을 치는 바람에 깨곤 했다고 한다. 그때 빛이 방을 가득 채웠는데 그렇게 되면 그는 곧 몸이 마비된 것처럼 아무것도 하지 못하고 그저 격노만 했다고 한다. 당시 그의 몸은 몇 초 동안 진동으로 떨리곤 했다. 그리고 피터는 적어도 한 번은 그의 방에서 후드를 쓴 작은 존재들을 보고 화가 나서 마구 소리 질렀던 기억도 되살려냈다. 그때 그는 그들에게 끌려 테라스로 걸어 나갔고 거기서 빛의 세례를 받은 다음 돔이 있는 원반형 비행선으로 들어갔다고 한다.

최면으로 알아보는 피터의 피랍 체험

위의 설명은 피터가 최면을 시작하기 전에 실토한 것인데, 이 체험이 심상치 않다는 것을 발견하고 맥과 피터는 이때를 회상하는 최면 세션을 갖는 데에 합의를 보았다. 예상한 대로 피터에게 최면을 걸어 보니 훨씬 더 상세한 이야기가 나왔다. 다음은 첫 번째 최면 세션에서 나온 내용이다.

피랍된 날 그는 자다가 깨서 방의 구석에 있는 소파로 자리를 옮겼다. 그런데 그때 보니 두 명의 작은 존재가 방 안에 있었다. 그는 당시 알몸이었다고 하는데 몸이 완전히 마비되어 아무것도 할 수 없었다. 그래서 엄청난 굴욕감과 열등감을 느꼈지만 화만 엄청나게 날 뿐 어느 것 하나 할 수 없었다. 좌절감이 너무도 큰 나머지 그 존재들을 죽이고 싶었으나 전신이 마비되었던 터라 손가락 하나 까딱할 수 없었다. 그런데 그때 그가 느낀 바에 따르면, 그 두 존재 중 조금 큰 존재가 자신의 감정을 통제하는 것 같았다고 한다.

그때 작은 존재는 손전등 같은 것을 가지고 있었는데 그것으로 피터의 이마를 비추었다. 그 때문인지 피터는 소파에서 추워서 몸이 떨리는 것을 느꼈다. 그때였다. 이 존재가 손전등으로 피터를 아래위로 비추자 그의 몸이 공중으로 부양되어 문 쪽으로 움직였다. 희한한 일이 벌어진 것이다. 거대한 육신이 공중에 떠서 움직였다고 하니 말이다. 피터는 그 상태로 식당과 부엌을 지나 문 밖에 있는 데크로 떠 갔다. 그런데 거기서 보니 부드럽고 하얀 빛이 뒷마당에 있는 나무들을 비추고 있었는데 이 빛은 작은 비행선에서 나오고 있었다. 그는 이 빛을 따라 비행선 쪽으로 올라가고 있었다. 그때 밑으로 집의 지붕이 보였는데 피터는 평소에 높은 곳을 싫어하던 자신이 왜 아무 공포도 느끼지 않았는지 이상했다고 실토했다.

우리는 이때부터 피터의 생각이 조금씩 긍정적으로 바뀌는 징후를 알아차릴 수 있다. 왜냐하면 그가 이 경험을 무서운 체험이라기보다 모험이라고 생각했기 때문이다. 여유가 생긴 것이다. 그는 곧 작은 비행선으로 들어갔는데 이 비행선은 하늘을 날아서 더 큰 비행선 쪽으로 가더니 그 밑을 통하여 안으로 들어갔다고 한다. 모선(母船)으로 들어간 것인데 피터는 이러한 상황에 대해 별것 아닌 것처럼 이야기했는데 이는 흡사 공상 과학 소설이나 만화 영화에나 나오는 것처럼 들린다. 그래서 믿기 어려운데 그래도 주인공인 피터가 말한 것이니 일단은 그냥 따라가기로 한다.

모선 안으로 들어간 피터가 그곳을 살펴보니, 그곳은 어두웠는데 벤치가 있었고 스케이트 선수들이 입는 것 같은 유니폼이 널브러져 있었다고 한다. 그가 도착한 곳은 아마 대기실 혹은 준비실 같은 방이 아니었나 싶다. 그곳을 지나야 본실(本室)로 들어가는 그런 곳 말이다. 피터는 이곳에 스케이트 선수의 유니폼 같은 것이 있었다고 했는데 이는 외계인들이 지상에 내릴 때 입는 보호복일 가능성이 크다. 일설에 외계인들은 지구가 너무 밝고 뜨거워서 이 같은 보호복이 없으면 지구에 하선했을 때 지탱하기 힘들다고 한다. 이 점에 대해서는 나의 이전 책(『Beyond UFOs』)에서 자세히 설명했는데 외계인이 대낮에 지상에 머물 수 있는 시간은 15분 정도밖에 안 된다는 설이 있다. 상황이 이러하므로 유사시에 그들이 지상에 내릴 일이 생기면 이 옷을 입는 것 아닌지 모르겠다.

그런데 그때 피터는 이상한 감정이 들었다고 한다. 자신이 흡사 외계인들의 고향에 초대된 것 같은 느낌을 받았다고 하니 말이다. 그러다가 벤치 위를 보니 라커(locker) 같은 것이 있었는데, 피터는 그 주변을 돌아보면서 자신이 지금 특별한 대접을 받고 있다는 느낌이 들었다고 한다. 이처럼 그가 외계인들의 고향에 온 것 같고 특별한 대접을 받는 것 같은 느낌을 받은 까닭은 앞으로 설명이 전개되면 자연스럽게 이해될 수 있으니 여기서는 설명을 약한다. 나중에 확실하게 밝혀지지만, 피터는 다른 어떤 피랍자보다 외계인으로서의 정체성이 뚜렷한 사람이었던 터라 이 비행선에 왔을 때 편하고 고향에 온 것 같은 느낌을 받은 것 같다.

이때 비행선이 더 높이 날아갔는데 밖을 보니 지구가 아주 작은 점처럼 보였단다. 그때 피터는 마음이 혼란해지면서 '나는 어디 있는 거지? 지구는 어디에 있나? 어떻게 집에 돌아가지?' 하는 의문이 떠올라 정신을 차릴 수 없었다. 이러한 생각을 하면서 그는 지금 자기가 체험하는 것이 진실인지 아닌지 강한 의구심이 들었다고 한다. 우주 안으로 깊숙이 들어가서 지구가 멀리 보이는 기이한 체험을 하니 자기 눈앞에서 벌어지는 현상을 믿을 수 없었던 것이다. 그 말을 들은 맥은 피터에게 '그냥 본 대로만 이야기하라'고 말하면서 세세한 것은 나중에 다시 같이 검토하자고 권했다. 이처럼 최면 중에도 피최면자는 자신의 의견을 말할 수 있고, 그에 따라 최면사가 조언을 할 수 있다. 이러한 것을 통해 보면, 최면은 최면사가 일방적으로 끌고 가는 것이 아니라 피최면자와 협업하면서 같이 실행한다는 것을 알 수 있다.

이 같은 조언을 받고 피터는 움직이기 시작하였다. 마침 그 방에 유리문이 있어 그 문을 열고 몇 발짝 들어가 보니, 방 안에는 한 백 명은 되어 보이는 남녀가 있었단다. 이들은 살색을 띤 원피스형의 옷을 입고 있었다. 그때 조금 키가 큰 존재가 피터에게 다가와서 텔레파시로 '이 사람들은 모두 지구에서 왔는데 당신을 위해 이곳에 있는 것이고 앞으로 당신도 이들을 알게 될 것이다'라고 전하였다. 피터는 이에 흥미를 느끼고 한 남자에게 다가가 말을 거니 그는 '아직 우리가 대화할 때가 되지 않았다'라고 말했다고 한다. 앞으로 보게 될 피터의 증언에는 이해되지 않는 설명이 많이 나오는데, 이 부분도 정말 어떻게 받아들여야 할지 모르겠다. 우선 백 명이나 되는 인간이 외계인들에 의해 납치되었다는 것부터 도무지 믿을 수가 없다. 그들은 이 외계 비행선에서 도대체 무엇을 하고 있는 것인가? 이런 것은 공상 과학 소설이나 나올 법한 이야기 아닌가? 그리고 이 사람들이 모두 피터를 위해서 그곳에 있다고 한 것은 또 무슨 말인가? 억지로 추정해 보면, 아마 피터나 이들은 혼혈종을 만들기 위해 그곳에 있는 것 같은데 그곳에서 무엇을 하고 있는 것인지에 대해서는 피터가 더 이상 전하지 않아 알 수 없다.

그는 곧 다른 방으로 갔는데 그곳은 흡사 차디찬 수술실 같아서 피터는 두려움을 느꼈다. 그 방에는 유리 벽이 있었는데 놀라운 것은 그 벽 안에 머리에 헬멧을 쓴 인간들이 매달려 있었다는 것이다. 이런 유의 이야기들은 피랍자들에게서 많이 들을 수 있는데 정말로 기괴한 일이 아닐 수 없다. 우선 인간들이 왜 거기까지 가서 매달려 있게 됐는지가 궁금하고, 또 머리에는 왜 헬멧을 쓰고 있는지도 알 수 없다. 이와 비슷한 이야기는 맥의 책 곳곳에 보인다. 맥이 조사한 캐서린이라는 내담자는 외계 비행선에 갔을 때 그 벽에 수많은 유리 용기가 있는 것을 보았는데, 그 안에는 스몰 그레이의 아기들이 있었다고 한다. 그리고 그것을 그림으로 남겼는데 맥의 책에는 이 그림이 있다. 사람으로 치면 태아를 인큐베이터 안에 넣어서 기르는 것과 비슷한 것인데, 피터의 경우에는 이런 외계인의 태아가 아니라 아예 인간을 벽 안에 매달아 놓았다고 하니 기괴하기 짝이 없어 말이 안 나온다. 이 말이 다 사실이라면 이 인간들은 모두 피터처럼 납치되어 이 비행선 안에서 모종의 실험을 받고 있는 것 같다. 그런데 이렇게 납치된 사람들이 적지 않은 모양인데 세간에는 이런 이야기가 전혀 알려지지 않았으니 도대체 얼마나 많은 사람이 납치되었는지 짐작조차 하기 힘들다.

드디어 생체 실험을 받는 피터

피터는 이 방에서 생체 실험을 받게 되었다. 그의 실험은 조금 독특하게 진행되었다. 은빛으로 빛나는 헬멧을 쓰고 테이블 위에 누워 있었다고 하니 말이다. 피랍자가 헬멧을 쓰고 실험을 받는 경우는 흔하지 않은데 뒤에 나오는 것처럼 뇌를 조사하기 위해 그런 것 같다. 이때 피터는 그 테이블이 자기 몸에 딱 맞아 아주 편안했다고 했는데, 나는 이전에 이렇게 말하는 피랍자를 별로 보지 못했다. 다른 피랍자들 경우에는 그 테이블이 수술실 테이블 같아 차가운 느낌이 들었다고 하는 사람이 많았는데 피터는 편안하다고 하니 이상한 것이다.

그때 어떤 여성 같은 존재가 오더니 피터의 다리를 묶었는데, 그녀는 피터에게 '괜찮아질 것'이라고 말했다. 그러자 피터는 그의 기운이 머리 위로 빨려 들어가는 느낌을 받았다고 한다. 이것은 무슨 시술인지 모르겠는데 아마 본격적으로 실험을 하기 위한 준비 과정이 아닌가 한다. 그리곤 다음 테이블로 가서 또 조사를 받았는데 그곳에서는 뇌 안에 있는 것, 이를테면 엔도르핀 같은 물질을 조사하는 것 같았다고 한다(헬멧을 쓴 채로 갔는지 아닌지는 피터가 밝히지 않아 잘 모르겠다). 그다음에는 치과 의사가 쓰는 (광섬유) 기계 같은 것으로 피터의 사타구니를 찔렀다고 한다. 이 기구는 뱃속 깊은 데까지 들어갔는데 피터는 고통을 느끼지 않았다고 전했다. 이때 그들은 피터의 생식기는 건들지 않았다고 하니 생식과는 관계없는 조사를 한 모양이다.

가장 굴욕적인 사건은 그다음에 일어난다. 외계인들이 어떤 기계를 피터의 항문에 꽂고 대변을 받아냈기 때문이다. 그리곤 그들은 항문 안에 정보를 전달하는 기능을 하는 칩 같은 것을 심어 놓았다고 한다(피터는 이 기계의 정체를 어떻게 알았는지 모르겠다). 피터는 이때 자기가 위치 추적기 같은 게 달린 동물처럼 되었다고 하면서 꼼짝없이 그들이 하는 모니터링을 당하게 되었다고 푸념했다. 그러한 의미에서 그는 자신을 인간에 의해 기계가 채워진 북극곰에 비유하기도 했다. 그는 이 목걸이가 그에 관한 모든 것을 정보로 만들어 외계인에게 보낸다고 생각했다. 그런데 이 칩과 관련해 피터는 다른 피랍자와 조금 다른 말을 한다. 그를 관장하는 외계인이 피터를 납치할 때마다 이전 칩은 제거하고 다른 칩을 삽입했다고 하니 말이다. 나는 외계인들이 피랍자의 몸에 한 번 칩을 심으면 평생 가는 것으로 알고 있었는데 피터의 경우는 조금 달랐다. 그런데 왜 새것으로 갈아 끼우는지에 대해서는 피터가 밝히지 않아 그 연유를 잘 모르겠다. 피터는 외계인들이 이런 작업을 하는 이유에 대해 말하길, 그들은 피터를 그들 중의 하나로 만들려고 하는 것 같다는 것이었다. 다시 말해 피터를 그들의 공동체 안으로 끌어들이려고 했다는 것이다. 이렇게 생각한 뒤부터 피터는 외계인들이 벌이는 일에 기꺼이 참여하게 되었고 자신이 외계인과 인간 사이에서 가교 역할을 할 수 있을 것이라고 믿었다.

그는 자신이 이 과정에서 겪는 고통을 여성이 출산할 때 겪는 고통에 비유했다. 출산이 매우 고통스러운 체험이지만 아기를 낳은 뒤에 산모가 그 고통이나 아기에 대하여 화내지 않는 것 같이, 자신도 외계인들이 그에게 끼친 고통에 대하여 화를 내지 않겠다고 고백했다. 자신은 이러한 체험을 하게 한 외계인에 대해서 어떤 감정도 없다고 했다. 그러면서 이러한 작업을 통해 우리 인류는 다른 별에서 온 존재들을 받아들일 수 있고 인류의 의식을 고양시켜 고차원의 의식으로 진화할 수 있다고 주장했다.

이 같은 피터의 의견은 내가 평소에 주장하던 것과 일치한다. 앞에서도 언급했지만, 나는 지금 외계인들이 지구인들에게 하는 일은 가능한 한 빨리 지구인들의 의식을 진화시켜 그들과 더 가까워질 수 있는 상위 질서로 진입할 수 있게 만드는 것이라고 했다. 내가 보기에 현 인류의 의식 수준은 바닥을 기고 있어서 하루빨리 이 의식 수준을 끌어올리지 않으면 인류의 미래가 대단히 암울하다. 그래서 외계인들이 나타나서 인간과 교류하면서 여러 가지 방법으로 인간의 진화를 돕는다는 것인데, 이것은 피터의 주장과 정확하게 맥을 같이 한다.

외계인의 입장에서 발설하는 피터

그다음 세션은 3월 15일에 갖기로 했는데 피터가 그전에 UFO에 다시 납치되는 희한한 체험을 했다. 따라서 맥은 그 피랍 사건에 대하여 알아보려고 예정에 없던 최면 세션을 열었다. 이 최면에서 나온 내용을 보면, 납치된 피터는 휠체어 같은 것에 앉아 있었는데 외계인들이 그의 왼쪽 눈 안쪽에 어떤 기구를 삽입했다고 한다. 그들은 그것을 눈 안에서 몇 번 비틀더니 무엇인가를 가져 나오는데에 성공했다. 그들은 기뻐했지만 피터는 자신이 그들에게 고깃덩어리에 불과한 것 같아 매우 불쾌했다고 자신의 심정을 전했다.

피터에 따르면, 외계인들은 그의 뇌에 삽입한 칩을 가지고 인간의 기억을 살펴보는 것 같다고 한다. 여러 정보가 어떻게 인간의 뇌에 저장되는가를 본다는 것인데 피터는 이에 대해 더 구체적인 이야기를 했다. 피터는 이 외계인에게 납치되기 며칠 전에 UFO를 주제로 하는 워크숍에 참석한 적이 있었는데 외계인들은 피터가 그 워크숍에서 무엇을 배웠는지에 대해 매우 궁금해했다고 한다. 이러한 식으로 이야기가 진행되다 재미있는 일이 벌어졌다. 피터가 갑자기 외계인의 입장에서 말하기 시작한 것이다. 그는 목소리를 깔면서 저음으로 이야기하기 시작했다. 외계인들이 궁금한 것은 인간의 뇌가 보이는 화학적 반응인데, 특히 인간들이 자신들을 보았을 때 어느 정도의 충격을 받는지 알고 싶어 한다고 한다. 그래야 자신들이 처음으로 인간들 앞에 나타날 때 인간이 받는 충격의 수위를 조절할 수 있다는 것이었다.

나는 이런 말을 처음으로 들었는데 이것이 사실이든 아니든 아주 재미있는 이야기로 들렸다. UFO 사건과 관련해서 내가 개인적으로 대단히 궁금해하는 것 중의 하나는 저들이 어떤 식으로 인간들 앞에 '공식적으로(?)' 나타나느냐는 것이다. 저들은 앞으로 인간과 공개적인 만남을 가질 터인데 그것을 언제쯤으로 잡고 있는지 여간 궁금한 게 아니다. 지금 만일 지구인이 외계인을 만난다면 너무나 큰 충격을 받을 테니 공식적인 만남은 아직 이른 것 같다. 사람들 가운데에는 인류와 외계인의 만남에 대하여 UFO가 백악관 뜰에 내려 미국 대통령과 외계인들이 공식적으로 만나면 되는 것 아니냐고 말하는 사람이 있다. 그러나 그런 일이 진짜로 일어나면 지구인들이 너무나 큰 충격을 받기 때문에 외계인들은 아직 그 같은 일을 생각하는 것 같지 않다. 그렇다면 지구인과 외계인은 어떻게 해야 충격 없이 자연스럽게 만날 수 있을까?

이에 대하여 명확한 답이 있는 것은 아니지만 피터는 이에 대해 이렇게 말한다. 지금 지구촌 곳곳에서는 사람들이 UFO에 의해 납치되고 있는데 이 사람들이, 그중에서도 피터 같은 리더들이 외계인이 지구에 나타날 때 인간들이 겪는 충격을 줄여줄 수 있다는 것이다. 이는 일리 있는 이야기로 들린다. 왜냐하면 이 피랍자들은 외계인을 이미 진하게 경험했으니 그들을 다시 만날 때 두려워하지 않을 것이기 때문이다. 우리 보통 사람들은 스몰 그레이만 보아도 그 흉측한(?) 외모 때문에 큰 두려움을 갖고 혐오감을 느끼는데 피랍자들은 적어도 이러한 느낌이 없지 않겠는가? 지금까지 조사된 바에 따르면, 이 피랍자들은 한 번만 피랍된 게 아니라 평생에 걸쳐 여러 번 납치되었다고 하니 외계인에 대한 거부감이 많이 사라졌을 것이다. 사정이 그렇다면 이들은 충분히 외계인과 지구인 사이에서 완충적인 역할을 할 수 있지 않을까 하는 생각을 해본다.

외계인이 인간을 납치하는 이유

이 세션에서 피터는 가장 충격적인 사건 가운데 하나를 발설한다. 이 사건은 그가 19세 때 발생했는데 당시 그는 외계인에 의해 납치되어 비행선 안에 있는 테이블 위에 누워 있었고 이 현장에서 정액 채취 사건이 벌어졌다. 피터의 보고에 따르면, 컵 같은 것이 그의 음경 위에 씌워지더니 정액을 사정시켜 가져갔다고 한다. 그런데 피터는 말하길 외계인들이 이 일을 하고 서로 좋아했다고 하는데 이러한 식의 언사는 다른 피랍자에게서는 발견되지 않은 것이라 흥미를 자아낸다. 외계인들이 좋아했다는 것이 재미있는데 이 말이 사실이라면 외계인들은 혼혈종 만드는 일을 매우 좋아한다고 추정할 수 있겠다.

그런데 놀라운 것은 이 일이 한 번만 이루어진 것이 아니었다는 사실이다. 이에 대해서는 앞에서 누누이 언급했다. 다른 피랍자들 경우처럼 피터는 납치될 때마다 이 일을 당했다고 하는데 그는 한 인간으로서, 또 한 남자로서 이 일을 감당하기가 힘들었을 것이다. 성인 남자를 다 벗겨 놓고 기계를 사용하여 성기에서 정액을 빼가는 일이 당사자에게 얼마나 수치스러운 일이었겠는가? 그래서 그는 최면 중에도 당시 일을 상기하면서 울고불고하면서 마구 소리를 질렀다고 한다. 그는 그러한 좌절감을 벗어나기 위해 외계인들과 싸워서 그들을 저지하고 싶었는데 완전한 무기력감에 빠져 아무 짓도 할 수 없었다. 이 이야기는 피랍자들에게서 많이 듣던 것이다. 외계인 앞에만 가면 전신이 마비되어 꼼짝할 수 없었다는 그 말 말이다. 그런데 정액 채취 방법이 꼭 이런 것만 있는 것은 아닌 모양이다. 다른 경우에는 외계인들이 피터의 고환 밑을 절개해 그곳으로 기구를 넣어 정액을 뽑아갔다고 하는데 이 정도면 외계인들은 인간의 몸에 대하여 샅샅이 알고 있는 것 아닌가 하는 생각이 든다.

이 정액 채취 문제에 대해서는 많은 의문이 드는데, 아니 모든 것이 의문이지만 답을 얻을 수 없으니 답답할 뿐이다. 내가 개인적으로 가장 궁금하게 생각하는 것은 외계인들이 저렇게 지구인들의 정액이나 난자를 가져다 무엇을 어떻게 하느냐는 것이다. 이 일에 대해서는 앞에서 한 번 문제를 제기한 적이 있다. 물론 이것은 혼혈종을 만들기 위한 것이라는 일반적인 대답이 있지만 이 작업이 구체적으로 어떻게 이루어지는지는 추측만 난무할 뿐 확실히는 알지 못한다. 또 이 혼혈종을 만든다는 이야기는 수십 년 전부터 있었는데 아직도 이들이 어디서 무엇을 한다는, 손에 잡히는 이야기는 들리지 않는다고 했다. 이 정도 시간이 지났으면 사회적으로도 이슈화가 되어 언론에도 보도되고 정부에서도 모종의 대책을 발표했어야 할 것 같은데 이러한 일이 생길 조짐은 아직 보이지 않는다. 이렇게 아무 소식이 없다면 혼혈종 인간은 존재하지 않는다고 해도 괜찮은 것 아닌가 싶은데 결정은 일단 유보하고 다음으로 넘어가자.

그런데 이번에도 피터는 이 끔찍한 납치 체험에 대해서 아주 긍정적인 해석을 내린다. 이 체험은 결국 의식의 확장을 위한 것이라는 것이다. 그러면서 그는 힘주어 말하길, 이처럼 물리적인 체험을 하는 것은 의식을 변화시키는 데에 필수적이라고 한다. 그 이유는 간단하다. 피랍자들이 육신으로 이 모든 것을 느껴야 그들의 실재관이 바뀔 수 있기 때문이라는 것이다. 현재 인류가 지니고 있는 실재관은 이원론적이고 너무나 제한되어 있어 이 같은 제약을 훌쩍 넘어서 있는 외계인들과 원활한 소통이 이루어지지 않고 있다. 따라서 인류는 자신들의 의식을 바꾸어야 하는데 스스로 할 수 없으니까 외계인들이 나선 것이다. 외계인들은 인류에게 새로운 체험을 선사해서 인류가 일찍이 접해보지 못한 새로운 초월적인 세계관을 지닐 수 있게 만든다는 것이다. 피터는 이를 두고 '의식의 혁명'이라고 불렀는데 이같은 엄청난 일이 외계인의 도움으로 이루어지고 있다고 하니 기이하다는 생각이다.

피터로부터 이 같은 이야기를 들은 맥은 외계인들은 무슨 목적으로 이런 일을 벌이냐고 물었다. 대답은 충분히 예상할 수 있는 것이었다. 앞에서도 많이 언급된 것이지만 인류가 절멸하는 것을 막기 위함이라는 것이다. 그런데 이 소식을 인류에게 알리려면 인류가 자신들과 소통해야 하는데, 지금은 지구인의 수준이 미달이라 이 작업을 할 수 없다고 한다. 따라서 지구인의 의식을 '버전업'하려면 그들을 억지로라도 붙잡아다가 비행선 안에서 작업을 해야 한다는 것이다. 피터는 이 상황에 대하여 비유하기를, 이것은 마치 나이 많은 사람이 이제 곧 큰 실책을 저지를 아이를 바라보는 심정이라고 한다. 이것이 바로 외계인이 지구인을 바라보는 시각인데, 나도 이 견해에 철저하게 동의한다. 피터는 계속해서 지금 인류가 현재 대파국을 향해 가고 있기 때문에 외계인들은 우리를 돕고 싶어 한다고 주장했다. 그런데 여기에는 조건이 있다. 피랍자들이 표면에 부상해서 (외계인과 교류해야 한다는) 사실을 받아들여야 자신들도 인류를 구체적으로 도울 수 있다고 한다. 피랍자들이 사회 전면에 나서야 그들을 통해 자신들의 작업을 할 수 있다는 것인데, 이것은 앞에서 말한 것처럼 피랍자들이 중간 매체 역할을 한다는 것으로 읽힌다.

인간보다 월등하게 진화한 외계인

피터는 이 외계인과 관련해서 매우 재미있는 견해를 밝혔다. 그에 따르면, 외계인들의 배후에는 기(氣) 혹은 에너지의 영적인 원천이 있다고 하는데 그는 그것을 신으로 표현하기도 했다. 그 시각에서 보면 외계인들은 신에 소속된 '천사' 혹은 메신저 같다고 할 수 있단다. 신은 순수한 의식이기 때문에 지구 같은 물질성이 지배하는 곳에서는 외계인 같은 물질적 존재를 거쳐야 자신의 뜻을 이룰 수 있다고 한다. 그런데 이 말은 인간에게도 적용되는 것 아닌지 모르겠다.

그러면서 피터는 '신은 물질적인 것을 배우기 위해 지구를 선택했다'라는 말도 했는데 이 말은 그 뜻을 헤아리기가 힘들다(특히 신이 왜 배워야 한다고 하는지 모를 일이다). 이처럼 신 같은 용어가 나오기 시작하면 이해하기가 어려워지는데 그것은 신과 같은 용어는 너무나 많은 뜻을 함유하고 있기 때문이다. 그래서 더 이상 캐지 않기로 하는데, 여기서는 외계인이 신과 같은 절대 실재와 인간을 연결하는 존재라는 주장만 염두에 두자. 사실 이 같은 주장은 내가 이전에 PK Man이라 불린 테드 오웬스를 다룰 때 그의 말을 빌려서 한 적이 있었다. 오웬스도 자기가 접촉하는 외계인들은 그들의 근원이라 할 수 있는 '순수 의식(적인 존재)'의 대리인이라고 한 적이 있었다.

외계인들이 이처럼 영적으로 높은 존재이기 때문에 이들은 인간들을 해하지 않는다고 한다. 그리고 그들은 지구에 오래전부터 와 있었기 때문에 인간들을 아주 잘 알고 있고 앞으로 어떤 일이 일어나는지도 잘 알고 있다고 한다. 그런데 이들은 인간들을 두려워한다고 한다. 왜냐하면 인간은 그들에게는 없는 '살인 본능'을 갖고 있기 때문이란다. 이것은 인간이 그 심령 깊숙한 곳에 지니고 있는 공격성이나 증오, 분노 등을 말하는 것으로, 이런 것 때문에 인간이 그들을 해치려고 할까 봐 두렵다는 것이다. 이것은 일리 있는 이야기 같다. 앞에서 잠깐 언급했지만 혹자는 UFO가 미국 백악관 뜰에 착륙해서 미국 대통령과 악수하고 소통하면 외계인과 공식적인 교류가 이루어지는 것 아니냐고 주장한다. 그런데 만일 실제로 이러한 일이 벌어지면 어떤 일이 일어날까? 아마 미국 정부는 군대부터 동원해서 그곳에 있는 외계인들을 붙잡아 가고 비행선 역시 나포해서 어딘가로 보내려고 하지 않을까. 물론 외계인들이 지구인들에게 포로가 되는 따위의 일은 일어나지 않겠지만, 지구인들이 이처럼 외계인들에 대하여 공격성을 갖고 있는 것은 사실로 보인다. 그래서 지금까지 나온 외계인 관련 영화를 보면 인간이 외계인을 공격하는 영화가 많은데 이것은 그만큼 인간들이 외계인을 두려워하고 있다는 징표로 읽힌다(물론 외계인도 인간을 공격한다).

피터의 그다음 이야기는 재미있지만 이해가 잘 안된다. 피터에 따르면, 외계인들도 인간인데 다만 진화하는 경로가 인간과 다를 뿐이라고 한다. 외계인도 인간이라는 주장이 잘 와닿지 않지만 이어지는 피터의 설명이 재미있다. 외계인들은 순수 이성을 계발하는 쪽으로 진화한 반면, 인간은 감정을 중시하는 쪽으로 진화했다는 것이다. 그 결과 외계인들은 감정을 제대로 발달시키지 않아 그 방면은 인간으로부터 배워야 한단다. 반면에 인간은 이성적인 면이 많이 떨어지기 때문에 이 방면은 외계인으로부터 배워야 한다고 한다. 이 이야기에서 외계인도 인간이라는 그의 주장은 받아들일 수 있다고 해도 그들이 감정적인 부분이 제대로 발달하지 않아 그 부분을 인간으로부터 배워야 한다는 것은 이해가 잘 되지 않는다. 인간은 이 감정 때문에 실수를 얼마나 자주 저지르는데 그것을 배워 무엇 하려는지 모르겠다. 이 감정이라는 것은 바로 욕망과 연결되는데 인간이 일으킨 대다수의 문제가 이 욕망에서 비롯된다는 것을 안다면 감정 혹은 욕망을 배우려고 하는 것은 이해하기가 힘들다(외계인들은 또 인간이 이룩한 문화나 예술에 대하여 관심이 많다는 주장이 있는데 피터는 이에 대해 언급하지 않아 여기서는 거론하지 않았다).

다음 논의는 외계인들의 눈에 관한 것으로, 외계인을 접한 경험이 있는 사람들은 그들의 눈에 대하여 많은 이야기를 한다. 그들의 눈을 보면 빨려 들어가는 것 같다느니, 무섭다느니 하는 따위가 그것인데, 피터도 이와 비슷한 이야기를 하고 있어 우리의 흥미를 자아낸다. 그런데 그는 조금 다르면서 재미있는 견해를 밝혀 그것을 보려고 한다. 피터는 자기가 접촉한 외계인의 눈에서 인간들과 연결하고 싶어 하는 욕망을 보았다고 전했다. 그러면서 그들은 인류로부터 과거에 있다가 없어진 형제애 같은 것을 바란다고 했는데 나는 피터의 이 말이 무슨 말인지 잘 모르겠다. 이 말은 과거 언젠가 인류가 외계인과 형제애를 가질 정도로 가까웠다는 것인데 그러한 일이 정말로 있었는지 잘 모르겠다는 것이다. 피터는 이러한 사실을 외계인들의 눈을 보고 알았다고 하는데 이러한 견해는 매우 흥미로워서 우리의 호기심을 자극하지만 그가 설명을 더 진행하지 않아 아쉬웠다.

대신 피터는 외계인들의 눈에 대하여 좀 더 세세한 묘사을 이어간다. 그에 따르면, 외계인의 눈을 보면 처음에는 차가움과 순전한 깜깜함만 느껴진다고 한다. 이것은 어느 정도 이해가 된다. 그것은 외계인의 눈이 대단히 큰데 흰자위나 눈동자 같은 것이 없이 그저 까맣게만 되어 있어 그렇게 보이는 모양이다. 그런데 피터는 여기서 그치지 않고 흥미로운 발언을 한다. 그 눈 뒤에 있는 눈은 슬프면서 피터와 연결되고 싶어 하는 갈망을 갖고 있다고 하니 말이다(피터는 앞에서 외계인은 감정적인 부분이 약하다고 했는데, 여기서는 슬픈 감정을 갖고 있다고 하니 다소 이해가 안 된다). 그러면서 피터는 그들이 자신을 편안하게 해 주려는 바람이 있었다고 전한다. 그래서 그들은 그를 흡사 어린아이를 보는 것 같이 대했다고 하는데 이것이 구체적으로 무엇을 뜻하는지는 잘 알 수 없지만, 아랫사람을 자비롭게 보는 그런 시선이 아닌가 싶다.

피터가 외계인의 눈을 통하여 행하는 소통은 조금 더 구체적으로 전개된다. 그들은 피터에게 '네가 조금만 더 현명하다면 우리와 (좀 더 원활하게) 소통할 수 있을 텐데 그렇게 못하는 게 아쉽다'라고 전했다고 한다. 이 말을 어떻게 이해하면 좋을까? 이것은 우리가 어린아이를 대할 때와 비교해 보면 이해가 될 것 같다. 우리가 어린아이를 보면 지극히 귀엽고 사랑스럽지만 그들이 어리기 때문에 전적인 소통은 할 수 없지 않은가? 그래서 우리는 그들의 수준에서 소통할 수밖에 없는데, 그 때문에 아쉬운 감정을 갖게 된다. 외계인들이 인간을 대하는 감정이 이러한 것 아닌가 한다. 그런데 이때 피터는 최면 상태이지만 흐느끼기 시작했다. 맥이 피터에게 왜 흐느끼냐고 물으니, 그는 자신과 소통하려고 하는 외계인들의 소망에 응하지 못해 슬픈 나머지 울음이 나왔다고 답하였다. 그가 얼마나 답답했으면 울었을까 하는 생각이 드는데, 그의 절절한 순심이 전달되는 것 같아 마음이 무거워지는 느낌이다.

사회적으로 활발하게 활동하는 피터

이렇게 해서 이 세션의 최면은 끝났다. 그다음 부분에서 맥은 피터가 UFO 피랍 문제를 가지고 미국 사회에서 활동하는 모습을 전하는데, 이것도 소개했으면 한다. 이것을 소개하고 싶은 까닭은, 피터의 사례를 보면 이 피랍 문제가 미국에서 어떤 취급을 받고 있는지 알 수 있기 때문이다. 그의 사례가 UFO 피랍자들을 대표한다고 볼 수는 없지만 미국 사회가 이 문제에 대하여 어떻게 대응하는지 그

대체적인 분위기를 알 수 있을 것 같아 한번 소개해 보려는 것이다.

피터는 1992년 6월 MIT 공대의 물리학과 교수인 데이비드 프리차드가 조직한 'MIT 피랍연구회의(Abduction Study Conference at MIT)'에서 피랍자로서 자신의 경험에 대하여 발표했다. 내용은 앞에서 본 대로 피랍됐을 때 처음에 느꼈던 엄청난 분노와 원한의 감정이 이해로 바뀌는 과정에 대한 것이었다. 나는 이 일을 처음 접하고 놀랄 수밖에 없었다. 왜냐하면 UFO 피랍 사건과 같은 논쟁적이고 문제 많은 주제를 가지고 MIT 공대 같은 최고의 대학에서 그 대학의 물리학과 교수가 학회를 개최했다는 게 믿기지 않았기 때문이다. 솔직히 말해 이러한 주제를 가지고 대학에서 학회를 개최할 수 있는 미국의 분위기가 부러웠다. 한국은 학교는 고사하고 일반인들도 UFO 피랍 사건에 대해서는 아무 관심이 없는데 이것에 비교하면 천양지차가 아닐 수 없다. 게다가 이 일은 지금으로부터 30여 년 전의 일이다. 미국은 이때 벌써 UFO 피랍 사건 같은 격외적인 주제를 가지고 대학에서 학술 대회를 개최하는데, 한국은 21세기의 ¼이 지난 지금(2025년)도 이 주제에 대해서는 감감무소식이다. 또 앞으로도 이러한 주제를 대학에서 심도 있게 연구할 것 같은 예상도 되지 않는다.

이 일이 있은 다음에 피터는 곧 그해 8월에 캐나다의 한 방송사가 만든 "Man Alive"라는 프로그램에 출연했다. 물론 UFO 피랍을 주제로 촬영했는데 1시간 동안 PD와 대화를 나누었다고 한다. 그런데 특이하게 이 프로그램을 방송국이 아니라 맥의 집에서 촬영했다고 한다. 사정이 그렇다면 맥도 자연스럽게 이 프로그램에 동참했을

것 같은데 그 영상을 보지 못해 확실한 것은 알 수 없다. 그런데 피터
가 주인공으로 나온 영상을 맥의 집에서 촬영했다고 하니, 그가 피터
를 어떻게 생각하는지 알 만하다.

피터와 맥의 협업은 이어졌다. 그해 12월에 맥과 피터는 공동으
로 하버드대학의 신학대학에서 '외계인 납치 현상'에 대하여 발표하
였다. 신학대학에서 발표하는 것이니 피터는 신과 연관시켜 자신의
의견을 개진했다. 자신은 이 체험을 통해 이 우주 안에서 자신의 자
리를 찾았다고 주장했는데, 처음에는 신이 자신을 버린 줄 알았다고
한다. 왜냐하면 외계인들이 걸핏하면 자기를 납치해 가서 정액을 채
취하니 자신은 '정액 샘플'에 불과한 미미한 존재로 느껴졌기 때문
이다. 그러나 맥으로부터 최면 시술을 받고 자신이 엄청나게 광대해
지는 것을 느꼈고, 신과 하나라는 것을 깨달았다고 술회했다.

그는 여기서 더 나아가서 외계인들도 인간들처럼 신의 작품인데,
다만 인간과 조금 다르게 생긴 것뿐이라고 주장했다. 신은 인간이나
외계인을 모두 자신과 닮게 창조했는데 닮는 부분이 조금씩 달라 그
결과가 달라진 것이라는 것이다. 그렇기는 하지만 외계인이 인간과
그렇게 다른 것은 아니라고 한다. 그들도 투쟁하고 존재에 대하여 질
문을 던지며 호기심이 많다고 한다. 더 나아가서 그들도 있는 그대로
인정받기를 원한단다. 결론에서 그는 자신이 겪은 피랍 체험을 통해
위대한 창조 과정에 연관되어 있다는 것을 알게 되어 아주 기쁘다고
자신의 느낌을 표명하였다. 이것은 앞에서 본 것처럼 그가 외계인과
생식 실험을 하면서 생명체를 만들어 나가는 과정에서 얻게 된 깨달
음으로 보이는데, 이러한 발표를 신학대학에서 한다는 게 놀랍다. 신

학적인 관점에서 볼 때 신의 창조 과정을 외계인과 연관시키는 것은 불경스럽게 보일 수 있는데 그러한 발표를 수용하는 미국의 신학계가 신기하다.

혼혈종 만드는 작업에 대해

다섯 번째 최면 세션은 1993년 1월에 있었는데 이때 피터가 외계인 처와 더불어 그녀와의 사이에서 나온 혼혈종 아기를 만나는 이야기가 나와 비상한 관심을 끌었다. 이번 세션에서도 그는 비행선에 올라간 것을 기억했고, 그때에도 비행선 안에서 혼혈종 아기들과 어린아이들을 목격한다. 그는 또 3명의 외계인 성인(?)을 만났는데 그중의 하나가 여성이었다.

그런데 이 여자가 보통의 존재가 아니었던 모양이다. 피터가 그녀를 자신의 스승 혹은 수호자처럼 여겼다고 하니 말이다. 피터가 그 여자를 보더니 '무언가 일이 일어날 것 같다'라고 말했다. 이것은 물론 최면 중에 한 말이다. 맥이 '무슨 일이 일어난다는 것이냐?'라고 물으니까 피터는 '우리는 성교할 것'이라는 의외의 답을 한다. 그러면서 '나는 그녀와 번식을 할(breed with) 것'이라는 생소한 말을 했다. 이것이 무슨 말일까? 이것은 그들이 갖는 성관계는 인간들처럼 쾌락을 추구하기 위한 것이 아니라 2세를 만들기 위한 것이라는 것이다.

그때 피터는 또 다른 외계인으로부터 충격적인 이야기를 듣는다. 아까 그가 비행선 안에서 보았던 혼혈종 아기들이 그의 자식들이라는 것이다. 그때 그는 '내 정액을 가져다 저 일을 했구나' 하는 사실을 깨달을 수 있었다고 한다. 동시에 그는 이 외계인 여성과 반복해서 성관계를 가졌다는 사실도 기억해 냈다. 그러더니 그는 '그녀가 내 진짜 아내 같다'라는 충격적인 말을 덧붙였다. 이 말이 문제가 될 것 같았는지 피터는 한 발짝 물러서서 그녀와의 만남은 영적인 차원에서 이루어진 것이라고 주장했다. 그런데 여기서 피터는 이 외계인 여성이 외계인이 아니라 인간일 거라는 헷갈리는 말을 한다. 외계인들이 자기의 정액과 그녀의 난자를 교배시켜 혼혈종을 만들었다는 것이다. 그러더니 곧 자기 말을 수정해 '그녀는 외계인인데, 나에게는 인간으로 보였고 그래서 성관계를 했다'라고 말했다. 그런데 그게 그에게는 역겨운 체험이었던 모양이었다. '아니 그럼 내가 저런 소름 끼치고 못생긴 것(스몰 그레이 유의 외계인을 지칭함)들을 인간으로 착각하고 성관계를 가졌다는 말인가'라고 했으니 말이다. 물론 이 발언 역시 최면 중에 한 것이다.

이 주제를 연구하는 사람들 가운데에는 이 같은 체험, 즉 외계인 여성과 성관계를 가진 인간 남성들은 이 여성과 매우 격렬한 성관계를 갖는다고 주장하는 사람들이 있다. 그 격렬한 정도가 인간 여성과 관계할 때와 비교가 안 된다고 하는데, 그들의 눈에는 이 외계인 여성들이 말할 수 없이 '섹시하게' 보여 그렇게 된다고 한다. 만일 이러한 이야기들이 다 사실이라고 한다면, 이것은 외계인들이 인간에게 최면 비슷한 것을 걸어 벌어진 일이라고 할 수 있다. 모종의 술책을 작동시킨 것이라는 것이다. 주지하다시피 외계인들의 의식 수준은 인간의 그것을 훨씬 능가하기 때문에 인간의 마음을 마음대로 주무를 수 있다고 한다. 따라서 그 흉측한 스몰 그레이가 인간의 눈으로 볼 때 성적으로 엄청난 매력이 있는 여성으로 보이게 만드는 것은 그리 어려운 일이 아닐 것이다.

그런데 이 대목에서 또 의문 나는 것이 있다. 지금 본 것처럼 인간 남성이 외계인 여성에게 홀려 성관계를 하는 일은 빈번하게 보고되는데, 왜 반대의 경우는 잘 발견되지 않느냐는 것이다. 그러니까 인간 여성이 외계인 남성과 성관계해서 임신하는 경우는 왜 없느냐는 것이다. 내가 인간과 외계인의 성관계 사례를 다 살펴본 것은 아니지만, 내가 아는 한 인간 여성이 외계인 남성에게 홀려 성관계를 했다는 사례는 본 적이 없다. 대신 인간 여성들은 난자만 채취당했는데 이것만으로도 충분하다고 생각해 그렇게 한 것 아닌가 하는 생각이 드는데, 정확한 실상은 더 캐봐야 할 것 같다.

피터를 또 혼란되게 했던 것은 '도대체 내가 만든 외계 혼혈종 아기는 몇 명이나 될까' 하는 의문이었다. 자신이 납치되어 갔을 때마다 외계인들이 그의 정액을 뽑아갔다고 하니 그것을 가지고 그들이 얼마나 많은 혼혈종을 만들었는지 궁금한 것이다. 이러한 이야기들이 황당하게 들리지만 이왕에 이 같은 의문을 가졌으니 그 대답을 추정해 볼 수는 있지 않을까 싶다. 추측하건대 피터의 정액을 한 번 뽑으면 그것을 가지고 한 난자와만 결합할 수도 있고, 혹은 정액을 나누어서 여러 난자들과 수정할 수도 있을 것 같다. 한 번만 수정한다고 해도 피터가 여러 차례 납치되었으니 여러 명의 혼혈종 생산이 가능하다. 그러면 피터는 여러 명의 아빠가 되는 셈인데 그다음에 이 아이들의 양육은 어떻게 진행되었는지에 대해 의문과 염려가 생기는 등 문제가 복잡해진다.

그런데 맥의 다른 책(1999, p. 129)을 보면, 이와 관련해서 더 구체적인 이야기가 나와 우리의 비상한 관심을 끈다. 카린(Karin)이라는 여성 피랍자의 이야기인데, 그녀는 자신이 무려 17명에 달하는 혼혈종 아이들의 엄마일지 모른다고 주장했다. 그러면서 자신은 그중에 두 명밖에 알지 못한다고 실토했다. 다른 자식들의 상황에 대해서는 잘 모른다고 하면서 그녀는 여기서 또 피터와 같은 이야기를 했다. 그녀의 일상적인 자아는 이러한 일에 거역하는 태도를 취하지만 상위 자아는 이 프로젝트에 완전히 동의했다고 말이다. 그녀는 더 나아가서 '이것은 생명을 창조하는 일이고 신이 하는 일'이라는 말을 하면서 이 일의 중요성을 강조했다.

그런데 이 프로젝트는 취지가 이처럼 고상할는지 모르지만 뜻하는 대로 굴러가지는 않았던 모양이다. 이렇게 만들어낸 혼혈종 아기들이 하나 같이 무기력하고 쇠약한 모습으로 나타났다고 하니 말이다. 이 아기들은 육체도 그렇고 감정도 인간 수준으로 올라오지 못했다고 하는데 피랍자들은 이에 대해 이종 교배를 하다 보니 그렇게 된 것 같다고 의견을 모았다. 특히 이 혼혈종들은 외계인들이 그렇듯 감정이 제대로 발달하지 않은 것 같다는 것이 중론이었다. 이에 대해 카린이 재미있는 예를 드는데 그녀에 따르면 혼혈종들은 감각을 인간처럼 '기쁨/고통'으로 보지 않고 단지 '진동'으로만 파악한단다. 그러니까 인간처럼 기쁨을 느끼면 즐거워하고 고통을 느끼면 괴로워하는 것이 아니라, 그저 이 두 감정을 '진동'이 다른 것이라고만 파악한다는 것인데 이러한 생각은 한 번도 해본 적이 없어 아주 재미있다.

이처럼 인간과 외계인의 이종 교배 작업은 계속되었는데 1997년부터 맥은 이 혼혈종 만들기 프로젝트가 성공적인 단계에 들어갔다는 증언을 듣는다. 맥은 안드레아라는 여성 피랍자를 예로 들었는데, 그녀에게는 7살 먹은 혼혈종 아들이 있었다고 한다. 보통 UFO 비행선에 있는 인큐베이터에서 길러지는 혼혈종들은 인간 반, 외계인 반으로 되어 있는데, 자기 아들은 완전한 인간이자 완전한 외계인이라고 안드레아는 주장했다. 자신의 아들이 이종 교배가 완전하게 성공한 사례라는 것이다. 그러면서 앞으로 5년 뒤면 이 아이가 지구로 내려와서 새로운 인류로 살 것이라고 했다. 이들이 이렇게 지상에 내려오는 것은 절멸의 위기에 빠진 지상 인류들을 대체하기 위함이라고 앞에서 언급했다. 이렇게 내가 이들의 주장은 전하지만, 도대체 이러한 일이 진짜 이루어지고 있는지는 알다가도 모르겠다. 안드레아 말대로 이 일이 진행됐다면 2002년에 그녀의 혼혈 아들이 지구에 내려왔을 터인데 20여 년이 지난 2025년, 지금 어디서 무엇을 하는지 궁금하기 짝이 없다.

피터의 정체성 혼란과 지구적 사명

다시 피터의 이야기로 돌아와서, 이 시점에서 피터는 걱정이 들었던 모양이다. 자신이 이렇게 외계인과의 관계에 함몰하면 지구에 있는 가족들은 어떻게 하나, 특히 '지구 아내'는 어떻게 해야 하나에 대해 걱정이 생긴 것이다. 이러다가 지구와의 '커넥션'이 다 끊어지는 것은 아닌가 하는 염려가 들어선 것이리라. 그러나 이 같은 불안에도 불구하고 그는 이 작업이 자신의 동의 아래 이루어졌다는 것을 알고 있었다.

외계인들이 혼혈종을 만드는 이유에 대해서는 앞에서 많이 거론했는데 피터의 용어로 다시 한번 들어보자. 피터에 따르면, 지구가 이제 대파국을 맞이할 터인데 이에 대비해 외계인들이 이 혼혈종들을 흡사 '양귀비씨처럼' 전 지구에 뿌려서 뿌리를 내리게 할 것이라고 한다. 이들을 이른바 새 인류로 만들겠다는 것이다. 피터는 지금까지 살았던 구(舊) 인류는 잘못을 너무 많이 해서 대파국이 발생했을 때 살아남지 못하게 되고 이 혼혈종들이 다음 세대의 주역이 된다고 주장했다. 그런데 피터의 이야기 가운데 재미있는 것은 '양귀비씨처럼'이라는 표현이다. 이것은 양귀비씨가 매우 작은지라 수확할 때 엄청난 양을 얻을 수 있기 때문에 나온 표현으로 보인다. 지구를 작은 양귀비씨로 덮어버리겠다고 하니 각오가 대단한 것을 알 수 있다.

이러한 의미에서 이 혼혈종 프로젝트를 보험 프로그램(insurance program), 혹은 백업 플랜(backup plan), 즉 만약을 위해 대비하는 기획이라고 부르는 이들도 있다. 다 재미있는 발상이지만, 이것이 과연 유효한지는 더 따져 보아야 한다. 피터는 이러한 생각이 100% 확실하다고 주장하지만 그의 말을 그대로 받아들일 수는 없는 일이다. 이 혼혈종이라는 존재 자체가 모호하기 짝이 없는데 이들을 활용하여 이 위중한 지구의 기후 위기를 극복하는 게 애당초 가능할지 어떨지는 가늠조차 하기 힘든 일이다. 이 문제는 나중에 조금 더 진지하게 다루어야 할 것이다.

이번에는 여섯 번째와 일곱 번째 최면 세션을 한 번에 묶어서 보려고 하는데 여기서는 피터가 자신의 정체성에 대해 고심하는 것에 초점을 맞출까 한다. 그가 혼란스러웠던 것은 자신이 본래 외계인이었는데 피터라는 인간의 몸에 들어와 이번 생을 사는 것 아니냐는 생각이 들었기 때문이다. 더 나아가서 자신의 영혼이 외계인에 의해 창조되어서 지금처럼 피터로 살게 되었다면 자신은 저들에게 이용당하는 것 아닌가 하는 의구심마저 들었다고 한다. 그러더니 피터는 아예 자신이 외계인 안에 있는 것 같다고 실토했다. 피터는 이처럼 계속해서 자신이 외계인인지 지구인인지 헛갈리는 것 같았다. 이중적인 정체성을 갖게 된 것인데 이것은 그가 외계인들과 자주 만나고 같이 프로젝트를 하다 보니까 자연스럽게 일어난 일일 것이다.

이러한 태도는 그가 밝힌 자신의 사명에서도 드러난다. 피터에 따르면, 자기의 일은 그와 같이 일하는 사람들이 지닌 기운의 구조(energetic structure)와 진동을 바꿈으로써 미래를 대비하는 것이라고 한다. 이 발언의 본뜻은 확실히 알 수 없지만 아마도 인류가 지닌 진동수가 외계인의 그것에 비교해 볼 때 너무 낮기 때문에 그 진동수를 올려야 한다는 것을 뜻하는 것 같다. 앞에서 이야기한 대로 인류가 지금 외계인과 소통하지 못하는 것은 외계인들이 인간들보다 상위 차원, 즉 진동수가 빠른 세계에 살기 때문이다. 따라서 인류가 외계인들과 소통하려면 자신들의 진동수를 높이는 작업을 해야 하는데 피터가 바로 이 일을 돕겠다고 하는 것이다.

피터는 이 일과 함께 꼭 해야 하는 일이 하나 더 있다고 첨언했다. 여기서 피터는 자신이 또 외계인이라고 주장한다. 즉 자신은 인간의 형태를 한 외계인인데 인간인 여성 짝과 교접하여 혼혈 종족을 만드는 것이 자신의 과제라는 것이다. 이처럼 그는 인간과 외계인

사이를 왔다 갔다 하면서 이중적인 정체성을 발휘하고 있었다. 그런데 이 이중적 정체성은 쉽게 이해되는 개념이 아니다. 이중적 정체성을 사실로 받아들인다면 가장 궁금한 것은 이 두 정체성이 한 인간 안에서 어떤 식으로 조합되어 있느냐는 것이다. 인간적 정체성과 외계인의 정체성이 어떤 원리에 따라 섞여 있느냐는 것인데 이 문제에 대해서는 그리 쉽게 답을 얻을 수 있을 것 같지 않다.

피터가 예언하는 인류의 미래

이 세션에서 피터는 예언 같은 것을 하는데 이것은 충분히 예상할 수 있는 대로 인류의 미래에 대한 것이다. 그의 예언은 다른 사람이 하던 것과 그다지 다르지 않다. 앞에서 이야기한 것처럼 지구에는 대파국이 와서 사람들이 많이 희생되지만 그 이후에 지구는 외계 존재들에게 개방되면서 아름다운 세상으로 바뀐다고 한다. 이때 지구에는 세 종류의 존재, 즉 인간과 혼혈종과 외계인이 함께 거주하게 된다고 한다. 이렇게 해서 새로운 '천년왕국'의 시대가 온다고 하는데 이 시대의 도래를 위해 앞에서 말한 대로 피터는 혼혈종을 만들어야 한단다. 그러나 그것만 가지고는 안 되고, 그와 동시에 지구인들의 진동수를 올리는 데에도 진력해야 한다고 주장했다.

자신이 이 일을 할 수 있게 된 이유에 대해 피터는 외계의 근원(alien source)으로부터 특별한 에너지를 은사로 받았기 때문이라고 밝혔다. 피터의 이 말이 구체적으로 무엇을 의미하는지는 그가 언급하지 않아 확실히 모른다. 그러나 지금까지 우리가 접해본 UFO의 접촉자들의 경우를 보면 그들이 납치되어 갔을 때 어떤 식으로든 시술이나 조치를 받아 그들 몸의 에너지 구조가 달라졌다고 하는데, 피터도 여기에 해당하는 것 아닌지 모르겠다. 그런데 피터는 침술을 3년이나 배워 거의 한의사 같은 사람인지라 그가 정말 신비한 에너지를 구사할 수 있는 능력을 갖추었다면 그가 행하는 침술은 다른 사람과 차원이 다를 것이다. 단지 침 몇 방으로 환자의 기(혈)를 '뚫어서' 그가 지닌 진동수를 업그레이드할 수 있지 않을까 싶다. 이것은 기의 세계에서는 가능한 일이다. 우리 같은 보통 사람들은 기혈이 막힌 곳이 많다. 이것이 심하게 막히면 병이 되지만 우리는 그 정도는 아니기 때문에 근근이 사는 것이다. 그런데 기의 고수가 우리의 기혈을 다 뚫어준다면 우리의 몸과 영의 상태는 말할 수 없이 좋아질 것이다. 혹시 피터가 하고자 하는 일이 그런 것 아닌가 싶다.

정리하며

이제 피터의 피랍 체험을 정리하려 하는데, 맥의 책에는 약 40페이지에 걸쳐서 그의 체험이 아주 소상하게 기술되어 있다. 맥은 특유의 현란한 분석으로 피터의 체험을 파헤쳤는데 그것을 다 소개할 필요 없어 핵심만 추출해 설명했다. 그런데 마지막 부분에서 맥은 피터의 체험을 정리 요약하고 있어 그것을 중심으로 이 장을 마무리해야겠다.

맥은 피터의 사례를 통해 다음과 같은 결론을 내리고 있다. 외계인이 인간과 교류하는 목적은 인간을 진화시키기 위해서라는 것이다. 구체적으로 말하면, 인간의 의식이 지니고 있는 진동수를 끌어올려 고차원으로 진입시키자는 것이라 하겠다. 이 같은 작업을 통해 피터 같은 피랍자들은 의식의 확장이나 변환을 겪게 되는데 그럼으로써 그들은 그들을 지구에 묶어 두고 있는 굴레를 탈피하고 '우주의 아이'가 될 수 있는 기회를 얻게 된다고 한다. 지금까지 인류는 너무 지구에만 집착해 외계에 뛰어난 다른 존재들이 있다는 것을 모르고 살았는데 이제는 그것을 탈피해야 한다는 것이다.

이 피랍자들이 전하는 말에 따르면, 지구를 방문하거나 지구 위에 떠 있는 여러 외계인 종족들 가운데에는 지구인들을 한심하게 보는 종족이 있다고 한다. 지구인들은 진화가 덜 되어 지구에서만 지지고 볶으면서 서로를 살상하고 환경을 망치고 있으니 그렇게 볼 수밖에 없다는 것이다. 그리고 일설에는 이 우주에 외계 존재들의 연합체 같은 것이 있다고 하는데 지구인들은 수준이 너무 낮아 여기에 참여하지 못하고 있다고 한다. 최근에 들어와 외계인들이 지구인들과 자꾸 교류를 시도하는 것은 지구인들을 더 이상 그대로 놓아둘 수 없다는 위기감이 작동했기 때문이란다. 지금처럼 지구인을 방치했다가는 그들이 절멸될 뿐만 아니라 지구를 망쳐 놓을 것이 뻔하니 위급 상황이 아닐 수 없다는 것이다. 그래서 이들은 일단 지구인들을 납치라도 해서 그들의 육체와 영혼에 여러 시술을 가해 질적으로 변모시키고 있다는 것이다. 그리고 이렇게 변모한 사람들은 지구인 가운데 같이 갈 수 있는 사람들을 골라 인도하는 교사 역할을 할 것이다.

외계인들에 의해 이렇게 변모한 사람들이 '지구 구하기 프로젝트'의 실현을 위해 꼭 해야 할 일이 있는데, 그것은 이 책의 주제로 되어 있는 혼혈종 만들기이다. 피랍자들에 따르면, 외계인들은 지금 현존하고 있는 인류를 앞으로 도래할 새로운 시대에는 적합하지 않은 존재로 보고 있단다. 이들은 지구를 이렇게 망친 장본인이기 때문에 앞으로 도래할 새로운 인류와 공존할 수 없다는 것이다. 그 유력한 이유는 앞에서 말한 대로 진동수가 너무 차이 난다는 것이다. 이해를 돕기 위해 굳이 비유를 든다면, 바깥세상이 4차원으로 바뀌었는데 여전히 3차원에 머물러 있는 사람은 그 새로운 세상에 들어갈 수 없는 것이 그것이다. 그런데 피랍자들은 외계인의 도움을 받아 새로운 차원의 세계에 적응할 수 있지만 그렇지 못한 대부분의 다른 사람들은 도태될 것이 뻔하다. 이러한 사태가 일어날 때를 대비해 외계인들이 피터 같은 사람을 활용해서 혼혈종을 만드는 것이다. 새 술은 새 포대에 넣어야 하듯이 새로운 세상은 새로운 인류인 혼혈종이 만들어 나가야 한다.

마지막으로 맥은 철학적인 질문을 던지는데, 내가 접해본 UFO 피랍 사건의 연구자 중에 맥만 이러한 심도 있는 질문을 던지는 것 같다고 했다. 이 질문에 대해서는 앞에서도 다루었지만 결론 삼아 다시 한번 간단하게 보자. 맥은 자신이 던지는 질문이 존재론적인 (ontological) 것이라고 하면서 다음과 같은 질문을 던진다. 피터가 인간과 외계인의 이중적 정체성을 가지고 혼혈종을 만드는 프로그램을 수행했다고 했는데 이것이 도대체 '실재의 어떤 영역'에서 일어나는 일인지 모르겠다고 실토했다. 피랍자들은 자신들의 체험이 실제로 일어난 일이라고 하지만 이 일이 도대체 어디서 언제 일어났고, 또 앞으로 언제 일어날지 전혀 아는 게 없다는 것이다.

외계인에 대해서도 같은 질문을 던질 수 있다. 언뜻 보기에 외계인들은 반(半) 육화된(semi-embodied) 존재이고 다른 차원에서 오는 것 같은데, 그와 동시에 그들은 인간들과 육체적으로 섞일 수 있을 만큼 육화되어 있는 것처럼 보인다. 이에 대해 맥은 이러한 복잡한 현상이 어디서 어떻게 이루어지는지는 전혀 모른다고 술회했다. 외계인들의 몸부터 의문투성이다. 이들의 몸은 육신 대 비육신의 이원론으로는 파악하기 곤란하기 때문이다. 만일 그들이 물리적인 육신을 가졌다면, 그들의 행동거지에는 설명할 수 없는 일들이 너무 많다. 이 점에 대해서는 앞에서 간헐적으로 보았다. 즉 공중에 떠다니는 것부터 해서 벽이나 창을 그냥 뚫고 다니는 것을 보면, 그들은 인간과 같은 육신을 가졌다고 할 수 없다. 그러나 그들은 인간과 육적으로 접촉했고 심지어 성관계까지 하니 인간과 같은 육신을 가졌다고 하지 않을 수 없다. 이처럼 외계인은 인간이 속해 있는 범주에는 들어오지 않으니 그들이 벌이는 일을 이해할 수 없는 것이다.

이것은 유전자 변형의 문제도 마찬가지라고 했다. 혼혈종을 만드는 목적은 유전자의 변형을 일으켜서 새로운 인류를 창조하는 데에 있다고 하는데 이 작업이 구체적으로 어떻게 이루어지는지에 대해서는 아무것도 모른다. 이 문제는 마치 난제처럼 어느 누구도 확실하게 규명하지 못하고 있다. 맥은 특히 이 같은 일은 서양의 과학적/철학적 시각에서는 완전히 '넌센스'로 취급될 수밖에 없다고 하면서 안타까움과 함께 이 장을 마쳤다.

제2사례: 캐서린의 변신

이제부터 볼 두 번째 사례는 캐서린이라는 여성이다. 앞에서 남성 사례를 다루었기 때문에 이번에는 여성의 경우를 보려고 한다. 혼혈종의 문제를 다룰 때 남성과 여성의 입장은 상당히 다르기 때문에 남성과 여성을 같이 다루어야 한다. 여성은 실제로 혼혈종을 배태하기 때문에 남성과는 전혀 다른 경험을 한다(그런데 여성은 이 혼혈종 아기를 인간처럼 자신의 몸을 통해 해산하지는 않는다). 캐서린도 같은 경험을 했는데 심지어 그녀의 아기로 간주되는 아기를 안아보는 체험도 한다.

이런 경험은 UFO에 납치된 피랍자 여성들이 많이 겪는 것인데 나중에 보겠지만 캐서린의 경우에는 UFO 비행선 안에 보관되어 있는 혼혈종 아기들을 생생하게 목격한 것이 특이하다. 맥의 책에는 캐서린이 이 아기들이 들어 있는 유리관 옆을 지나가는 모습을 그려놓은 그림이 있어 더욱더 생생한 느낌이다. 캐서린의 피랍 체험이 또 특이한 것은 외계인들에 의해 그녀의 전생이라고 간주되는 모습이 재생되었다는 점이다. UFO 피랍자들에게는 이것도 종종 일어나는 현상인데 이런 사례를 통해 보면 외계인들에게는 전생이니 현생이니 하는 것들이 따로 존재하는 게 아니라 동시에 존재하는 것 같은 느낌을 받는다. 이 같은 시각을 받아들인다면 우리는 외계인과의 만남이 우리의 삶과 죽음 문제에 새로운 관점을 제공할 수 있지 않을까 생각해 본다.

캐서린의 '미싱 타임' 체험

캐서린의 미싱 타임(사라진 시간)은 그녀가 1991년 3월 맥에게 도움을 청하기 위해 전화를 하면서 상기(想起)되기 시작한다. 당시 그녀는 23세였는데 낮에는 음악을 공부하고 밤에는 나이트클럽에서 일했다. 그녀는 맥에게 전화하기 몇 주 전에 일을 마치고 귀가하다가 기이한 일을 겪었는데 그런 일은 처음 당한 것이라 자신이 무슨 사건을 겪은 것인지 전혀 알지 못했다.

그날 그녀는 집으로 차를 몰고 가다가 무슨 충동에서인지 다른 길로 빠졌다. 명분은 드라이브를 즐기려는 것이었는데 자신이 왜 그날 그 길로 갔는지는 본인도 설명하지 못했다. 그렇게 운전하면서 돌아다니다가 집에 돌아왔는데 다른 때와 달리 이상하게도 45분이 더 걸린 것을 알 수 있었다. 그렇지만 아무 기억이 없었기 때문에 별다른 생각을 못 하고 있었는데 그다음 날 방송에서 전날 밤 UFO가 이 지역에 등장했다는 뉴스가 흘러나왔다. 그런데 놀라운 일이 있었다. UFO가 날던 행로가 캐서린이 운전하고 가던 길과 일치했던 것이다. 그때 캐서린은 UFO에 관한 책을 읽고 있어서 혹시 본인이 어제 UFO를 만난 것은 아닌가 하고 생각했지만 증거가 확실하지 않아 그 생각을 접으려고 했다. 그런데 아침에 코피가 나는 것을 보고 이 일이 일상적인 일이 아니라는 것을 깨달았다. 코피가 나올 상황이 아니었는데 뜻하지 않게 코피가 터졌으니 UFO 납치 체험 아닌가 하고 의심한 것이다. 그녀가 이런 의심을 할 수 있었던 것은 당시 UFO 관련 책을 읽고 있었기 때문이었을 것이다. 이런 생각 끝에 그녀는 맥에게 전화하여 최면 세션을 시작하게 된다.

그녀가 맥과 나눈 세션에 대해 보기 전에 여기서 잠깐 보고 갈 것이 있다. 당시 캐서린은 멀쩡히 차를 잘 몰고 가다가 전에는 한 번도 가보지 않은 길을 갔다. 그리고 45분의 '사라진 시간'이 발생했다. 이런 일은 차를 몰고 가던 피랍자들에게 종종 발생하는 일이다. 사실 앞에서 언급하지 않았지만 바니와 베티의 경우에도 이와 비슷한 일이 있었다. UFO가 쫓아오는 것을 목격한 바니는 황급히 차를 몰았는데 갑자기 달리던 아스팔트 길을 벗어나서 흙길로 들어섰다. 그리곤 거기에 정지했고 곧 납치를 당했는데 이 흙길은 비포장도로일 터이니 사람들이 거의 다니지 않는 한적한 도로이다. 바니는 이 일이 있은 뒤에도 자신이 그때 왜 한 번도 가본 적이 없는 비포장도로로 갔는지 그 이유를 알지 못했다. 그냥 그 순간 그 길로 가야 할 것 같아 핸들을 돌린 것이리라. 그런데 이것은 외계인들이 획책한 일 아닌가 한다. 왜냐하면 외계인들은 한적한 데에서 인간들을 납치하는 것을 선호하는 것으로 보이기 때문이다.

이와 같은 사례가 앞에서 거론한 제이컵스의 책(1992, p. 67)에도 나온다. 패티 레인이라는 여성의 경우인데 이 사람도 멀쩡히 차를 잘 몰고 가다가 자기도 모르게 웬 흙길로 들어섰다. 물론 이 길은 인적이 드문 길인데 그녀는 여기에서 납치를 당하게 된다. 이것은 앞에서 말한 대로 외계인들이 자신들의 일을 은밀하게 하기 위해 피랍자의 의식을 조종해 한적한 곳으로 차를 몰게 한 것 같다. 이 추정이 맞는다고 하더라도 여전히 설명할 수 없는 부분이 남아 있다. 가장 궁금한 것은 UFO에 타고 있는 외계인이 어떻게 지상에 있는 지구인들의 의식을 좌지우지하느냐는 것이다. 그러니까 이번 사례에서는 어떻게 캐서린이 다른 길로 가게끔 그녀의 의식을 조종했느냐는 것이다. 물론 텔레파시로 조종한다고 생각할 수 있지만 구체적으로 어떤 시스템으로 이런 일이 가능한지는 알 수 없다. 외계인들은 하늘에 떠 있는 비행선 안에 있고 피랍자는 지상에서 차를 몰고 있는데 어떻게 지상에 있는 인간의 의식에 자신들이 원하는 정보를 주입하는지 알 수 없다는 것이다.

캐서린이 기억해 낸 피랍 체험

어떻든 이렇게 해서 캐서린은 맥을 만나 최면 세션을 시작했는데 첫 번째 세션에서 그녀는 9살 때 꾼 꿈을 기억해 냈다. 그 꿈에서 그녀는 긴 손가락을 가진 어떤 존재가 뒤에서 그녀를 잡는 바람에 크게 놀라면서 전신이 마비됐다고 했는데 이게 외계인을 만난 체험인지 아닌지는 본인이 밝히지 않아 우리도 알 수 없다.

또 그 전 해(1990)의 크리스마스 때 꾸었던 꿈도 기억해 냈다. 그녀는 그때 알래스카에 있던 모친의 집을 방문하고 있었는데 자신이 외계인의 비행선 안에 있는 장면을 기억한 것이다. 당시 UFO에 의해 납치되었던 모양인데 피랍되는 과정을 밝히지 않아 그녀가 어쩌다 비행선 안으로 들어갔는지는 알 수 없다. 그녀의 증언에 따르면 그 비행선의 실내에는 큰 어항 같은 게 있었고 벽은 굽어 있었다고 한다. 아울러 정확한 이유는 모르지만 자신은 바늘에 대한 공포가 있었다고 전했다. 첫 번째 세션은 이처럼 별 소득이 없었던 모양이다. 이런 기억들은 모두 UFO 피랍 체험을 암시하지만 구체적인 것이 나오지 않아 다음 세션을 기다리기로 했다.

나는 이처럼 별 소득이 없는 세션이 있는 게 더 신임이 간다. 사람들은 어줍은 생각에 최면만 하면 모든 정보가 마구 쏟아져 나올 것처럼 상상하기 쉬운데 현실은 전혀 그렇지 않기 때문이다. 최면이 만사가 아니라는 것이다. 이렇게 최면이 잘 안 되었다는 것은 맥과 피랍자가 어떤 조작도 하지 않고 있는 그대로 진행하고 있다는 것을 암시한다. 그래서 신임이 더 간다고 한 것이다.

이렇게 결과가 시원치 않으면 굳이 강행할 필요가 없다. 최면 실험을 지속할 필요가 없다는 것이다. 그 같은 생각을 했던지 맥은 캐서린에게 기억이 또 떠오르면 전화를 달라고 하고 캐서린 실험을 일단락했다. 그 뒤로 그녀로부터 오랫동안 아무 연락이 없었다고 한다. 그러다 9개월 후 맥에게 캐서린이 쓴 편지가 도착했다. 내용인즉슨, 1990년 크리스마스 때 알래스카의 모친 집 뒤에서 우주선을 본 '인상'('기억'이라는 용어는 너무 세서 '인상'이라는 용어를 썼다고 한다)이 생각났다는 것이었다. 그리고 휘틀리 스트리버의 소설 『Communion』을 바탕으로 만든 같은 제목의 영화를 보고 공황에 가깝게 놀랐다고 전했다. 이 소설은 잘 알려진 것처럼 스트리버가 자신의 피랍 체험을 논픽션 형태로 쓴 것이다. 캐서린은 자기가 무엇을 체험했는지 정확히 기억나지 않지만 자신이 체험한 것과 비슷한 내용이 영상으로 나오니 자기도 모르게 놀랐던 모양이다. 그런가 하면 또 6개월 전에는 구름 속에서 수상한 빛을 목격했고 자신의 턱 밑에서 기원을 알 수 없는 상처가 있는 것을 발견했다고 했다. 그녀는 이런 체험들이 수상해서 그냥 지나칠 수 없으니 도대체 무슨 일이 있었던 것인지 알고 싶어 맥에게 다시 도움을 청한 것이다.

캐서린의 이 같은 부탁에 따라 맥은 8개월 동안 5번의 최면 세션을 갖는다. 그 결과 그녀의 피랍 체험이 낱낱이 드러났고 그 과정에서 아주 강력한 감정이 표출되기도 했다. 그뿐만 아니라 캐서린은 매월 모이는 피랍자 지지 모임(support group)에도 참석하여 다른 피랍자들에게 든든한 버팀목이 되었다고 한다. 사정이 이렇게 되자 그는 음악 전공을 버리고 대학원에서 심리학을 공부하기 시작했다. 이렇게 주전공을 바꾸는 일은 피랍자에게서 흔하게 발견되는 일이다. 이들은 외계인과 만나는 체험에서 인간의 의식에 대해 새로운 면을 경험했기 때문에 심리학과 같은 관련 학문에 비상한 관심을 갖게 된다. 맥에 따르면 캐서린의 사례는 피랍자 가운데에서 자신의 체험을 명확하게 기억하는 사례에 속한다고 한다(어떤 요인 때문에 캐서린이 이렇게 명확한 기억을 할 수 있었는지 궁금한데 맥은 그 점에 대해서는 의견을 표명하지 않았다). 그뿐만 아니라 그녀가 피랍 체험에서 겪었던 공포를 극복하면서 개인적으로 성숙해지고 변신하는 모습도 괄목할 만하다고 밝혔다.

캐서린은 우선 3살 때 겪었던 첫 번째 피랍 체험을 기억해 냈다. 이것은 최면을 통해 알아낸 것이 아니라 스스로 기억해 낸 것인데 이 기억은 1992년에 방영되었던 CBS 방송의 미니시리즈인 "Intruders"을 보다가 촉발되었다고 한다. 이 드라마는 앞에서 언급했던 버드 홉킨스의 『Intruders: The Incredible Visitations at Copley Woods』라는 책을 바탕으로 만들어진 것이다. 이 드라마에 주인공이 창문 너머로 외계 존재 같은 것을 목격하는 장면이 나오는데 캐서린도 같은 경험을 하지 않았던가? 그녀도 창문 너머에서 외계인 같은 존재를 발견한 것을 기억해 냈는데 그녀가 묘사한 이 존재의 특징은 스몰 그레이의 그것과 일치했다. 이 존재는 창문을 뚫고 들어와 자신의 모습을 드러냈다. 그때 광선 빔이 바닥을 비췄는데 그와 동시에 그녀는 자신이 부양되어 거실로 인도되는 것 같았다고 한다. 그런데 이때 그녀는 이 괴물처럼 생긴 스몰 그레이들이 자신을 잡으러 온 것 같아 큰 공포에 빠졌는데 엄마에게 도움을 요청하려고 소리를 지르려 했지만 말이 나오지 않았다. 그런 식으로 현관을 뚫고 밖으로 나가자 그녀는 그곳에서 아주 환한 빛을 대면할 수 있었는데 그 가운데에는 비행선 같은 것이 있었다. 비행선은 원반 모양이었고 전체가 빛나고 있었단다. 그녀는 그 비행선 안으로 끌려 들어갔고 둥 그렇게 생긴 방으로 인도되었다. 그 방 둘레에는 벤치가 설치되어 있었는데 10살 미만의 아이 5, 6명이 놀고 있었다고 한다. 캐서린은 이 아이들과 같이 놀게 되는데 이 장면은 별로 중요하지 않아 설명을 생략한다(그러나 UFO 안에서 아이들을 만나 같이 놀았다는 것은 특이한 체험이기는 하다).

캐서린이 그다음에 외계인과 만났던 기억은 세 번째 최면 세션에서 예기치 않게 회복되었다. 이에 대한 설명이 다소 복잡한데 간단하게 축약해 보자. 그녀가 어느 날 친구 집에 갔는데 그 집에서 기르는 공작을 보기 위해 잠시 일행에서 빠져나와 공작이 있는 곳으로 갔다. 그런데 거기서 그녀는 외계인을 만났고 그 외계인에 의해 납치되어 비행선으로 끌려갔는데 그때 도망치고 싶었지만 그 외계인이 그녀를 꽉 잡고 있어 그럴 수 없었다고 한다. 이때 그녀는 최면 중에 무력감에 빠져 울기 시작했다. 그렇게 울면서 '그가 나를 잡아가고 있어요. 우리는 날아가고 있어요. 모든 게 밑으로 보여요'라고 말했는데 이것은 아마 그녀가 비행선으로 끌려 가면서 밑의 광경을 보고 한 소리인 것 같다. 그녀는 자기를 잡아가는 이 작은 외계인이 너무 미워서 때리고 싶었는데 움직일 수 없어 가만히 있었다고 한다. 그런데 이를 알아챈 외계인은 그녀가 웃긴다고 생각했다고 한다. 외계인이 가진 이 생각이 그녀에게 전달되어 안 것이리라.

그러더니 이 외계인이 무언가를 가져와서 그녀의 몸에 작은 상처를 내려고 했다. 그녀가 외계인에게 무엇 하느냐고 묻자 외계인은 샘플을 채취하려는 것이라고 대답했다. 그러면서 그들은 그녀의 왼손 넷째 손가락에 작은 상처를 내고 점안기(eyedropper) 같은 기구로 아주 작은 양의 피를 뽑아갔다고 한다. 캐서린이 그들에게 '왜 이런 일을 하느냐'라고 물으니 '우리는 당신의 별(지구)을 조사하고 있다'라고 대답했다. '우리 지구가 뭐가 잘못됐느냐'라고 다시 물으니 '우리는 환경 공해에서 오는 피해를 멈추게 하려고 한다'라는 답이 돌아왔다. 캐서린이 '나는 그런 거 모른다'라고 하자 외계인은 '앞으로 알게 될 것이다. 그리고 우리는 당신에게 돌아올 것이다'라고 답했다고 한다.

그런 대화가 끝나고 그녀는 지상으로 되돌려 보내져서 아까 보았던 공작이 있는 곳으로 다시 왔는데 돌아오는 과정에 대해서는 따로 밝히지 않았다. 그녀는 그 길로 친구들이 있는 쪽으로 달려갔는데 그녀가 자리를 비운 시간은 약 15분 정도밖에 안 되었다고 한다. 그 시간이 짧아서 그런지 다른 친구들은 아무 눈치 못 채고 TV만 보고 있었다고 한다.

상상 스파이를 쓰는 특별한 최면 기법

이 장에서 나는 맥이 매우 특이한 최면 기법을 쓰는 것을 보고 놀랐는데 이것은 소개할 만한 가치가 있어 한 번 살펴보았으면 좋겠다. 이 이야기는 캐서린이 알래스카에 있는 엄마 집을 방문했을 때 겪은 일에서 비롯되었다. 물론 그녀가 최면 상태에서 기억해 낸 이야기이다. 이야기가 복잡하지만 간단하게 풀면, 그녀가 엄마 집에 있다가 이상한 힘에 이끌려 밖으로 나왔는데 그곳에는 외계인들의 비행선이 있었고 그 옆에 똑같은 키의 외계인 5명이 줄을 지어 서 있었다. 당시 알래스카는 겨울이라 대단히 추웠는데 이 존재들은 아무것도 입고 있지 않아 이상했다고 한다.

그들은 그녀를 기다리고 있었던 것 같은데 그녀는 팔과 무릎이 마비된 상태에서 멈칫거리며 비행선 쪽으로 다가갔다. 그녀는 자기 힘으로 걸어갔다기보다 그녀를 이끄는 힘에 의해 인도됐을 것이다. 그때 그녀는 이 일을 기억하면서 두려운 나머지 흐느꼈는데 맥에게 따뜻한 심리적인 지원을 해주면 좋겠다고 밝혔다. 그런데 맥이 이런 그녀를 위해 어떤 행동을 했는지 밝히지 않아 그녀가 어떤 위로를 받았는지 모른다. 이런 상황이었기에 그녀는 비행선 안으로 들어가는 게 두려웠다. 이것은 당연한 일이다. 지금 내가 들어가야 하는 곳이 어떤 곳인지 전혀 모르는데 그런 곳으로 들어가는 일이 어떻게 두렵지 않겠는가?

이때 맥은 기발한 생각을 한다. 나도 최면을 조금은 배우고 또 직접 실행도 해보았지만 이때 맥이 활용한 최면 기법은 접해 본 적이 없다. 이것은 언젠가 한번 써보고 싶은 생각이 들 정도로 탁월한 기법이다. 이때 맥이 캐서린에게 제안한 것은, 상상의 스파이 인형을 먼저 비행선 안으로 들여보내라는 것이었다. 이 말은 캐서린이 사념으로 인형(puppet)을 만들어 그것을 방 안에 넣어서 그 안의 동태를 살피게 하라는 것이다. 그 인형 자체도 캐서린의 의식이겠지만 어떻든 대타가 하나 나왔으니 자신이 직접 방 안으로 들어가지 않아도 된다는 생각에 그녀는 안심했다. 그런 식으로 캐서린이 인형을 만들어 안을 살펴보니 내부는 달걀 모양으로 생겼고 금속 재질인 것 같다고 전했다.

이같이 해서 별문제가 없는 것이 확인되자 그녀 자신이 비행선 안으로 들어갔는데 스파이 인형이 보고한 대로 내부는 단순하게 되어 있었다. 그런데 그녀는 거기서 바로 또 다른 방으로 들어가야 했다. 그녀가 납치됐을 때 그 방에서 모종의 일을 겪었기 때문에 그 방으로 가야 했다. 그러나 이번에도 무서운 생각이 들어 그녀는 이 스파이 인형을 먼저 보냈다. 그 인형을 통해 내부를 보니 판이나 계기 등이 많았는데 그것들은 인간 세계의 것과 많이 달랐다고 한다. 우리도 가끔 미국의 나사 같은 곳의 상황실 내부를 TV로 보는 경우가 있는데 그곳에도 많은 계기판이 있는 것을 알 수 있다. 캐서린이 외계인의 비행선에서 목격한 내부의 계기판은 이것과 다르다는 것인데 어떻게 다른지는 그녀가 구체적으로 밝히지 않아 확실히 모른다. 그녀의 증언은 이어진다. 방 가운데에는 탁자 같은 게 있었고 의사처럼 보이는 존재가 기다리고 있었다. 그녀는 여기서 지난번처럼 좋지 않은 일이 벌어질 것 같은 느낌을 받아 맥에게 이번 세션은 그만하자고 말했다. 우리가 충분히 예상할 수 있는 것과 같이 이곳에서는

생체 실험이 이루어졌을 텐데 캐서린이 그 낌새를 채고 최면 중단을
요구한 것이다.

UFO 안에서 벌어지는 본격적인 생체 실험과 진풍경

그다음 최면 세션에서 캐서린은 앞에서 예측한 바와 같이 그
방에서 진행된 생식과 관계된 실험을 기억해 냈다. 그런데 그 이야기
를 들어보면 흉측해서 그녀가 두려워할 만했다는 생각이 든다. 지구
에서 살 때는 한 번도 받아보지 못한 기괴한 생체 실험이라 그렇게
생각할 수밖에 없었을 것이다. 독자들도 캐서린이 밝힌 내용을 들어
보면 그녀에게 동감할 것이다.

이 방에서 그녀는 탈의 상태로 테이블 위에 누워 있었다. 이미 옷
이 다 벗겨진 상태가 되어 있었던 것이다. 그리고 그 옆에는 의사로
보이는 외계인이 원뿔처럼 생긴 기구를 들고 있었는데 그 기구 끝에
는 정체를 알 수 없는 것이 붙어 있었다. 그는 그 기구를 그녀의 생식
기 속으로 넣었는데 그의 손보다 더 찼다고 한다. 그 기구는 생식기
끝까지 간 것 같은데 아프지는 않았다고 전했다. 그 기구는 난소가
있는 부분으로 갔는데 그녀가 생각하기에 그곳에서 샘플을 채취하
는 것 같았다고 한다. 외계인이 기구를 끄집어냈을 때 그녀는 거기에
무엇이 붙어 있는지 확실히 보지는 못했다. 그런데 추정컨대 자궁의
벽이나 나팔관 등에서 조직을 떼어낸 것 같은 느낌이었다고 한다.

맥이 다른 검사는 없었냐고 물으니 캐서린은 그 외계인이 30cm
쯤 되는 금속 봉을 자신의 콧구멍으로 넣었다고 답했다. 약 15cm나
들어갔다는데 아프지는 않았지만 숨쉬기가 곤란했다고 한다. 이 정

UFO 안에 있는 유리 용기에 저장되어 있는 외계인 아기들
맥(1992, p.142)

도면 이 봉이 그의 뇌 안으로 들어간 것인데 캐서린은 그 안에서 무엇인가 부서지는 소리가 들렸다고 전했다. 그렇게 하고 봉을 뽑았는데 봉의 끝에 피가 묻어 있었고 그녀의 코안에도 피가 조금 흘렀다고 한다. 우리는 앞에서 캐서린이 수개월 전 어느 날 아침에 코피가 난 것을 보고 이상하게 여겨 맥에게 연락한 것을 기억하는데 이것은 아마 이때 발생한 사건이었던 것 같다. 그런데 외계인이 왜 이런 시술을 했는지는 캐서린이 밝히지 않아 그 이유를 모르는데 아마 칩 같은 것을 심으려고 했던 것 아닌가 한다.

이 시술이 끝난 뒤 저들은 캐서린을 데리고 다른 방으로 갔다. 그런데 그 방도 깜깜해서 캐서린이 들어가기를 꺼렸다. 그러자 맥은 이번에도 캐서린에게 앞에서 말한 스파이 인형을 먼저 넣어보라고 제안했다. 캐서린이 그 말을 따르자 이때 이 인형이 본 것은 맥과 캐서린을 충격에 빠트렸다. 이 인형의 보고에 따르면 방의 왼쪽 면에 바닥부터 천장까지 상자 같은 것이 4~5층으로 배치되어 있었는데 다

합치면 그 수가 약 40개 정도가 되는 것 같았단다. 그런데 놀랍게도 그 안에는 결함이 있는 육체를 지닌 생명체도 있었다고 한다. 조금 있다가 캐서린이 직접 이곳을 지나면서 보니 외계인 아기들이 액체 속에 들어 있었다. 이 아기들은 옷이 없는 상태로 서서 있었는데 흡사 장난감 인형들이 플라스틱 상자 안에 있는 것 같은 모습이었다고 한다.

캐서린이 그 방을 지나 다른 방으로 들어가니 거기는 완전히 별천지였다. 갑자기 숲이 펼쳐진 것이다. 나무나 돌, 흙 등 숲에 있는 것들이 다 있었다. 심지어 소나무 향이 나기도 했다. 이 방의 크기는 고등학교의 체육관 정도였다고 한다. 캐서린은 최면 중에 UFO 안에서 숲을 보는 게 납득이 되지 않는다고 하면서 말도 안 된다고 소리쳤다. 이 사건이 사실이라면 우리는 이 사건을 어떻게 이해하면 좋을까? 물론 추정만 할 수 있는 것인데, 우선 이것은 외계인들이 캐서린의 의식을 조작해 앞에 숲이 있는 것처럼 만든 것 아닌가 한다. 흡사 가상현실 같은 것을 만들어 그녀가 실제로 숲 안에 있는 것처럼 느끼게 만든 것이리라. 그런데 외계인들이 왜 캐서린에게 이런 숲 이미지를 보여주었는지는 그녀가 밝히지 않아 잘 모르겠지만 아마 지구가 이렇게 아름다우니 제발 환경 공해를 일으켜 망치지 말고 잘 보존하라는 의미가 아닌가 한다.

마지막으로 캐서린은 맨 처음에 들어왔던 방으로 돌아갔고 거기서 옷을 돌려받았다. 그리곤 그들은 그녀를 집에까지 데려다주었다고 한다. 심지어 현관문까지 열어주었다고 하는데 이들은 꽤 친절한 외계인이었던 모양이다. 보통의 외계인들은 그 사람을 납치한 데에만 데려다주고 마는데 캐서린의 경우에는 문까지 열어주었으니 말이다. 캐서린은 그 길로 다시 침대에 들어가 잤는데 그녀가 납치되었던 동안 그녀의 모친은 계속해서 자고 있었다고 한다. 최면이 끝나기 전에 맥은 캐서린이 기억해 낸 것이 어느 정도 현실성이 있냐고 그녀에게 물었다. 그러자 그녀는 이 체험은 꿈인 것 같지 않은데 기억해서는 안 될 것을 기억한 것 같은 느낌이 들었다고 말했다. 그리고 덧붙여서 이 사건이 진짜라고 생각하는 게 그녀를 두렵게 만든다고 전했다.

캐서린이 1991년에 겪은 피랍 체험은 네 번째 최면 세션에서 더 자세하게 표출되었다. 그때 그녀는 옷을 하나도 걸치지 않은 채로 비행기 격납고처럼 엄청나게 큰 방으로 인도되었다. 그녀는 그곳에 테이블이 몇백 개나 있는 것을 보고 적이 놀랐다. 그리고 그 테이블의 $\frac{1}{3}$부터 $\frac{1}{2}$정도에는 인간들이 잡혀 와 그 위에서 모종의 실험을 당하고 있었단다. 그녀의 추산으로 그곳에 있던 사람은 100명과 200명 사이였다. 캐서린도 한 테이블로 가서 처치를 받았는데 그곳에는 뜬금없게도 수염이 있는 흑인이 있었다고 한다. 이게 도대체 무슨 말일까? 갑자기 웬 수염 난 흑인이 있다고 하는 걸까? UFO 사건과 관계된 것들을 살펴보면 이렇게 뜬금없는 게 갑자기 나와 이해를 어렵게 만든다. 통상적으로 그냥 키 큰 그레이가 있다고 하면 이해가 되지만 이처럼 인간이, 그것도 수염이 있는 흑인이 외계인 행세를 하는 것은 믿기 힘들기 때문이다. 이런 것이 자꾸 나오면 이야기 전체가 믿을 수 없는 게 되는데 이 때문에 사람들이 UFO 피랍 체험 전체를 황당한 이야기로 치부하는 것이다.

　그런 의문은 뒤로 하고 다시 캐서린의 설명을 들어보자. 이 존재는 캐서린을 앉혀 놓고 그녀의 척추뼈가 몇 개가 되는지 세었다고 한다. 이렇게 외계인이 인간의 척추뼈를 세는 사례가 드물지 않게 발견되는데 이것은 그들이 인간들의 뼈에 대해 호기심을 가졌기 때문일 것이다. 외계인은 왜 인간의 척추뼈에 관심을 갖는 것일까? 이 사례를 통해 추정해 보면 그들은 인간과 달리 척추가 없을 것 같다. 사실 외계인의 몸의 내부 구조가 어떻게 이루어졌는지는 초미의 관심사인데 아직 속 시원하게 밝혀진 게 없다. 로즈웰에 추락한 UFO에서 외계인의 사체가 나왔고 그것을 분명히 검시했을 텐데 나는 아직 그 내용을 접하지 못했다. 물론 그때 그곳에 있었다고 주장한 간호사가 증언한 것이 있기는 하지만 믿을 수 있을지 모르겠다.

　외계인의 탐문은 계속된다. 이들은 그녀의 팔과 다리와 발목과 장딴지와 목을 두루 만졌다. 무언가를 느끼려고 하는 것 같았다고 하는데 캐서린이 보기에 이 존재는 그녀에 대해 모든 것을 알고 있는 것 같은 느낌이었다고 한다. 왜냐하면 캐서린이 어떤 것을 질문하려고 하면 그 질문을 미리 알고 답을 주었다고 하니 말이다. 이 대목에서 나는 큰 의문이 생기는데 이것은 다른 기회에도 말한 것이다. 그것은, 이렇게 외계인들이 인간에 대해 잘 알고 있다면 왜 인간들을 자꾸 붙잡아다가 생체 실험을 계속 하느냐는 것이다. 외계인에게 납치된 사람들의 이야기를 들어보면 노상 똑같은 실험을 당하는 것 같은데 그동안 그만큼 조사했으면 그들이 인간들에 대해 알 만큼 알 것 같은데 왜 계속해서 인간을 납치해서 고통을 주는지 모르겠다는 것이다.

그다음 과정은 그로테스크까지 하다. 이 외계인이 쇠로 만든 긴 막대를 그녀의 자궁 속에 넣었기 때문이다. 이 때문에 캐서린은 매우 속상해했는데 그는 이 막대를 이용하여 그녀의 자궁 속에서 무엇인가 떼어내려고 했다고 한다. 나중에 보니 그것은 태아였다. 맥이 그 태아가 몇 개월이나 된 것 같냐고 물으니 3개월 정도 된 것 같았고 주먹 정도 크기였다고 답했다. 맥이 다시 그녀에게 이 태아가 인간을 닮았느냐고 물으니 캐서린은 잘 모르지만 눈은 외계인을 닮았다고 답했다. 그 외계인은 태아를 자랑스럽게 여기며 옆에 있는 스몰 그레이에게 주자 이 그레이는 카트에 있는 용기에 이 태아를 넣고 가버렸다. 그러면서 이 존재는 캐서린에게 '당신도 이 태아에 대해 자랑스럽게 생각해야 한다'라고 말했다. 그 말에 화가 난 캐서린이 '거짓말하지 마라. 당신은 내 인생을 망치려 하고 있다'라고 따지자 그 존재는 '우리는 당신의 인생을 망치지 않는다. 그리고 당신은 이번 사건을 기억하지 못할 것이다'라고 응대했다. 이렇게 해서 보낸 시간이 앞에서 말한 대로 45분이었고 그녀는 차로 돌아와서 귀가할 수 있었다.

체험 뒤에 영적으로 깨어나는 캐서린

그런데 이렇게 세션을 거듭하면서 캐서린의 태도가 조금씩 바뀌기 시작했다. 그녀는 이 체험이 일상적인 의식 상태가 아니라 비일상적인 의식 상태에서 일어난 것이라고 생각했다. 그리고 그녀는 자신이 이 체험을 긍정적으로 받아들인다면 자신의 세계관이 바뀔 수 있다는 믿음을 갖게 된다. 이렇게 하려면 공포를 극복하는 것이 중요하다고 생각해 그녀는 공포를 극복하는 주문까지 만들어 스스로 되뇌었다고 한다.

이렇게 노력한 끝에 캐서린은 외계인들이 인간들보다 영적으로 그리고 감정적으로 진보되어 있다는 결론에 다다랐다. 특히 그들은 감정적인 면에서도 진화해 있어 인간처럼 그렇게 감정적인 행동을 하지 않는다고 한다. 그런데 캐서린의 이 견해는 앞에서 본 것과 조금 다르다. 앞에서 피터는, 외계인들은 감정적인 면이 발달하지 않아 인간으로부터 감정을 배우기를 원한다는 의견을 피력했다. 외계인들이 인간을 납치하는 이유 중의 하나가 바로 인간의 감정을 체험하기 위해서라는 것이다. 그런데 캐서린은 외계인이 감정적인 면에서도 인간을 앞서 있다고 하니 양자의 견해가 일치하지 않는다. 그러나 캐서린의 말에도 수긍할 수 있는 부분이 있다. 즉 외계인은 인간처럼 감정적인 행동을 하지 않는다는 것 말이다. 이런 면에서 감정적인 면에서도 외계인이 인간보다 더 진화했다는 것인데 나는 이 견해에 동의한다. 외계인이 감정적으로 매우 진화했기 때문에 인간의 입장에서 볼 때 감정이 없는 것처럼 보이는 것이지 감정이 발달하지 않은 게 아니라는 것이다. 이 문제는 좀 더 연구가 필요하니 이 정도에서 탐구를 그치기로 한다.

이러한 저간의 사정을 파악한 캐서린은 자신이 이 납치 체험을 두려워하고 거부하는 대신 그들에게 협력한다면 자신도 그들로부터 좋은 것을 얻어낼 수 있을 것이라는 깨달음을 얻게 된다. 이런 깨달음이 생겨서 그런지 1992년 7월이 되자 그녀에게 영적으로, 또 심리적으로 큰 변화가 있었다. 특히 그녀는 다른 사람과 관련해서 직관적으로 뛰어난 능력을 갖게 되었다. 우선 그녀는 이 같은 깨달음이 있은 다음부터 사람들의 오라를 느낄 수 있었다고 한다. 그녀는 이렇게만 이야기하고 구체적인 사항은 밝히지 않아 그녀가 다른 사람의 오라를 어떻게 느끼는지 알 수 없다. 그러나 다른 사람의 경우와 비교해 보면 그녀가 이 능력으로 무엇을 하는지 추정해 볼 수 있다. 그녀는 아마 오라의 색깔이나 상태를 보고 그 사람의 감정이나 건강이 어떤 상태에 있는가를 파악했을 것이다. 이런 예는 주변에서 어렵지 않게 발견된다. 그리고 그녀가 다른 사람과 이야기하고 있으면 그 사람이 속으로 무슨 생각을 하고 있는지도 알 수 있었다고 한다. 일종의 독심술을 하는 것이리라. 이런 일은 근사체험을 한 사람 가운데에서도 발견할 수 있는데 이 일이 가능한 것은 아마도 그녀가 에너지 차원이 높은 외계인들과 교통하면서 자신의 에너지 차원이 높아진 덕이 아닐까 한다. 자신(의 의식)의 진동수가 빨라져서 오라의 에너지 수준 같은 고차원적인 현상도 경험하고 타인의 마음도 읽을 수 있게 된 것이리라. 다른 표현으로 하면, 육체적인 눈이 아니라 그녀의 영안(영적인 눈)이 열린 것이라고 할 수 있을 것이다.

그런가 하면 그녀에게는 이 깨달음에 걸맞게 이전에는 없던 감각적인 현상이 종종 발생했다고 한다. 예를 들어 빛이 번쩍인다던가 일정한 유형의 색깔이 눈앞에 나타나는 일이 있는가 하면 허밍 하는 소리나 '즈즈..'하는 소리가 들리기도 했다. 이런 것들은 모두 그녀의 감각 기관이 변모되면서 생긴 일인 것 같은데 왜 이런 현상이 생기는지는 알 수 없다. 굳이 추정해 본다면 그녀의 의식이 지닌 진동수가 빨라지니 이전에는 감지하지 못했던 소리나 이미지가 잡히는 것 아닌지 모르겠다. 외부 세계라는 것은 우리가 느낄 수 있는 만큼만의 모습으로 나타나니 우리(의 의식)가 바뀌면 외부 세계가 바뀌는 것은 당연한 일이다.

전생을 체험하는 캐서린

그다음 세션인 다섯 번째 최면 때 매우 재미있는 일이 벌어졌다. 캐서린의 전생으로 보이는 삶이 나타났기 때문이다. 이 세션에서 그녀는 앞에서도 언급한 대회의실 같은 곳으로 인도되었다. 그런데 그 방의 스크린에는 말할 수 없이 아름다운 자연의 풍경이 펼쳐졌다. 그녀는 이번에도 자신이 조종당하고 있다고 생각했지만 마땅히 할 수 있는 일이 없어서 그냥 광경이 펼쳐지게 내버려두었다고 한다. 모든 것을 외계인들이 통제하고 있으니 그녀가 할 수 있는 일이 없었던 것이다.

그런데 스크린에 나타난 경광이 갑자기 사막으로 바뀌더니 피라미드가 나타났다. 그리곤 계속해서 옛 이집트와 관계된 것들, 즉 상형문자나 관련 그림들, 그리고 파라오의 이미지가 나타났는데 그녀는 이런 것들이 자신의 전생을 보여주는 것 같다고 실토했다. 이 시점에서 그녀는 자신이 이집트 물건들을 매우 좋아한다고 하면서 이 영상에 흥미를 보였다. 그러더니 이 스크린에 당시의 피라미드 무덤에서 벽에 그림을 그리는 그녀의 모습이 나타났다고 한다. 이것은 그녀의 전생 모습이라고 하는데 당시는 남자였다. 이때의 이미지가 매우 강했던지 그녀는 이것은 허상이 아니고 진짜라고 강조했다.

맥이 당시 상황을 더 자세하게 말해달라고 하자 그녀는 전생이 생각나는 듯 당시 자신은 '아크레메논'이라는 이름의 화가였다고 밝혔다. 화가도 그냥 화가가 아니라 피라미드 벽에 그림을 그리는 화가였다고 한다. 그녀는 이 화가에 대해 믿을 수 없이 정확하게 묘사했다. 이런 것들은 그녀가 다른 책을 통해 얻을 수 있는 정보가 아니고 자신이 직접 당시에 살았기 때문에 알 수 있는 정보로 보였다. 그렇지 않겠는가? 그녀가 어떻게 고대 이집트에 살았던 어느 특정한 화가에 대한 정보를 입수할 수 있겠는가? 그녀의 설명은 책 같은 간접적인 매체를 통해 얻은 것이 아니라 직접적인 체험에서 오는 것으로 보는 게 더 합당할 것 같다는 생각이다.

그녀의 설명은 이어졌다. 그녀는 이 화가의 피부 색깔이나 옷, 머릿수건에 대해 언급했는데 전형적인 이집트의 상류 계급의 그것이었다고 한다. 그때 이 화가는 한 파라오의 부인을 그리고 있었는데 자신은 부인의 머리에 있는 장식물을 그리고 있었던 반면 자기보다 신분이 낮은 다른 화가는 부인의 하반신을 그리고 있었다고 전했다. 그런데 재미있는 것은 그림 그리기가 끝나면 도굴꾼을 대상으로 위협적인 언사도 적어 놓아야 한다는 것이었다. 이것은 우리에게 매우 친숙한 내용이다. 피라미드의 입구에 '도굴하는 자는 저주를 받으리라'와 같은 위협적인 경고가 있다는 것은 잘 알려진 사실이다. 그녀는 이 같은 언사를 그림 옆에 적었을 것이다.

그런데 그녀는 이 파라오 이름을 기억해 내지는 못했다. 대신 이 파라오는 이름을 바꾸었고 많은 신들을 제거했다는 것만 기억해 냈다. 이 이야기가 맞는다면 이 파라오는 '이크나톤'일 가능성이 높다. 이크나톤은 이집트의 그 많은 파라오 가운데에서도 아주 특이한 사람이다. 그는 당시까지 있었던 이집트의 다신교를 일거에 쓸어버리고 태양의 신인 '아톤'만을 숭배하는 유일신 사상을 구축했기 때문이다. 신앙 체계를 싹 다 바꾼 것인데 이것은 전무후무한 일이었다. 왜냐하면 그가 죽은 뒤 이집트는 다시 이전의 다신교 체제로 아주 빠르게 돌아갔기 때문이다. 이전에도 없었고 이후에도 없었던 일이 발생했던 것인데 그런 대단한 업적을 이룬 파라오의 이름을 기억하지 못하는 게 조금 수상하다.

이렇게 자신의 전생을 목격한 캐서린은 아마도 외계인들이 그녀에게 전생의 자신과 지금의 그녀가 서로 연결되어 있다는 것을 알려주려고 했던 것 같다고 설명했다. 그뿐만 아니라 자신은 우주선 안에서 보았던 (그랜드 캐니언 같은) 협곡이나 사막, 숲 등과도 연결되어 있고 이 외계인과도 연결되어 있다는 사실을 깨닫게 되었다고 실토했다. 그렇게 되면 이 외계인이 자신과 동등한 존재가 되니 외계인들과도 싸울 필요가 없다는 것을 깨달았다고 한다. 그 자연스러운 결과로 그녀는 이들에게 공포나 분노, 증오를 느낄 게 아니라 사랑이나 동감의 마음 같은 긍정적인 생각을 가져야 하겠다고 다짐했다.

그러면서 그녀는 또 재미있는 말을 하는데 이 외계인들이 자신에게 반복해서 공포를 느끼게 한 것은 그렇게 자주 느끼다 보면 질려서 그 공포를 뛰어넘을 것이라고 생각했기 때문이란다. 이 말은 조금 이해하기 힘들지만 그녀가 한 말이라 그냥 전한다. 이번 세션이 끝나기 전에 캐서린은 자신의 소명을 깨달았다고 하면서 자신처럼 UFO 피랍 체험 때문에 괴로워하는 사람들을 도와서 그들이 공포를 뛰어넘을 수 있게 만드는 것이 자신의 의무라고 강조했다. 자신이 이 과정을 힘들게 극복했으니 다른 사람들의 고통도 덜어줄 수 있을 것으로 생각한 것이다. 피랍자들이 맥의 도움을 받아 이처럼 긍정적으로 변모하는 모습을 보면 신기하다는 생각이 든다. 따라서 이 피랍 체험은 앞으로 더 연구할 거리가 많을 것 같은데 한국의 현실이 따라주지 않아 안타깝다. 한국에는 이 주제를 다룬 연구서가 거의 없기 때문에 UFO 피랍 사건을 전문적으로 연구한다는 것은 언감생심(焉敢生心)이다.

정리하며

이상이 캐서린의 피랍 체험에 대한 대강의 설명인데 그녀의 설명에서 특이한 점은 그가 여성이라 태아가 추출되는 체험을 한 것이라 하겠다. 그녀는 거기서 그치지 않고 이 태아를 만난 것 같다는 언사를 남긴다. 그녀는 뜻하지 않게 특별한 기억을 한 적이 있는데 그때도 UFO 안에 있었다고 한다. 흥미롭게도 그녀는 그곳이 수많은 아기 침대가 있는 유치원처럼 생겼다고 전했다. 그런데 간호사 같은 존재가 한 아기를 안고 와서 캐서린에게 안아보라고 권했단다. 캐서린은 갑작스러운 권유에 놀라 일단은 그 간호사의 부탁을 거부했는데 아마도 이 아기는 캐서린에게서 추출된 태아가 성장한 아기일지 모른다. 이런 식으로 여성 피랍자들은 자신의 아기를 UFO 안에서 만나게 되는 모양이다.

그런가 하면 캐서린이 비행선 벽을 가득 채우고 있는, 외계인 아기가 들어 있는 유리병을 목격했다는 것도 신기하다. 이것은 다른 피랍자들의 증언에서도 심심치 않게 발견된다. 그와 더불어 캐서린이 수백 명의 지구인들이 생체 실험을 당하고 있는 현장을 목도한 것도 드문 일은 아니다. 다른 피랍자 가운데도 이와 비슷한 증언을 하는 경우가 있었기 때문이다. 이런 증언을 대하면 참으로 난감하다. 왜냐하면 이것들을 곧이곧대로 믿기에는 황당한 요소가 많기 때문이다. 그런데 많은 피랍자들이 같은 증언을 하고 있으니 무시할 수만은 없을 것 같은데 이러지도 못하고 저러지도 못하는 현실이 안타까울 뿐이다. 그러나 UFO 연구를 하다 보면 이러한 경우를 한두 번 겪는 게 아니라 이제는 이력이 났다.

그리고 UFO 안에서 자신의 전생을 체험하는 것도 캐서린만이 아니라 적지 않은 피랍자들이 겪는 일이다. 어떤 때는 UFO 안에서 먼저 세상을 떠난 친지의 영혼이나 이미지를 만나는 경우도 있다. 이것은 캐서린의 체험에서 보는 것처럼 삶과 죽음이 하나로 연결되어 있다면 충분히 있을 수 있는 일일 것이다. 비행선 안이라는 공간은 지구의 3차원적인 공간과는 다른, 그러나 더 상위의 차원에 속해 있기 때문에 시간이나 공간에 구애되지 않고 과거, 현재, 미래가 공존하는 공간이 되다 보니 이런 일이 가능한 모양이다. 어떻든 이번 사례는 이런 상위 차원의 일을 겪으면서 캐서린이 초기에 느꼈던 공포를 뛰어넘어서 영적으로 성장하는 모습이 잘 반영되어 있어 매우 좋은 사례였다고 할 수 있다.

제3사례: 조의 정신병원 탈출기

이번 사례는 34살의 정신과 의사 조(Joe)의 사례다. 그는 1992년 8월 맥에게 편지를 써서 자신은 어려서부터 외계인들과 다양한 체험을 했는데 이에 대해 더 알고 싶다고 전했다. 이 편지를 쓰게 된 결정적인 이유는 그가 맥을 접촉하기 3개월 전에 발생한 사건 때문이었다. 그날 마사지 요법사가 조의 목을 마사지하고 있었는데 갑자기 그의 뇌리에 자신이 테이블 위에 누워 있고 스몰 그레이로 보이는 외계인들이 그를 내려다보고 있는 이미지가 떠올랐다. 그런데 그 중의 하나가 조의 목에 바늘을 집어넣는 바람에 조는 경악하면서 소리를 질렀는데 이 이미지가 너무 강해 도대체 자신에게 무슨 일이 일어난 것인지 궁금해서 맥에게 도움을 청한 것이다.

그 결과 조는 맥을 만나게 되었고 1992년 10월부터 1993년 3월까지 4번에 걸쳐 최면을 받는다. 이 장의 설명을 읽어보면 독자들도 알게 되겠지만 조는 이 최면으로 대단한 사실을 깨닫게 되는데 이 체험은 보통의 인간은 좀처럼 가질 수 없는 아주 특이한 것이었다. 조가 깊은 차원에서 외계인과 소통하면서 겪은 체험이니 특이할 수밖에 없을 것이다. 조는 특히 외계인/지구인의 이중적 정체성을 아주 강하게 갖고 있었는데 이 두 정체성을 성공적으로 통합시키면서 거의 종교적인 수준에 이르는 모습을 보여주었다. 또 그의 아들인 마크도 외계인과 지구인이 결합해서 태어난 존재라고 하는데 조에 따르면 마크가 한때 스몰 그레이이었던 적도 있었다고 한다. 이런 믿을 수 없는 이야기들이 조의 사례에 산재되어 있어 그의 체험을 독자들에게 꼭 소개하고 싶었다. 또 조가 지구를 정신병동으로 묘사한 것도 재미있었고 자신의 전생에 대해 발설한 것도 흥미롭다. 이번 사례도 다른 사례처럼 경청할 만한 이야기가 많아 매우 기대된다.

어릴 때부터 외계인을 겪은 조

조는 어릴 적부터 외계 존재들과 접촉했던 모양이다. 아주 어려서부터 외계인을 만나는 꿈을 꾸었다고 하니 말이다. 어떤 때는 그의 성기가 아픈 상태에서 깨어나기도 했는데 나중에 최면을 받아보니 외계인들이 주기적으로 그의 정액을 추출했던 일을 기억해 냈다. 이 점은 나중에 다시 볼 것이다. 그리고 그는 외계인들이 그의 아기로 보이는 아이를 데려와서 만난 적이 있다고 실토했다. 이 아기는 물론 조의 정액을 가지고 이종 교배를 해서 나온 아기일 것이다.

조가 외계인과 교통한 시기는 이보다 더 내려간다. 그가 모친의 자궁 안에 있을 때도 외계인들과 교통했다고 하니 말이다. 그뿐만이 아니라 그는 자신이 태어난 지 이틀밖에 안 되었을 때도 그의 주위에 외계인이 있었던 것을 기억했다. 이와 더불어 그는 다른 피랍자들처럼 어렸을 때 알 수 없는 이유로 코피가 나는 체험도 여러 번 했다. 이것은 앞에서도 언급한 것처럼 외계인들이 생체 실험을 하면서 코에 바늘 같은 것을 찔러 넣었기 때문에 발생한 일일 것이다. 그래서 그는 어렸을 때 UFO를 환장할 정도로 좋아하면서도 동시에 두려워했다고 한다. 두려워 한 이유는, 그들이 갑자기 나타나 그를 '홱'하고 채갈 것 같은 느낌이 들었기 때문이다. 그는 어릴 때부터 외계인을 접촉해 그들이 익숙하고 좋지만 갑자기 납치되는 경험은 싫었던 모양이다.

16살인가 17살 때는 LSD를 가지고 실험(?)하는 도중에 약 200m 앞에 작은 UFO가 나타난 것을 보고 공황 상태에 빠진 적도 있었다고 한다. 그가 이렇게 놀란 이유는 자기가 또 납치되는 것 아닌가 하고 생각했기 때문이었을 것이다. 그 비행선 안에 어떤 존재가 있는 게 보였는데 그 존재가 조를 빤히 쳐다보면서 무엇인지 조사하는 것 같았다고 한다. 그 시기에 조는 또 희한한 체험을 하게 된다. 한번은 그가 욕실에서 거울을 보고 있었다. 그런데 자꾸 자신이 가라앉는 느낌이 들었고 갑자기 창문을 쳐다보고 싶은 마음이 생겼다. 이때 놀라운 일이 벌어졌다. 창문 너머에 외계인으로 보이는 존재가 조를 뚫어지게 쳐다보고 있었던 것이다. 그런데 그 외계인의 모습이 기괴했다. 혹이나 사마귀 같은 것이 많아 얼굴이 울퉁불퉁했다고 하니 말이다. 조는 이 모습에 놀라면서 큰 위협감을 느꼈다.

조의 이런 체험을 어떻게 해석해야 할지 모르겠는데 추정해 보면 이것은 그의 정체성, 즉 지구인과 외계인의 이중적 정체성 때문에 일어난 일 아닌가 한다. 그의 내면에 감추어진 외계인 이미지가 밖으로 투사되어 이런 일이 생긴 것 같다는 것이다. 나중의 설명에서 잘 드러나겠지만 조는 맥의 내담자 가운데 지구인과 외계인의 이중적 정체성을 매우 강하게 갖고 있던 사람이었다.

정체성의 혼란이 생기기 시작한 첫 번째 세션

조의 첫 번째 최면 세션은 10월 9일(1992년)에 행해졌다. 최면에서 그가 첫 번째로 떠올린 이미지는 세모꼴의 얼굴을 가진 전형적인 그레이의 얼굴이었다. 그 존재는 조에게 테이블 위에 누우라고 했는데 조는 그가 무슨 짓을 할 것 같아 무서웠다고 실토했다. 그때 그는 척추 전체가 아프고 사타구니가 뜨거워지는 것을 느꼈는데 그게 언제이고 어디서 겪은 일이냐고 물으니 15살이나 16살 정도이었을 때고 집에서 체험한 것 같다고 답했다.

어느 날 밤 조는 갑자기 너무나 외로운 감정이 들어서 헛간을 거쳐서 뒷마당으로 가니 그곳에 마치 계란을 세워 놓은 것 같은 UFO 비행선이 착륙하더란다. 그는 자신이 왜 외로워했는지 밝히지 않아 그 이유를 모르는데 아마 이 비행선을 기다리면서 생긴 감정이 아닌가 한다. 그때 검은 원피스 옷을 입은 존재가 비행선에서 내려와 그에게 다가왔는데 조는 그와 함께 떠나리라는 것을 알았다고 한다. 조는 그를 '타눈'이라는 이름으로 불렀다. 그는 타눈과 함께 지구를 떠나면 돌아오지 않겠다는 생각도 했다는데 이에 대해 타눈은 조에게 '당신은 지구인과 외계인의 양(兩) 세계에 걸쳐서 할 일이 있다'라고 하면서 지구로 돌아갈 것을 권했다고 한다. 조가 지구로 돌아가지 않겠다고 한 것은 외계인으로서 너무나 강한 정체성을 갖고 있어 '외계인성(性)'을 더 따르고 싶은 마음에서 비롯된 것 같다. 이 같은 조의 '이중 시민권(double citizenship)'은 이번 장의 주요 주제가 될 것이다.

조 같은 사람은 외계인과 만나서 아주 강렬한 체험을 했기 때문에 이 지구라는 세계에 사는 것이 힘들다고 생각하는 것 같다. 피랍자 가운데에는 자신이 UFO에 탑승해서 외계인과 같이 있으면 고향에 돌아온 것 같다고 실토하는 사람이 종종 있는데 UFO가 고향이라면 이 지구는 타지이니 이 세계에서의 생활이 힘들지 않을 수 없을 것이다. 그래서인지 이번 장의 제목에서 알 수 있듯이 조는 지구를 '정신병원(asylum)'으로 여기는 것 같았다. 정신병원이라는 곳은 하루빨리 '탈출'하는 것이 가장 시급한 일이니 조의 생각에는 지구를 벗어나는 일이 가장 중요한 일이었을 것이다. 그렇게 생각하고 있었는데 이렇게 외계인들이 방문해서 자기를 데려가겠다고 하니 지구에 다시 돌아오고 싶은 생각이 들지 않는 것은 당연한 것 아니겠는가?

어떻든 이렇게 해서 조는 타눈과 함께 비행선에 탑승하게 되는데 그는 여기서 또 재미있는 말을 한다. 이 비행선은 바깥보다 안이 훨씬 넓단다. 나는 이런 말을 피랍자에게서 자주 들었다. 그리 크지 않은 비행선에 들어갔는데 큰 회의실 같은 게 있었고 거기에 나무와 풀이 우거진 숲이 있었다고 하는 것 말이다. 이런 것들은 모두 외계인들이 피랍자의 의식을 조작하기 때문에 발생한 일인 것 같다고 했다. 특히 외계인의 비행선은 3차원적인 시공 개념이 적용되지 않기 때문에 물리적인 공간이 별 의미가 없다. 비행선 내의 물리적인 공간이 실제로 얼마나 되는지 모르지만 외계인이 인간의 의식을 조작하면 그들이 원하는 가상현실 세계를 보게 만들 수 있는 것이다.

이 같은 추정에 불과한 이야기는 그만하고 다시 조의 이야기로 돌아가자. 조가 테이블 위에 눕자 타눈이 한 손은 조의 어깨에, 다른 한 손은 조의 엉덩이 위에 놓았다. 그때 조는 타눈이 자신을 정말로 사랑한다는 것을 알았다고 실토했다. 조가 왜 그런 감정을 갖게 됐는지는 설명이 없어 잘 모르겠는데 아마 사랑의 감정이 이심전심으로 전해진 모양이다. 그곳에는 타눈 외에도 8~10명의 작은 외계인이 더 있었는데 조의 왼쪽에 있는 외계인은 30cm쯤 되는 긴 바늘을 가지고 있었다고 한다. 그때 조는 '이 바늘 때문에 큰 고통을 느끼겠구나'라고 하면서 겁을 먹고 있었는데 조가 그런 생각을 하자 타눈은 그에게 자기 눈을 깊숙이 보라고 말했다. 그러자 조는 자신이 타눈의 안에, 혹은 그의 눈 안에, 혹은 머리 안에 있는 느낌을 받았다고 했다. 그때 바늘이 조의 왼쪽 귀밑을 찌르고 들어왔다. 조는 매우 아팠지만 타눈의 눈을 보니 조금 덜해지는 느낌을 받았다고 한다. 조가 느끼기에 그때 그 외계인은 자신에게서 무엇인가를 추출했고 그와 동시에 어떤 물체 하나를 삽입하는 것 같았다. 외계인들은 이 물체의 모습을 조의 뇌리에 보내주었는데 그것은 은색의 알약처럼 보였고 네 개의 작은 와이어가 붙어 있었다는데 그 기능은 잘 알지 못한다. 그러면서 그들은 조에게 '우리는 가까운 사이이고 나는 항상 너와 함께 있을 것이다. 우리는 너를 돕고 지도하기 위해 왔다'라고 말했다고 한다.

조는 그 방에서 또 다른 외계인을 만났는데 조가 보기에 그는 책임자 같았다고 한다. 앞서 보았던 외계인들보다 더 인간적인 모습을 한 이 외계인은 흡사 세례를 주는 것처럼 조의 머리 위에 손을 얹고 에너지를 주었다. 이것은 축복을 주는 행위 같았는데 조는 이를 통해 자신은 혼자가 아니고 사랑받고 있다는 것을 절감했다. 이렇게 외계인으로부터 과분한 사랑과 돌봄을 받게 되니 조는 자신이 어디에 속해 있는지 혼란이 왔다. 즉 자기가 지구에 속해 있는지 아니면 외계에 속해 있는지 혼란스러워졌다. 그렇게 혼란이 왔지만 그러면서도 자신이 완전히 이들의 세계에 합류했으면 하는 마음이 강해졌다고 한다. 그렇게 하면 그들과 함께 어디든지 갈 수 있을 것 같다는 생각이 들었기 때문이란다.

이때 맥이 조에게 너의 육신과 의식 중 어떤 게 자유롭게 될 수 있을 것 같으냐고 물었다. 이에 조는 어떤 때는 의식만 자유롭게 가지만 어떤 때는 몸도 함께 가는데 그때는 자신이 바람도 되고 우주도 되고 물질도 되고 빙빙 돌기도 하고 떨어지기도 한다는 등 매우 시적인 표현을 했다. 이 정도면 그가 거의 종교 체험을 한 것처럼 보이는데 이때 그는 지구에서 경험하는 에너지와는 다른 에너지를 경험했다고 한다. 이 경험 때문에 지구에 돌아왔을 때 그는 지구 환경에 다시 적응하기가 대단히 힘들었다고 전한다. 이런 일이 발생한 것은 아마도 조가 외계인의 정체성을 지니고 있을 때 경험한 에너지가 매우 높은 차원의 에너지이었기 때문일 것이다. 그 높은 차원의 에너지를 지구의 3차원적인 물질세계가 지닌 낮은 에너지에 맞추어 바꾸는 일이 힘들지 않았을까 하고 추측해 본다. 조가 지구에 돌아오지 않으면 좋겠다고 생각한 것은 아마 이 때문일 것이다.

이런 체험을 마치고 조는 이 여정이 시작되었던 헛간으로 돌아왔는데 어떻게 돌아왔는지는 전혀 기억하지 못했다. 그가 기억하는 것은 헛간을 통과해서 집 안으로 들어가 침실로 올라가서 잤다는 것뿐이다. 그런데 조는 세션이 끝나기 전에 타눈이 '너의 아들은 우리 가운데 하나다'라고 말한 것을 기억해 냈다. 이 말은 조가 반 외계인이듯이 그의 자식도 같은 정체성을 갖게 된다는 것을 뜻하는 것이리라. 이 아들의 이름은 마크인데 매우 중요한 존재라 뒤에 다시 등장한다.

진짜 외계인으로 화한 조

두 번째 최면 세션은 11월 30일에 예정되었는데 조는 최면 받기 며칠 전에 또 피랍되었다고 한다. 다음은 그가 맥에게 이 피랍 체험에 대해 기억을 더듬어가면서 설명한 것이다. 그때 두 명의 외계인이 다가와서 어떤 기구를 이용해 조의 이마에 에너지 다발을 쏘았다. 그 때문에 그는 의식이 몽롱해지고 혼란스러워졌는데 조는 이 부분이 확실하게 기억난다고 말했다. 조는 최면을 받지 않은 상태에서 기억나는 것만 말했기 때문에 그의 설명은 그다지 길지 않았다. 설명이 짧아 이 일이 무슨 의미를 지니는지 잘 알 수 없지만 중요한 일인 것 같아 일단 소개해 보았다.

최면을 시작하자 조가 비행선 안에서 가장 처음에 본 것은 수많은 종류의 사람들이었는데 그들은 유전자 풀에서 비롯된 존재들인 것 같았다고 한다. 유전자 풀에는 다양한 유전자가 있을 터이니 그 유전자에 따라 다양한 존재들이 생겨난 모양이다. 그래서 어떤 존재는 못생겼고 어떤 존재는 악마처럼 보이기도 했다는데 그렇게 다양한 존재들이 있으니 흡사 성간(interplanetary) 연합국처럼 보였다고 한다. 이런 이야기는 아주 허황한 소리처럼 들리는데 굳이 비슷한 것을 꼽는다면 영화 '스타워즈'에 나오는 장면을 들 수 있지 않을까 한다. 이 영화를 보면 다양한 외계인들의 군상이 나오는 장면이 있는데 우리 지구인이 보기에 온갖 이상한 몰골을 한 존재들이 있어 끔찍했던 기억이 있다. 그 장면에서 어떤 존재는 동물의 머리를 하고 있고 어떤 존재는 파충류의 머리를 하고 있는 등 기괴한 존재들이 많이 나오는데 조가 묘사한 것과 유사한 면이 보여 소개해 보았다.

그런데 이때 놀라운 일이 생긴다. 이렇게 관찰하는 것만으로 그치지 않고 조 자신이 그들과 유사하게 변했기 때문이다. 조가 고백하기를, 자신의 모습도 카멜레온처럼 변해갔다고 하는데 그는 자신의 모습이 반투명한 그레이처럼 변하는 것을 감지할 수 있었다고 한다. 그런데 신기한 것은 그런 모습으로 되는 게 더 편안했다는 것이다. 자신이 자신 안에 있는 것처럼 느껴졌고 그와 동시에 인간처럼 걷는 게 아니라 외계인처럼 부드럽게 수영하듯이 움직였다고 한다. 이번 세션에서는 조의 외계인성이 많이 드러나고 있는데 이처럼 도저히 믿을 수 없는 것투성이라 소개하는 것조차 힘들다. 그는 자신이 외계인이 되어 있을 때의 상태를 '대기 같이(etherical)' 부드럽고 광활하다는 용어로 표현했는데 이것은 물질세계에 갇혀 있는 인간의 입장에서 말한 것 같다. 외계인의 세계는 인간 세계보다 차원이 높을 터이니 이런 느낌을 가질 수 있을 것이다. 그러면서 조는 자신이 지닌 인간성과 휴머노이드적인 외계인성 사이에서 갈등을 많이 느낀다고 실토했다. 이때 말하는 휴머노이드는 외계인의 일종으로 인간의 모습을 지닌 외계인을 통칭할 때 쓰는 용어이다.

조는 이 최면을 받기 며칠 전에 자신이 휴머노이드적인 정체성을 지니고 있을 때 겪은 체험에 대해 이야기했다. 이 휴머노이드의 이름은 오리온이었는데 키가 220cm에서 240cm 사이라고 하니 엄청 큰 것을 알 수 있다. 그런데 그는 자신의 키를 마음대로 조절할 수 있다고 했다. 그렇게 보면 현재의 이 큰 키는 별 의미가 없는 것 아닌지 모르겠다. 그는 이때 아드리아나라는 금발 여성을 만나 성적인 교섭을 했다고 밝혔다. 이 이야기를 듣고 나는 이 여성이 외계인인가 했는데 그녀도 피랍되어 온 인간이란다. 그런데 여기서 주의해야 할 점은 조는 인간으로서가 아니라 외계인의 정체성을 갖고 아드리아나와 성교를 했다는 것이다. 그들이 성교한 목적은 익히 예상할 수 있는 대로 혼혈종의 아이를 만드는 것이었다. 맥은 이 부분에서 이 두 사람이 성교하는 모습을 상세히 적었는데 그것까지 설명할 필요는 없겠다. 성교 시간은 짧았고 인간처럼 격렬하게 하는 게 아니라 단순한 동작으로 끝난 것 같았다. 그러나 사정 행위는 있었다고 하니 수정은 이루어졌을 것이다.

조는 재차 이 같은 생식 작업은 꼭 필요하다고 주장했다. 이유는 간단하다. 인간이 멸종되지 않게 씨를 보존해야 하며 지식도 유지하기 위해서란다. 다른 많은 피랍자들도 지적했지만 지금 인류는 그들이 만들어낸 부정적인 기술 때문에 공멸할 수 있는 위기에 봉착해 있다. 그렇다고 인류가 완전히 절멸되는 것은 아니고 많은 사람이 죽는다는 것이 조의 주장이다. 이것을 막기 위해서 혼혈을 하는 것인데 인간과 외계인이 혼혈해야 인간의 씨가 보존되고 종(種)이 전체적으로 진화할 수 있다는 것이다. 이 점은 대부분의 피랍자들이 동감하는 견해이다.

이번 세션에서 이 같은 메시지가 나왔는데 이는 조에게 많은 도움이 되었지만 동시에 한편으로는 혼란스러운 세션이었다. 세션이 끝난 후 몇 주 동안 조는 그의 외계인 정체성과 인간 정체성을 화해시키기 위해 무진 애를 써야 했다고 한다. 거기다가 그는 아버지가 되었다는 스트레스도 생겼는데 문제는 이 아들이 그냥 평범한 인간이 아니라는 데에 있었다. 이 아들 역시 외계인과 관계가 깊으니 조는 이런 여러 요소 것들을 다 어떻게 조화시켜야 할지 몰라 난감했다고 한다.

인간 세상은 정신병동?

1993년 1월 4일에 있었던 세 번째 세션에서는 조의 아들인 마크와의 관계에 대해 집중했다. 조에게 첫 번째로 떠오른 이미지는 세 명의 외계인이 아기들의 몸무게를 재기 위해 그들을 쟁반 위에 올려놓는 것이었다. 이 외계인 중 한 명은 조와 일을 같이 많이 한 존재인데 그는 아기들에게 먹을 것을 주고 있었다. 마크는 이 아기 중의 하나였다고 한다.

그런데 놀라운 것은 마크가 그레이, 즉 외계인이었다는 사실이었다. 그러다가 조의 아들로 태어난 것이라는데 이렇게 인간의 몸으로 태어나는 것은 일종의 모험이라고 한다. 그게 무슨 말이냐고 맥이 묻자 조는 마크가 인간의 몸으로 왔다는 것은 젖은 옷이나 잠수용 장비를 걸치고 그 안에 갇힌 것과 같다고 대답했다. 이 때문에 마크가 자신이 자유로운 영혼의 소유자라는 것을 잊고 육신이 전부인 줄 알까 봐 걱정이라고 했다. 조나 마크가 지구에 태어난 이유는 앞에서 말한 것처럼 혼혈종을 생산하고 지구인들의 의식을 진화시키는 것이라고 한다. 거대한 진화 과정에 동참한 것인데 문제는 이 지구가 위험한 곳이라는 데에 있다.

이 같은 맥락에서 조는 지구 환경을 정신병동에 비유했다. 외계인의 수준에서 보기에 지구인의 진화 정도가 너무 낮아 흡사 정신병자처럼 보일 수 있겠다는 생각도 든다. 외계인들은 지구인들이 지나치게 공격적이고 욕심이 많으며 파괴적이라고 하면서 우려를 나타내는 적이 많았다. 이런 것들이 정신병적인 특질로 보인 것인데 사실 상식적으로 보아도 지구인들은 반(半) 미쳤다고 할 수 있다. 지구상에 있는 동물 가운데 같은 종을 이렇게 대량 살육하고 고문 등으로 괴롭히는 종은 없다. 또 남녀 차별이나 인종 차별 같은 수많은 사회적 편견이나 신분 차별 같은 이념을 만들어 다수의 동족을 죽이고 짓밟는 동물도 인간 외에는 없을 것이다. 인간의 추악한 언행에 대해서는 얼마든지 더 이야기할 수 있지만 너무나도 잘 알려진 것이라 더 언급하지 않아도 될 것이다.

이런 여러 가지 여건들 때문에 조는 인간 세계를 정신병동이라고 한 것 같은데 이 같은 환경에 처한 자신의 처지에 대해 이렇게 묘사한다. 자신은 정신병동에서 일어나는 여러 비리를 고발하기 위해 정신병자로 가장해 비밀리에 병동 안에 침투했다가 외려 병동에 갇히게 된 사람과 같다는 것이다. 그런 환경에 놓였기에 자신은 매우 강한 소외감과 고독감을 느끼지 않을 수 없었다고 한다. 그는 그렇다고 하지만 같은 신세인 아들도 문제다. 아들도 지구에 태어났으니 정신병동 안에 있는 것이기 때문이다. 조는 자신의 중요한 책무 중의 하나가 아들인 마크가 이 정신병동 같은 지구에서 크면서 그의 영혼이 상하지 않도록 살피고 돕는 것이라고 주장했다.

이상이 조와 아들의 관계에 대한 설명인데 잘 이해되지 않는 부분이 있어 살펴보았으면 한다. 여기서 가장 이해하기 어려운 것은 조의 아들이 원래 그레이, 즉 외계인이었는데 이번 생에 지구인으로 태어났다는 것이다. 이것은 과거에 접하지 못한 이야기라 생소한데 그

배경을 알 수 없어 난감하다. 우리는 지금까지 외계인이 인간과 혼혈함으로써 하이브리드, 즉 혼혈종을 만들어낸다는 이야기는 많이 들었다. 또 그런 사례도 많이 접했다. 그런데 조의 아들처럼 외계인이 직접 인간의 몸으로 환생했다는 이야기는 처음 듣는 것이라 의문이 끊이지 않는다. 우선 우리는 외계인이 인간처럼 영혼 같은 것을 소유하는지의 여부를 확실히 모른다. 설령 외계인이 영혼을 갖고 있다 하더라도 그게 인간과 어떻게 다르고 같은지 알지 못한다. 이렇게 외계인의 영혼 혹은 의식에 대해 아는 것이 없으니 외계인이 인간의 몸으로 환생했다는 주장을 받아들이기가 힘들다. 원래 종(種)이 다르면 서로 섞이기 힘든 것으로 알려져 있는데 외계인이 인간이 된다는 것이 이해가 안되는 것이다. 이것은 인간의 영이 동물로 환생하는 것과 다르지 않을 것 같은데 단언컨대 이런 일은 일어날 수 없다. 인간과 동물은 종도 다르지만 엄연히 차원이 다른 존재이기 때문에 인간은 동물로 태어날 수 없다.

또 드는 의문은 만일 마크의 경우처럼 외계인이 직접 인간으로 환생할 수 있다면 굳이 어렵게 인간과 외계인을 섞은 혼혈종을 만들 필요가 없지 않을까 하는 생각이 든다. 외계인이 인간으로 태어나면 자동으로 혼혈이 되는 것이니 지금까지 본 것처럼 인간에게서 정자나 난자를 갈취하여 그것을 가지고 외계인과 이종교배하는 어려운 과정을 거칠 필요가 있겠느냐는 것이다. 이에 대한 답을 얻으리라고 예상한 것은 아니지만 마크의 경우는 아무래도 수상해서 의문을 던져 보았다.

흡사 쿤달리니 에너지가 폭발하는 것 같은 경험을 하는 조

그다음에 나오는 조와 맥의 대화를 들어보면 그가 심오한 종교 경험을 한 것처럼 보인다. 맥이 조에게 그의 인간 자아와 외계인 자아와의 관계를 묻자 조는 사실 그의 외계인 자아는 인간 영혼의 다른 표현이라고 답했다. 그러면서 그는 자신의 모든 부분을 통합해서 '하나됨(oneness)'으로 향했다고 하는 매우 종교적인 말을 남겼다.

그는 예서 그치지 않고 자신이 흡사 '거울의 방' 안에 있으면서 많은 차원을 경험하는 것 같다고 말했다. 이 체험은 말할 수 없이 아름답다고 하는데 그는 자신의 '다른 막(different membranes)'을 걸어서 통과하는 것 같다는 식의 매우 상징적인 표현을 했다. 이 같은 조의 체험은 한 단계 업그레이드되어 이전처럼 외계인과 단순히 물리적인 차원에서 만나는 게 아니라 그것을 넘어서 분열된 자신의 여러 자아들을 통합하고 물질적인 차원을 넘어서 상위 차원을 넘나드는 체험으로 보인다. 이런 체험을 한 끝에 조는 그제야 이 인간계라는 정신병동에서 아들인 마크를 보호하면서 같이 살 수 있을 것 같다고 실토했다.

세션이 여기에 도달했을 때 조는 자신이 더 이상 비행선 안에 있지 않다고 주장했다. 대신 우주 공간에, 아니면 여러 차원 안에 있다고 했는데 자신의 상태를 묘사할 수 있는 올바른 단어를 찾기 어렵다고 했다. 그러자 옆에 있는 그레이가 웃으면서 '지금 무슨 느낌인가?'라고 물었단다. 이에 조는 '나는 조각(부분)으로 나뉘지 않았다. 기분이 기가 막힌다. 하나가 된 것 같다'라고 답했다. 조는 자신이 이렇게 통합되는 과정에 외계인들이 참여하고 있지만 자신의 경험은 그들의 경험보다 더 크고 그것을 넘어선다고 주장했다. 이제는 외계인도 능가한다고 하니 조의 체험이 더 심화되는 느낌이다.

조의 그다음 말도 의미심장하다. 이처럼 인간과 외계인 사이에 상호 작용이 더 생기면 외계인들도 '하나됨'에 가까이 가고 창조(의 원천)에 가까이 갈 수 있다고 한다. 외계인-인간의 연결은 인간에게 뿐만 아니라 외계인에게도 좀 더 높은 곳으로 향할 수 있는 단초를 제공한다고 한다. 그러니까 외계인들이 인간과 같이 작업하는 것은 인간만을 위한 일방통행적인 것이 아니라 그들의 (영적) 향상을 위해서도 긴요한 일이라는 것이다. 여기서 우리는 흥미로운 관점을 만나게 된다. 인간과 외계인의 교섭이 인간만을 위한 일방통행적인 것이 아니라 상호 관계적이라는 것 말이다. 이것은 외계인들도 자신들의 필요에 따라 인간과 접촉하면서 향상을 꾀하고 있다는 것인데 구체적인 내용은 아직 알 수 없지만 앞으로 계속해서 이 주제를 유념해야겠다는 생각이다. 이 같은 생각은 인간과 외계인의 관계를 버전업할 수 있는 키를 갖고 있다는 느낌이 든다.

이 세션은 조에게 반향이 컸다. 최면이 끝난 후 몇 주 동안 조에게 결정적인 종교 체험의 현상이 발생했기 때문이다. 그의 분할된 자아가 통합되면서 그는 몸 안에서 에너지, 혹은 기(氣)가 마구 움직이는 엄청난 체험을 한다. 그의 이야기를 듣고 있으면 그가 쿤달리니 에너지를 체험하는 것 아닌가 하는 인상을 받는다. 최면을 받고 나흘 뒤 마사지를 받다가 조는 이른바 '에너지 위기' 체험을 겪는다. 일단 그는 땀이 나고 몸이 떨리기 시작했다. 그리곤 엄청난 고통이 신장 영역에서 생기더니 척추를 거쳐 머리로 옮겨 왔다. 그는 이 같은 경험적/감정적/물리적인 고통에 의해 압도당해 신음하면서 굴러다녔다. 그때 그의 외계인 가이드는 그의 머리와 손을 잡고 그가 과거에 겪었던 주요 사건 중 60~70개 정도를 슬라이드처럼 보여주었다고 한다. 이것은 근사체험자들이 겪는 '라이프 리뷰'와 비슷한 것으로 보이는데 조가 왜 이때 이런 체험을 했는지는 잘 모르겠다.

이 같은 조의 체험을 피상적으로만 보면 이른바 쿤달리니 에너지라 불리는 에너지가 각성한 것처럼 보인다. 이 에너지는 사람이 깨달음에 가까워졌을 때 터진다고 하는데 우리의 척추를 따라 꼬리뼈부터 정수리까지에 있는 7개의 차크라를 통과한다. 이 에너지는 각 차크라를 통과할 때 엄청난 폭발을 일으키면서 휴면 상태에 있던 차크라를 깨우게 된다. 그런데 문제는 당사자가 이 같은 엄청난 에너지의 세례를 받으면 말할 수 없이 큰 고통을 겪는다는 것이다. 몸에 대격변이 생기면서 이전의 몸이 산산이 부서지니 엄청난 고통을 겪는 것이리라. 이전의 속된 몸이 죽고 성스러운 몸, 즉 진정한 몸이 탄생하는 것이라 당사자는 한 번도 겪어보지 못한 고통에 휩싸이게 된다. 이전의 자신이 죽는 것이니 아프지 않다면 외려 그게 이상한 것이다.

추정하건대 조가 이와 비슷한 일을 겪은 것 같다. 우선 몸에 땀이 나고 떨린 것은 에너지가 요동 치기 시작하면서 생긴 현상으로 보인다. 즉 몸에 있는 에너지, 즉 기의 움직임이 빨라지니 몸이 떨리기 시작한 것이고 그에 따라 땀이 난 것이리라. 그때부터 고통이 시작됐는데 그 시작이 신장이라고 한 것도 심상치 않다. 그 고통이 신장에서 시작해 척추를 따라 올라가 머리로 간 것이 쿤달리니 에너지가 움직이는 경로와 일치하기 때문이다. 이것을 통해 보면 조는 몸에 상당한 변화가 생긴 것이 틀림없다. 그러나 그 변화가 얼마나 강렬한가는 그의 설명으로는 알 수 없다. 언뜻 보기에는 강렬한 것으로 보이지 않을 수도 있지만 이 정도만 되어도 일반인들은 감히 넘겨 볼 수 없는 수준이라 하겠다. 그 뒤에 어떻게 발전되었는지 궁금한데 책에는 더 이상의 언급이 없었다.

그런데 이 대목에서 의문이 또 하나 생긴다. 조의 발언을 보면 '외계인 가이드'라는 존재가 나오는데 왜 여기에서 갑자기 외계인에 대한 언급이 나오느냐는 것이다. 조가 UFO 안에 있을 때 외계인이 등장하는 것은 이상하지 않지만 지금 이 상황은 조가 집에 돌아온 다음의 일인데 왜 외계인이 나오느냐는 것이다. 그리고 왜 '가이드'라고 했는지도 잘 모르겠다. 지금까지 오면서 외계인 가이드라는 말은 들어본 적이 없는 것 같은데 왜 이 대목에서 외계인 가이드라는 새로운 존재가 나타나는지 모르겠다는 것이다.

자신의 여성적 자아와 만나는 조

에너지 폭발 체험을 하고 사흘 뒤에 조가 겪은 체험 역시 기이하다. 그에게 거대한 여성 생식기의 음모(陰毛)가 이미지로 떠올랐기 때문이다. 이때 두 다리와 사타구니 이미지도 같이 떠올라 조는 처음에는 역겨웠다고 한다. 그렇게 잠시 있으니까 그 이미지가 갓 태어나는 여신의 머리털로 바뀌었다. 여신은 길고 까맣고 회색의 머리털을 갖고 있었는데 그 털들이 음부의 가장자리에서 흩날리고 있었다고 한다. 조가 그 안을 보자 아름답고 지혜로우며 나이를 알 수 없는 여신의 얼굴이 보였다고 한다.

조는 이 여신을 자신의 여성적 자아로 여겼다. 조는 그녀와 소통하면서 사랑과 위안과 따뜻함이 홍수처럼 흐르는 것을 느낄 수 있었다. 그 경험을 통해 조는 자신의 남성성과 여성성이 통합되었다는 것을 알 수 있었단다. 그런데 조의 이 체험은 앞의 에너지 폭발 체험보다 이해하기가 더 힘들다. 여신의 이미지가 나타나는 것은 그렇다 하더라도 그게 왜 여성의 음부에 있는 음모 사이에서 나타났는지 알 수 없는 노릇이다. 아이가 세상에 나올 때 여성의 음부를 통해 나오니 그것을 빗대어 한 체험이 아닌가 하는 생각이 드는데 정확한 것은 알 길이 없다. 그러나 조의 여성성이 여신으로 표출되면서 그것이 남성성과 융합됐다는 것은 큰 의미가 있다. 우리 인간은 대부분 남성성과 여성성 가운데 한쪽에 치우친 채로 살고 있는데 성정(性情)의 완성을 이루려면 남성성과 여성성을 통합하는 일이 필요하다. 심리학에서 말하는 성숙인격이라는 것은 이처럼 이 두 가지 성정이 조화롭게 융합되었을 때 가능한 것이다. 조가 이런 경지에 갔다는 것인데 이것이 사실이라면 대단한 성과가 아닐 수 없다. 이것을 이룬 사람이 많지 않기 때문이다.

갑자기 전생 기억이 난 조

조는 세 번째 최면을 이렇게 끝내고 곧이어 네 번째 최면을 받았는데 그 최면에서 그는 자신이 아기였을 때 외계인과 어떤 접촉을 했는지 알게 되었다. 이 최면에서 그가 처음으로 접한 이미지는 태어난 지 이틀밖에 안 된 아기가 병원 침대에 있는 것이었다. 그런 상태였기 때문에 그는 용태가 매우 취약하고 불안정하게 보였다. 이때 또 조는 특이한 체험을 하는데 갑자기 자신이 움직이고 있다고 발설했다. 맥이 어디로 움직이냐고 묻자 조는 느닷없이 '산도(産道, 아기가 나오는 길)에 있어요. 너무 좁아요⋯. 나는 나가고 싶지 않아요'라고 외쳤다.

그런데 갑자기 조가 '내가 돌아갔어요. 오오⋯.'라고 소리쳤다. 이때부터 그는 전생 체험을 하기 시작했다. 물론 그의 주장이 그렇다는 것이고 진실은 알지 못하지만 재미있는 사례라 소개해 본다. 조가 돌아갔다고 하니까 맥은 그에게 '어디로 돌아갔느냐'라고 물었다. 이에 조는 '아주 무서운 곳'이라고 대답했다. 그러더니 자신은 전생에 폴 데스몬트(Paul Desmonte)라는 영국인이었다고 실토했다. 데스몬트는 산업혁명 시기에 살았던 시인인데 제도권을 극히 혐오하는 반항아로 살다가 비극적인 최후를 맞이한 사람으로 알려져 있다. 그는 기존의 정치와 종교 체제를 맹렬하게 비난하다가 구속되어 고문당하고 감옥에서 처절하게 죽었다고 한다. 이 같은 전생 체험을 하면서 조는 당시 자신이 느꼈던 공포와 판단, 편견 등을 다시 경험할 수 있었다. 조는 이번 생에서도 같은 감정을 느끼고 있다고 하면서 이번에는 이 같은 부정적인 감정을 반드시 극복하려고 노력하고 있다고 말했다.

조가 기억해 낸 이 같은 전생이 현생에 어떤 영향을 미치고 있는가는 여기에 나온 설명만으로는 확실하게 알 수 없다. 이것을 알려면 따로 최면 세션을 만들어 조의 이 전생에만 집중해서 최면을 진행해야 한다. 이것도 흥미로운 주제이지만 우리의 주제인 UFO와 직결되는 것은 아닐 뿐만 아니라 맥도 더 이상 이 주제를 파헤치지 않았으니 나도 에서 그쳐야겠다.

정리하며

지금까지 우리는 드라마틱한 조의 사례를 보았는데 그의 경우에는 아들의 탄생이 중요한 역할을 했다고 할 수 있다. 그가 아들인 마크를 통해서 자신의 인간/외계인의 이중적 정체성을 확인했기 때문이다. 마크는 조보다 외계인이나 근원에 더 가까운 존재라고 할 수 있는데 그렇게 보면 마크가 조보다 영적으로 더 높은 존재로 보아야 할 것 같다. 이 인간 세계가 너무나 큰 위기에 직면해 있어 마크 같은 뛰어난 존재들이 지상에 태어난 것이다.

그런데 이 지상은 조가 정신병동이라고 불렀듯이 너무나 위험한 곳이다. 조의 할 일은 그런 위험한 곳에서 마크를 보호하면서 영적으로 뛰어난 인격으로 만드는 것이다. 이때 외계인들도 중요한 역할을 하는데 그들은 마크나 조가 이 정신병동에서 희생당하지 않고 의식의 근원에 연결될 수 있게 산파 역할을 하는 것이다. 조의 이 같은 체험은 그의 삶에 괄목할 만한 변화를 불러왔다. 조는 평소에 하던 사업에서 자잘한 일은 모두 밑의 사람에게 맡기고 자신은 영적으로 치유하는 일에만 자유롭게 전념하게 되었다고 한다. 그리고 기꺼이 대중들 앞에 나가서 의식의 진화에 대해 가르치는 선구자가 되었다. 아울러 자신이 지니는 외계인으로서의 정체성을 인정하고 외계인들과 가졌던 체험을 다른 사람과 나누려고 노력했다.

조가 맥을 만난 게 30년도 더 된 일이니 조는 지금(2025년) 70세가 다 되었을 것이다. 궁금한 것은 조가 이 30년 동안 무슨 일을 했느냐는 것이다. 게다가 그의 아들인 마크도 30세가 넘은 청년이 되었을 텐데 외계인과 인간의 이중 정체성을 가진 그들이 30년 동안 문제 많은 인류를 위해 어떤 일을 했는지 궁금하기 짝이 없다. 또 그들은 그동안 어떤 방식으로 영적인 진보를 이루었을까? 이 방향으로 계속해서 추구했으면 상당한 발전을 했을 텐데 그에 대한 연구가 되었는지도 궁금하다. 그런가 하면 그들이 지난 30년 동안 외계인들과는 어떤 관계를 유지했는지도 궁금하다. 외계인들은 끊임없이 이들과 관계를 가졌을 텐데 그 사이에 이 세상에는 엄청난 변화가 있었다. 그런 변화에 발맞추어 조의 가족과 외계인들이 어떤 관계를 지속했을지가 흥미로운데 이런 것들은 모두 과제로 남길 수밖에 없겠다.

▍ 제4사례: 에드의 기억 회복

이번 사례는 맥이 자신의 책에서 거론한 사례 중에 가장 처음에 나온다. 이 장의 내용은 제목에 그 특징이 잘 드러나 있다. 원래 제목은 'You will remember, when you need to know'인데 번역하면 '(너는) 네가 알 필요가 있을 때 기억할 것이다'라고 할 수 있다. 이것은 에드의 UFO 피랍 체험을 말한 것인데 그는 맥을 만나기 약 30년 전인 1961년에 UFO에 납치되는 경험을 했다. 그는 당시에 자신이 이 같은 체험을 한 줄을 모르고 있었다. 이것은 앞에서 누누이 말한 것처럼 UFO에 납치된 사람들이 늘 겪는 것이라 이상해할 것은 없다. 외계인들이 무슨 방법을 썼는지 몰라도 피랍자들은 대부분 자신이 납치됐다는 사실을 기억하지 못한다.

그러다 에드는 1989년이 되자 갑자기 그의 뇌리에 피랍 체험이 회상되기 시작했다. 에드는 이 체험이 도대체 무엇인지 몰라 알고 싶은 차에 마침 그 해에 뉴햄프셔에서 무폰(MUFON)의 주최로 UFO 학술 대회가 열렸다. 자신의 체험이 UFO와 관련됐다는 것을 직감한 에드는 이 학회에 참가했는데 이때 지인으로부터 맥을 소개받아 연결된 것이다. 맥은 에드의 체험이 매우 특이하다고 생각했는데 그것은 에드가 UFO 피랍 체험을 하고도 근 30년 동안 기억하지 못하다가 갑자기 기억해 냈기 때문이다. 맥은 에드가 적당한 때가 되자 피랍 체험을 기억한 데에는 모종의 의미가 있을 것이라고 생각했는데 우리도 지금부터 그것을 중점적으로 보기로 한다.

30년 뒤에 밝혀지는 피랍의 진실

에드는 맥으로부터 최면을 받고 자신이 납치됐을 때 어떤 일이 있었는지를 상세하게 알게 되는데 그 주된 내용은 인간에 의해 엉망이 된 지구의 미래에 대한 것이었다. 그런데 재미있는 것은 에드가 이 같은 체험을 한 것은 UFO 피랍 사건의 효시라고 하는 바니와 베티 힐 부부의 피랍 사건보다 수개월 앞선 때라는 것이다.

이렇게 보면 당시에 UFO에 의해 납치된 사람들이 생각보다 훨씬 더 많이 있을 수 있겠다는 생각이 든다. 왜냐하면 이 체험을 한 사람 가운데에는 영영 기억하지 못하고 타계했거나 기억하더라도 공개적으로 발설하지 않은 사람이 있을 수 있기 때문이다(나는 이런 사람이 꽤 많을 것으로 추측한다). 에드는 그나마 30년쯤 지난 다음에 기억해 냈으니 자신이 피랍됐다는 것을 알 수 있었지만 기억이 나지 않은 사람은 그 상태로 그 생을 마쳤을 것이다. 그런데 만일 에드의 피랍 체험이 진실이라면 외계인들은 인류의 미래가 매우 암울하다는 것을 당시에 벌써 알았다는 것인데 이것은 놀라운 일이 아닐 수 없다. 1960년대에는 전 지구적으로 생태계의 위기가 아직 부각되지 않은 시기인지라 그렇다는 것이다. 추정컨대 외계인들은 당시에 인류의 기술 발전 수준을 보고, 또 인류가 하는 짓거리를 보고 인류는 분명히 파국에 이르리라는 것을 알았던 것 같다.

하기야 인류 중에도 당시에 이미 인류가 환경 공해 때문에 파국을 맞이할 것이라는 예언 비슷한 것을 한 사람이 있었다고 한다. 내가 대학 다니던 1970년대의 일인데 나는 그때부터 환경 문제에 관심이 있어 그쪽 분야의 책을 읽곤 했는데 당시는 공해 문제를 이야기하면 '무슨 사치스러운 이야기냐, 공장을 더 많이 세우고 돌려서 돈 벌 생각을 해야지'와 같은 반응이 주류였다. 심지어 울산 등지에 여러 공장을 세우면서 경제개발 5개년 계획에 박차를 가했던 박정희 대통령은 '울산 하늘이 공장에서 나온 연기로 까맣게 뒤덮일 때 조국 근대화가 완성된다'라는 식이 연설을 한 적이 있었다. 나는 이런 이야기를 김지하 씨의 책에서 읽었는데 그 책, 아니면 다른 비슷한 책에서 다음과 같은 충격적인 이야기를 접한 기억이 있다. 1960년 대에 어떤 티베트 승려가 말했다고 하는데 그는 '인류의 파국을 막는 것은 이미 늦었다'라고 했다는 것이다. 나는 솔직히 당시는 이 말이 너무 나간 것 아닌가 하는 생각을 했다. 공해 문제가 아직 심각해지기 전인데 이 티베트 승려는 문제를 해결하는 것이 이미 늦었다고 했으니 말이다. 그런데 현재 시점에서 보면 그 승려의 말이 맞았다고 할 수밖에 없는데 그 승려는 어떻게 티베트 산골에 살면서 그런 지혜를 가질 수 있었는지 신기하다. 이런 시각에서 보면 외계인들이 1960년대에 이미 지구인들에게 공해 문제에 대해 주의를 준 것은 이해할 만하다. 그들의 기술이나 문명 수준은 인류와는 비교가 안 될 터이니 그 수준에서 보면 인류의 암울한 앞날이 훤히 보였을지 모른다.

에드로 돌아가서, 그가 1989년에 자신의 피랍 사실을 기억하게 된 것은 위의 상황과 관계될 수 있겠다는 생각이 든다. 왜냐하면 1990년대 전후에 기후 문제 같은 환경 문제가 인류 사회의 전면에 대두되었기 때문이다. 그런 시대가 되었으니 진즉에 이런 사태에 대해 교육받은 에드 같은 사람이 진취적인 역할을 해야 하기 때문에 그 기억이 상기된 것 아닌가 한다. 그런데 나는 개인적으로 에드가

30년 전의 기억을 되찾은 것은 외계인들의 소행일 수 있겠다는 생각이 든다. 앞에서 언급한 대로 외계인들은 인간의 의식을 마음대로 조작할 수 있다고 하는데 만일 그게 사실이라면 외계인들이 에드 같은 사람의 기억을 되살려 그가 환경 문제 해결에 나서게 만든 것 아니냐는 것이다. 나중에 최면 세션 때 자세하게 밝혀지지만 에드는 지구의 미래에 대해 많은 교육을 받는다. 이런 사람들이 나서서 환경 문제를 풀려고 한다면 그 문제의 심각성을 모르는 사람보다 훨씬 더 진지하고 활발하게 활동할 터이니 외계인들이 그런 심산 아래 에드의 기억을 깨운 것 아닐까 하고 추정해 본다. 이 문제는 최면 세션 때 더 자세하게 보기로 하자.

　맥은 에드의 사례를 소개하는 이유를 다음과 같은 두 가지 항목으로 정리하여 설명하고 있다. 첫 번째는 에드가 10대 때 피랍 체험을 하고 잊었다가 그것을 다시 기억한 다음 정보를 수용하고 저장하고 회복하는 모든 과정이 거대한 계획의 일환으로 보였기 때문이다. 두 번째 이유는 에드의 사례를 통해 평상시에 떠올린 기억보다 최면을 통해 밝혀진 정보가 훨씬 구체적이고 진실에 가깝다는 것을 알 수 있었기 때문이다. 맥이 왜 최면에 대해 이런 식으로 강조하는지는 나도 잘 알 수 없다. 피랍자들의 경험을 알 수 있는 방법은 거의 최면밖에 없는데 새삼스럽게 왜 최면의 중요성을 강조하는지 잘 모르겠다는 것이다. 이것은 아마 많은 전문가들이 최면이라는 연구 방법을 믿지 않기 때문에 그것을 반박하기 위해 이 같은 주장을 하는 것 아닌지 모르겠다. 이들이 최면을 비난하는 이유는 최면을 할 때 너무나도 쉽게 피최면자가 최면사에 의해 통제된다고 믿기 때문이다. 이 때문에 피최면자가 객관적인 사실을 말하는 것이 아니라 최면사가 원하는 대답을 하는 경우가 비일비재하다는 것이다. 이 의견은 분명히 일리가 있지만 그렇다고 최면의 결과를 다 부정하는 것은 옳은 태도가 아니다. 최면이 아니면 밝혀낼 수 없는 것들이 많이 있기 때문이다.

기억에서 밝혀진 에드의 피랍 체험

에드의 피랍 체험은 1992년 8월에 있었던 최면에서 세세하게 밝혀지는데 우선 맥은 같은 해 7월에 에드를 만나 그의 피랍 기억에 관해 이야기를 듣는다. 다음은 최면이 아닌 순전히 기억으로만 되살린 그의 피랍 체험 이야기인데 뒤에서 최면에서 밝혀진 내용에 비해서 소략(疏略)하다는 느낌이 든다.

1961년 에드는 친구 박스터의 가족과 함께 미국 동북부에 있는 메인주의 해변으로 여행을 갔다. 에드와 친구는 차의 뒷좌석에서 잤는데 자다 보니 어느 순간 에드는 나체 상태로 투명하고 굽은 벽이 있는 작은 방에 있는 자신을 발견했다. 이 상황은 그가 외계인에 의해 납치되어 비행선 안으로 들어간 것을 묘사하는 것 같은데 밖에는 바람 소리나 파도 소리가 들렸다고 하니 어찌 된 일인지 모르겠다. 우주선에 탔으면 하늘로 날아갔을 테고, 그리되면 아무 소리도 들을 수 없을 텐데 바람이나 파도 소리가 들렸다고 하니 어찌 된 영문인지 모르겠다는 것이다. 이런 것 때문에 UFO 피랍 체험 자체에 대해 자꾸 불신이 생기는 것인데 그럼에도 불구하고 에드는 자신의 체험이 100% 진실이라고 힘주어 말했다.

이 방에서 또 우주적 로맨스가 일어난다. 그 방에는 긴 은발을 한 여자의 모습을 한 존재가 있었단다. 이 존재는 작은 입과 코, 그리고 강렬한 검은 눈이 있었고 얼굴은 삼각형이었다고 하니 스몰 그레이를 많이 닮은 것을 알 수 있다. 에드는 그녀가 친숙하게 느껴졌다고 하는데 어릴 때부터 이 여자를 만난 것 같다는 기분만 들 뿐 피랍 체험이 구체적으로 떠오르지는 않았다고 한다. 그런데 그녀는 에드에게 아주 매혹적으로 보였던 모양이라 그는 곧 성적으로 흥분했다. 이 여자는 에드가 말하지 않아도 그의 생각을 다 꿰뚫고 있어 그들은 곧 성교에 돌입했다. 에드는 이때까지 숫총각이었다고 하는데 그럼에도 불구하고 문제없이 성교를 마쳤다고 한다. 그 구체적인 모습이 궁금한데 에드에 따르면 인간들끼리 하는 것과 그리 다르지 않았다고 하니 별로 신기해할 것은 없겠다.

그런데 이 여자는 자신이 에드를 만난 것은 성교가 주목적이 아니라 그를 교육하기 위해서라고 했다. 그래서 성관계가 끝나자 그녀는 곧 에드를 교육하는 '모드'로 들어갔다. 에드는 이 교육 내용을 종이에 적고 싶었는데 그녀는 나중에 '알 필요가 있을 때 기억날 것'이니 적을 필요 없다고 말했다. 주된 내용은 역시 인류가 현재 자행하고 있는 여러 가지 파괴적인 태도에 대한 것이었다. 특히 국제 정치적 환경이나 생태계, 그리고 음식 등을 대하는 인간의 파괴적인 행태, 또 인간이 인간에 가하는 폭력 등에 대해 설명했다. 그러면서 이런 식으로 잘못된 길로 가면 파국은 피할 수 없다고 했는데 에드는 이런 정보를 처음 접하는 것이었지만 이상하게도 다 이해가 되었다고 한다.

이런 경험이 있은 다음부터 에드는 일상생활에서 미국의 사회 문제나 정치, 그리고 과학에 대해 직관적이고 다소 자극적인 언사를 표출하기 시작했다. 그뿐만이 아니라 현대물리학과 화학에 관한 것을 접할 기회가 있었는데 그는 그런 것들을 대부분 처음으로 듣는 것인데도 본능적으로 이해할 수 있었다고 한다. 예를 들어 그 어려운 아인슈타인의 상대성이론이나 우주 공간의 굽음률 혹은 과학 법칙에 나타나는 패러독스 같은 것에 대해 들으면 그런 이론은 태어나서 처음으로 접하는 것인데도 이상하게 저절로 이해되었다는 것이다. 이 것은 그가 외계인과 교류하는 과정에서 직관적인 능력이 향상되면서 가능해진 일이 아닌가 한다.

이 대목에서 생각나는 사람이 있다. 근사체험을 한 '탐 소이어'라는 친구인데 이 사람은 근사체험학계에서는 꽤 유명한 인사이다. 그는 대학을 가지 않았기 때문에 '양자역학'이라는 학문에 대해서는 문외한이었다. 그런데 근사체험을 하고 갑자기 그의 내면에서 양자역학을 공부하라는 소리가 들려와 우여곡절 끝에 양자역학에 관한 책을 읽기 시작했는데 처음 접하는 내용이었지만 그게 전부 이해가 됐다고 한다. 그 어려운 양자역학의 이론이 무엇을 말하는 것인지 알았다고 하니 믿기 힘든 일이라고 하지 않을 수 없다. 이것은 아마도 그가 근사체험 중에 지혜의 문이 열려 가능한 일로 생각되는데 자세한 것이 궁금한 사람은 근사체험을 다룬 나의 다른 책을 참고하면 되겠다.

다시 에드로 돌아와서, 당시 그는 유능한 기술자가 되려고 했는데 이 체험이 있고 난 뒤에 공학을 포기하고 인문대학에 들어가 문과로 전공을 바꾸었다. 그는 딱딱한 공학을 배우기보다 인간에 대해 알고 싶었던 것이다. 그는 지금까지 인간이 가꾸어왔던 문명의 역사나 그 구조 같은 것에 큰 흥미를 느꼈다고 한다. 특히 서양 문명의 근간이라 할 수 있는 그리스와 로마의 역사를 공부하고 싶었다고 전했다. 그뿐만이 아니다. 그의 용어로 이른바 '더 큰 탐구(the bigger quest)'에 대해 흥미를 느꼈다고 하는데 이것은 그가 삶의 신비나 궁극적인 문제, 혹은 우주의 기원과 변화 등 가장 근본적인 문제에 대해 관심을 가지게 되었다는 것으로 해석된다.

그렇다고 에드가 이렇게 공부만 하는 사람은 아니었다. 그는 영성에도 일가견이 있어 항상 자연이나 숲, 나무, 풀에 친밀감을 갖고 있었다고 하는데 자신은 식물들과도 대화할 수 있다고 주장했다. 이 주장이 사실이라면 이것은 그가 영적으로 일정한 수준에 올라와 있음을 의미한다. 평범한 우리도 동물과는 어느 정도 교감을 나눌 수 있다. 그러나 식물과 교통하고 대화하는 것은 영적으로 매우 예민한 사람이 아니면 안 된다. 에드는 이런 것도 가능하다고 했는데 이것이 사실이라면 이 능력이 원래부터 있었던 것인지 아니면 외계인들과 교류하면서 생긴 것인지 궁금하다. 이에 대해서는 그가 밝혀 놓지 않아 우리는 진상을 알 수 없다. 그러나 추정은 해볼 수 있는데 그는 아마도 외계인과 교류하면서 그의 영적 능력이 향상되었을 것이고 그 자연스러운 결과로 식물과도 대화하는 것이 가능하게 된 것 아닌가 한다.

최면에서 더 구체적으로 밝혀진 에드의 피랍 체험

어떻든 이렇게 첫 번째 만남이 있었고 10월 8일에 드디어 처음으로 최면을 행하게 된다. 최면을 시작하니 그는 머리의 밑부분에서 따끔거리는 느낌을 받았던 것을 기억해 냈다. 그런데 그때 보니 알 수 없는 두세 명의 존재가 그를 보고 있었단다. 이 존재들은 아마 외계인이었을 것이다. 그러자 갑자기 에드는 공중에 떠 있는 자신을 발견했는데 이런 일이 있어도 그는 아무것도 못 하고 그저 당할 뿐이었다고 술회했다. 그런 상태로 바닷가를 날아갔는데 중간에 다른 이야기도 있지만 그다지 중요한 것 같지 않으니 그가 비행선으로 들어간 이후의 일부터 살펴보기로 하자.

에드가 들어간 방은 푸르고 은빛이 났다고 하는데 방 안에는 적어도 외계인 같은 존재가 6명 있었다고 한다. 그 방은 원형 극장처럼 생겼는데 에드는 그 방이 수술실의 용도로 쓰는 것 같았다고 전했지만 수술보다는 생체 실험을 하는 곳이었던 것 같다. 그 존재 중의 하나가 여성이었는데 그녀는 에드가 최면 받기 전에 기억한 것처럼 긴 은발을 하고 있었고 눈은 크고 까만 것이 외계인을 닮았다고 한다. 그런데 다른 예에서도 많이 보았듯이 이 여성 외계인이 에드에게 매우 섹시하게 보였던 모양이다. 그녀는 헐렁한 원피스 같은 것을 입고 있었는데 목이 다 드러났다고 하니 이런 것들이 관능적으로 보였던 모양이다.

그런데 이 여성은 에드의 이름도 알고 있었다. 에드가 어떻게 내 이름을 아느냐고 물으니 그녀는 에드가 어릴 때부터 접촉했기 때문에 그에게 일어나는 모든 일을 알고 있다고 말했다. 그런데 이 여성은 에드가 자신과 섹스하고 싶어 한다는 사실을 간파하고 에드의 마음에 음란한 생각을 불어넣었다고 한다. 그런데 이것은 그녀가 에드와 성교를 하려고 벌인 일이 아니라 단순히 정액만 채취하려고 기획한 일이었다고 한다. 실제로 에드와 성교해서 그의 정액을 채취한 것이 아니라 기계를 사용하여 정액만 빼냈다고 한다. 이 외계 여성과 화끈한 성교를 꿈꿨던 에드는 시쳇말로 닭 쫓던 개 신세가 되었다. 그녀는 이 일에 대해 에드에게 설명하기를, 이렇게 정액을 채취하는 것은 특별한 아이들을 만들어 지구에 사는 당신들을 돕기 위함이라고 말했다. 그러면서 그녀는 에드에게 '당신은 가치 있는 일에 이용되고 있으니 훌륭한 일을 하는 것'이라는 위안을 주는 것도 잊지 않았다.

이때 튜브처럼 생긴 용기가 에드의 성기 위에 올려졌는데 그때 그는 긴장이 풀리는 것 같았다고 한다. 무엇인가 성기를 문지르는 것 같았는데 흥분했던지 에드는 곧 사정했다. 그러자 그녀는 에드에게 아주 잘했다고 칭찬했다. 앞에서 말한 대로 에드는 이 외계인 여성과 직접적인 성교를 한 것이 아니라 자위행위를 해 주는 기구에 의해 사정을 당한 것인데 이 시점에서 의문이 생긴다. 이처럼 직접적인 육체적 접촉 없이 자위행위 같은 방식으로 사정을 시켰다면 그녀는 왜 처음에 에드에게 섹시하게 어필했고 그의 머리에 음란한 생각을 주입했느냐는 것이다. 다시 말해 그냥 처음부터 정액 채취용 용기를 가져다 정액만 빼내면 될 것 아니냐는 것이다. 그러면 일도 간단할 텐데 공연히 에드를 정욕에 휘둘리게 할 필요가 있었을까 하는 생각이 든다. 에드만 머쓱한 상황이 되고 만 것이다.

이것 말고 더 큰 의문이 있다. 앞에서 본 것처럼 에드는 최면 상태가 아니라 맨정신으로 있을 때 기억을 더듬어 이 여성을 만난 적이 있고 그녀와 성관계를 했다고 주장했다. 그런데 이번에는 성관계는 하지 않았고 단지 정액만 채취당했다고 했다. 이처럼 한 번은 성관계를 했다고 하고 한 번은 하지 않았다고 하니 어떤 게 맞는 것일까? 이에 대해서는 맥도 이의를 제기하지 않아 나도 어떤 것이 진실인지 알 수 없다. 그러나 추정해 보면 최면 때 발설한 것이 더 진실에 가깝지 않을까 하는 생각이다. 왜냐하면 최면 때에는 거짓말하는 일이 쉽지 않기 때문이다. 최면 때에는 최면사와 상호작용하면서 일이 진행되기 때문에 거짓된 이야기로 최면사를 속이는 일이 쉽지 않다. 반면 기억은 혼자 행하는 것이니 자신이 얼마든지 부분적으로 변형시키는 일이 가능하기 때문에 왜곡될 수 있다.

인류의 암울한 미래에 대해 특훈(特訓)받는 에드

에드가 이렇게 하고 있는데 갑자기 장면이 바뀌었다. 에드는 이번에는 수술실이 아니라 투명한 벽이 있는 방 안에 있는 자신을 발견했다. 이 부분부터는 앞에서 최면을 받지 않은 상태에서 발설한 것과 그리 다르지 않다. 그러나 설명이 훨씬 더 구체적이라 믿음이 더 가는데 그뿐만이 아니라 새로운 내용이 첨가되었다. 그녀가 에드에게 그가 앞으로 해야 할 일을 구체적으로 말해준 것이 그것이다.

이때부터 그녀와 에드의 관계는 선생과 학생처럼 바뀌게 되는데 이 점은 앞에서 이미 언급했다. 에드의 UFO 피랍 체험은 이 부분이 가장 중요한 것 같다. 왜냐하면 이때 에드가 그 외계인 여성으로부터 받은 정보를 발설하는 데에 40분에서 45분의 시간을 소비했기 때문이다. 최면이라는 것은 고도의 집중력이 필요한 일이라 오래 하지 않는다. 힘들어서 오래 할 수가 없는 것이다. 1시간 정도만 지나도 집중도가 떨어지고 힘들어져 최면의 효과가 감소된다. 그런데 그 가운데 45분 정도의 시간을 이 부분에 할애했다는 것은 이 부분이 매우 중요하기 때문일 것이다.

이때 전달된 내용은 세상의 종말론적인 이미지로 가득 찼다. 예를 들어 지금 지구는 생태적-영적(eco-spiritual)으로 불안정 상태에 있다고 하는데 그 징조가 화산 폭발이라고 한다. 이 폭발로 인해 파도가 몰아치고 물이 사람들 주위를 가득 채운다고 하는데 이것은 해일이나 쓰나미를 지칭하는 것 같다. 이 때문에 지구는 고뇌 속에서 치를 떨면서 내면 자아를 잊어버린 인간의 어리석음에 대해 오열한다고 한다. 사실 에드는 지금 내가 하는 표현보다 더 시적으로 표현했는데 나는 풀어서 평상 언어로 설명했다.

중요한 것은 그다음에 나온다. 그녀는 에드에게 당신은 감수성(sensibility)을 갖고 있다고 하면서 그 덕에 당신은 지구에게 말할 수 있고 지구도 당신에게 말을 건다고 전했다. 그러니까 에드는 인디언 샤먼처럼 자연과 교통할 수 있는 사람이라는 것이다. 이것은 대단한 능력인데 지구상에 사는 대부분의 인간들은 이 능력을 잊고 살고 있다. 이 대목에서 에드는 자신이 어렸을 때 이 능력과 관련해 겪었던 일을 소개했다. 그는 당시 숲에 가서 동물들과 영혼(정령)들과 땅과 소통하는 것을 좋아했단다. 그런데 그의 엄마는 이런 에드를 이해하지 못했다. 이해만 하지 못한 게 아니라 다음과 같이 말하면서 에드를 몰아세웠다. 나쁜 아이들만 숲에 간다고 하면서 숲에 간 날은 그에게 저녁밥을 주지 않거나 심지어는 그를 체벌하는 경우도 있었다고 한다. 그러나 에드는 단념하지 않고 계속해서 숲속을 헤매고 다녔다. 에드에게 이런 능력이 있었기 때문에 외계인들에 의해 선택받았을지도 모른다. 인간들을 데려다 지구의 환경 위기에 대해 교육해야 하는데 아무런 감수성이 없는 평범한 인간들을 데려오면 영상을 보여줘도 별 감흥이 없을 테니 에드 같은 사람을 납치하는 것 아닌가 하는 생각이 든다.

이 대목에서 또 의문이 생긴다. 외계인들은 그 많고 많은 사람들 가운데 에드 같은 사람을 어떻게 알아내느냐는 것이다. 에드처럼 특별한 '초능력'을 가진 사람을 어떻게 골라내느냐는 것인데 이것은 그들에게 물어봐야 답을 알 수 있는데 그럴 수 없으니 추정해 보는 수밖에 없겠다. 그들은 인간의 마음을 꿰뚫어 보는 '마인드스캔(mindscan)' 같은 능력을 갖고 있다고 하는데 이 능력을 발휘한 것 아닐까 하는 생각이 든다. 그러면 이 마인드스캔은 어떻게 작동하는 것일까? 순전한 추측이지만 그들이 염파, 즉 생각의 파동을 인간계에 쏴서 그에 상응하는 사람이 생기면 그를 납치하는 것 아닐까 한다.

이 여성 외계인은 에드에게 '당신은 능력과 힘을 갖고 있기 때문에 책임감을 가져야 한다'라고 강하게 주장했다. 그러면서 '지구의 말을 들으시오. 당신은 지구(의 말)를 들을 수 있소. 당신은 영혼(정령)들의 고뇌를 들을 수 있소'라고 말하곤 섬광처럼 펼쳐지는 영상 하나를 보여주었다. 그 영상에서 어떤 영혼들은 울부짖고 어떤 영혼들은 유쾌한 상태로 나왔다. 또 지구의 거죽(즉 표피)은 '곤충' 같은 것들을 떼어낼 것이라는 요해하기 힘든 말을 했다. 이 말이 이해가 안 된 맥이 그게 무슨 말이냐고 물었다. 그러자 에드는 '지구에 대격변이 일어나 인류를 흔들어댈 것인데 그 때문에 우리 중 일부가 제거될 것이다'라고 답했다. 앞으로 닥쳐오는 기후 위기 때문에 인류가 부분적으로 희생당한다는 주장은 대부분의 피랍자들이 주장하는 것이라 믿지 않을 수 없을 것 같다. 이렇게 생각하면 암울한데 이것은 인간들이 스스로 지은 업보이니 피할 길이 없을 것이다.

이때 화제를 바꾸면서 에드는 유쾌하게 지내는 작은 (자연의) 영혼들을 직접 보았다는 사실을 기억했다. 맥이 그 영혼들이 어떻게 생겼냐고 묻자, 에드는 답하기를 그 영혼들은 에너지 형태인데 모습이나 색깔이 각기 다른 여러 종류가 있다고 했다. 그뿐만 아니라 그들은 자연의 법칙을 변화시켜 자기들이 원하는 대로 형태를 바꾸기도 한다고 한다. 에드는 이 영들과 만나 대화한 내용을 말했는데 여기서 중요한 것은 그가 이런 영들과 대화할 수 있다는 사실이다. 이것은 그가 빼도 박도 못하는 초능력자라는 것을 암시하는 것이리라.

그다음에 이 외계인은 에드에게 우주가 생겨나는 모습을 보여주었는데 그들이 그에게 왜 이런 것을 보여주었는지 모르겠다. 그가 묘사한 우주의 가장 초기의 모습은 눈이 타들어 갈 정도로 밝고 하얀 빛으로 나타났다고 하는데 그 이상의 정보는 없었다. 개인적으로는 나는 이 우주의 초기 모습이 매우 궁금했는데 에드가 이것 외에는 설명하지 않아 아쉬웠다. 그러나 모든 것이 빛으로부터 시작됐다는 설명은 좋은 묘사로 보인다.

인류의 파국은 피할 수 없다는 에드

그리곤 계속해서 에드는 지구, 아니 인류의 종말에 대해 이야기했는데 맥과의 대화에서 조금 특이한 게 나온다. 맥은 지구가 맞게 될 대재앙을 막을 수 있느냐고 에드에게 질문했다. 사실 이것은 누구나 알고 싶은 의문이다. 인류는 지금 엄청난 대재앙 앞에 놓여 있는데 사람들은 크게 걱정하지 않고 막연하게 막을 수 있는 방법이 있을 거라고 생각하는 것 같다.

그런데 이에 대해 에드의 견해는 단호하다. '없다! 없다! 없다!'라고 하면서 세 번이나 소리쳤으니 말이다. 이유는 간단하다. 사람들이 너무나 이 의견에 귀를 기울이지 않기 때문이라는 것이다. 그렇지만 이 의견에 귀를 기울이고 자연의 법칙에 따라 사는 사람들은 살아남을 것이라는 희망찬 의견도 제시했다. 이렇게 살아남은 사람들은 다른 사람들을 가르치면서 외연을 확장시킬 것이라고 한다. 맥이 어떤 격변이 오느냐고 물으니 에드는 지질의 이상 현상과 기상의 격변이 같이 올 것이라고 답했다.

그다음에 맥은 에드에게 다소 뜬금없는 질문을 던진다. 앞에서 말한 자연의 영들이 인간을 도울 수 있는 방법이 없냐고 물었으니 말이다. 맥이 왜 그런 질문을 던졌는지는 잘 모르겠는데 이에 대해 에드가 내놓은 답이 기이하다. 선뜻 수용이 안 되기 때문이다. 에드에 따르면 이 영들은 살아남은 인류를 위해 안식처를 만들어줄 것이라고 한다. 내게는 이 영들이 인간들을 위해 무슨 일을 한다는 것 자체가 이상하게 들리는데 거기서 더 나아가 안식처를 만들어준다고 하니 더 이해가 안 된다. 지구 환경이 최악으로 갔는데 어디에다 어떻게 안식처를 만들겠다는 것인지 그것부터 알 수 없다. 게다가 이 영들은 영, 즉 에너지에 불과한 존재인데 어떻게 물질계에 영향을 끼칠 수 있다는 것인지 그것도 잘 모르겠다. 더 나아가서 인간들이 이 영에 불과한 존재들과 소통하는 일이 가능할까 하는 원론적인 의문도 생기는데 자세한 사정은 에드 본인을 만나서 물어봐야 알 수 있을 것이다.

계속해서 에드는 '우리들은 영적으로 균형을 잡기 위해 노력해야 한다'라고 하면서 인간의 노력도 강조했다. 이것은 인류 개개인이 영적으로 진화하지 않으면 환경 문제는 극복할 수 없다는 식으로 들리는데 나도 이 점에 대해서는 철저하게 동의한다. 이렇게 영적인 균형을 얻기 위해 우리 인간은 지구와 지구에 있는 모든 것에 사랑과 동정심을 갖는 것이 중요하다고 에드는 주장했다. 그런데 이때 말하는 사랑은 세속적인 의미의 사랑이 아니라 세간을 넘는 심오한 수준의 사랑을 말한다고 한다. 한마디로 말해 영적으로 높은 사랑을 해야 한다는 것인데 이런 것에 모두 동의하지만 과연 이런 일이 실제로 일어날지는 알 수 없다.

내 개인적인 생각이지만 인간이 망쳐 놓은 지구를 살리려면 지금 말한 수준 높은 영성을 가진 사람들이 많이 나와야 한다. 이런 사람들이 지금도 있지만 아주 소수라 전 인류에게 그다지 큰 영향을 미치지 못하고 있다. 게다가 이런 사람들은 그가 속한 사회에서 실세의 자리에 있지 않는 경우가 많아 변혁을 만들어내지 못한다. 인류 사회에 생태계를 살리는 운동이 진짜로 심각하게 일어나려면 일반 대중들의 의식이 깨어나야 한다. 다시 말해 사회의 전체적인 영성 수준이 올라가지 않으면 이 생태계 위기, 혹은 기후 위기 문제가 해결되지 않는다는 것인데 문제는 이 일이 그다지 가능해 보이지 않는다는 것이다. 지금 인류가 하는 짓거리를 보면 곧 개과천선해서 지구와 인류, 그리고 지구상에 있는 다른 생물들을 사랑하고 연민의 마음을 가질 것 같지 않다. 인류가 이렇게 '착해지려면' 얼마나 많은 세월이 필요할지 모르는데 지금 환경 문제는 시급을 다투는 일이라 그렇게 오래 기다릴 여유가 없다. 따라서 이런 시각에서 보면 인류의 파국은 피할 수 없는 일로 보인다. 다만 그 파국의 범위가 어느 정도일지가 관심사일 뿐이다. 다시 말해 얼마나 많은 인류가 희생되느냐를 예측하는 것이 관건이지 이 파국 자체를 피한다는 것은 불가능하다는 것이다.

정리하며

이제 에드의 사례를 마치려고 하는데 내가 그의 이야기에서 가장 재미있었던 것은 정령에 관한 것이었다. 이런 이야기는 동서고금을 막론하고 숱하게 있었다. 한국에서도 큰 나무나 큰 바위에 영이 깃들었다고 생각해 거기다 대고 비는 민속적인 신앙이 횡행하지 않았던가. 그리고 서양에도 피터 팬의 이야기에 나오는 것처럼 수많은 정령이 숲에 살고 있다는 민담이 유행했다. 이 같은 사정은 다른 문화권에도 두루 통용될 것이다.

우리는 고래로 이런 존재들이 그저 인간들이 사념으로 투사해서 만든 허구의 존재라는 교육을 받았는데 에드는 이런 존재를 직접 보았다고 하니 특이하다. 게다가 그런 존재들은 자기 마음대로 모습을 바꾼다고 하니 더 신기하다. 상황이 이렇게 되니 이런 존재의 실재를 믿어야 할지 말아야 할지 헷갈리는데 허구로 생각하고 무시하는 것은 현명한 행동 같지 않다. 그러나 그렇다고 해서 무턱대고 믿을 수도 없으니 일단은 참고의 차원에서 염두에 두고 있으면 될 것 같다. 그러다 때가 되어 만일 결정적인 단서가 등장한다면 그때 믿으면 될 일이다.

그런데 맥은 이와 관련해서 재미있는 이야기를 남겨서 그것을 보고 이 장을 마쳐야겠다. 앞에서 내가 맥의 전기를 살펴보면서 잠깐 언급한 것인데 맥은 1992년에 인도에 갔을 때 티베트 불교의 지도자급 승려들을 만난다. 그때 그들이 외계인에 관련해서 한 이야기가 재미있다. 그들은 외계인들을 지금 우리가 살펴본 정령으로 파악하고 있었다. 이른바 외계인 정령설이다. 그런데 문제는 이 정령들이 자신들도 살고 있는 지구가 이렇게 파괴되어 화가 많이 나 있다는 것이다. 티베트 승려들은 외계인들이 다른 별에서 온 게 아니라 이 지구에 살고 있는 정령이라고 믿으니 이렇게 생각할 수 있을 것이다. 그래서 이 정령들은 자신들이 화가 많이 나 있다는 사실을 알리고자 인간 사이에 나타나서 소란을 피운다는 것이다. 이 의견은 재미있기는 하지만 이것 가지고 UFO와 외계인이 관련된 일들을 다 설명하기에는 부족하다는 느낌이다. 특히 UFO가 계속 목격되고 인간들이 수없이 납치되는 현상은 외계인 정령설로는 설명할 수 없다. 그러나 이 설명이 특이해서 한번 소개해 보았다.

제5사례: 외계인과 인류의 '통역가' 스코트

이제 마지막 사례에 왔는데 사실 이번 사례는 굳이 넣지 않아도 된다. 왜냐하면 내용이 다른 사례들과 대동소이했기 때문이다. 그럼에도 불구하고 이 사례를 소개하는 것은 두 가지 이유에서이다. 첫 번째 이유는 이 스코트도 다른 피랍자들처럼 '인간/외계인'의 이중적 정체성을 지니고 있었는데 그의 경우에는 다른 피랍자와 비교해 볼 때 이 정체성이 독특하게 나타났기 때문이다. 특히 그는 인간과 외계인의 사이에서 산다는 게 어떤 의미가 있고 그 과정에서 자신의 역할이 무엇인지에 대해 비교적 상세하게 밝혔다. 그리고 그의 증언을 통해 앞으로 인간과 외계인의 관계가 어떻게 펼쳐질지에 대해 알 수 있어 좋았다. 물론 이것은 스코트의 개인적인 견해이지만 그 안에는 경청할 만한 내용이 있었다. 그와 더불어 그가 피랍 초기에 겪었던 공포나 화를 극복하고 그것을 넘어서서 영적인 경지로 승화하는 모습도 소개하면 좋겠다는 생각이 들었다.

스코트의 사례를 소개하는 두 번째 이유는 내 개인적인 동기다. 이에 대해서는 한참 앞에서 이야기했으니 여기서는 간단하게만 언급하려 한다. 스코트의 진짜 이름은 랜들 니커슨(Randall Nickerson)이고 내가 그를 알게 된 계기에 대해 다음과 같이 밝혔다. 나는 인간과 UFO(그리고 외계인)의 접촉 사례 가운데 가장 유명하고 괄목할 만한 사건이라 할 수 있는 에이리얼 초등학교 사건을 조사하는 과정에서 그를 처음으로 알게 되었다고 했다. 그는 맥이 죽은 뒤 그가 세운 연구소의 부탁을 받고 "Ariel Phenomenon (2022)"이라는 다큐멘터리 필름을 만들었다. 이 필름을 만드는 데에 10년이 걸렸다고 하니 대단한 공력을 기울였음을 알 수 있다. 나는 이 사실을 알았지만 당시에는 이 필름을 구입할 수 있는 방법이 없었다. 다시 열심히 조사해 보았더니 그가 이 필름을 가지고 강연한 영상을 접할 수 있었다. 거기서 나는 그의 모습을 처음으로 보았는데 그 강연에서 나는 많은 것을 새롭게 배울 수 있었다. 그리고 앞에서 말한 대로 1994년에 그가 맥과 함께 오프라 윈프리의 토크쇼에 나온 영상도 시청할 수 있었다. 그때 내가 놀란 것은 그가 그 많은 UFO 피랍자 가운데 본보기로 나왔기 때문이었다. 맥이 1992년에 책을 출간하고 그게 화제가 되자 방송국에서 맥을 부르면서 피랍자도 같이 부른 것이었다. 맥은 니커슨의 경우가 모범적인 사례라고 생각했기 때문에 그를 대동하고 방송에 나갔을 것으로 추정된다.

　나는 이 영상을 보고 그가 맥의 책에서 '스코트'라는 가명으로 소개되었다는 사실을 처음으로 알았다. 맥의 책에 나온 13가지 사례 가운데 앞에서 거론한 피터를 제외하고 유일하게 얼굴을 아는 사람이 니커슨(스코트)이어서 그를 이번 책에서 소개하고 싶은 마음이 크게 일어났다. 그리고 맥이 그를 모범 사례로 꼽았다고 하니 더 알리고 싶은 마음이 커졌다. 그래서 그의 사례를 소개하기로 마음먹은 것인데 얼굴도 알고 무슨 일을 했는지도 아는 사람의 이야기를 풀어내니 이 장을 쓰면서 내내 기분이 남달랐다. 다른 사례들은 도대체 누가 누군지 모른 상태에서 그냥 맥의 책에 있는 대로 서술한 것에 비해 니커슨의 경우에는 그의 전력을 아니 글을 쓰는 내내 생동감이 있었다. 그의 체험을 소개할 때 그의 모습이 떠올라 생생한 느낌이 들어 좋았다는 것이다. 그러면 지금부터는 니커슨이라는 이름은 잊고 스코트라는 이름으로 그의 피랍 체험을 살펴보자.

UFO 피랍에 관심이 많은 스코트 가족

스코트는 1991년 11월에 맥을 처음으로 만나는데 그때 그의 나이 약관 24세였다. 그런데 그는 기존 교육 제도에 저항하는 등 자유로운 영혼이었던 모양이다. 그는 또 배우로 활동하면서 영화도 제작하고 자동차 정비나 주택 건설에도 유능했다고 한다. 그런가 하면 피아노를 고치는 재주도 있었고 그와 동시에 어릴 때부터 피아노를 쳤고 미래에 작곡가가 되는 것을 꿈꿨다고 한다. 그는 또 조종사 되기를 원했는데 어릴 때 당한 UFO 피랍 사건으로 생긴 병을 치료하느라 투약을 너무 많이 해 자신의 꿈을 이루기가 힘들어졌다고 한다.

그는 자신이 또 외계인들에 의해 납치당할지 모른다는 두려움이 너무 커 1992년 여름에는 비정상적으로 자신의 안전에 집착했다고 한다. 집에 경보 장치를 설치했을 뿐만 아니라 중요한 곳에 보안카메라를 달았고 현관 앞에는 마이크를, 침대 옆에는 스피커를 설치해 밤에 집 밖에서 나는 소리를 듣게끔 장비를 준비했다. 이처럼 스코트는 외계인에 의해 납치될지 모른다는 두려움이 커서 외부 공격에 대한 무기력함이나 취약함, 주변에서 오는 소외감 등으로 인해 지속적으로 고생했다고 한다. 그런데 재미있는 것은 19개월 연하인 여동생 리역시 피랍자였다는 사실이다. 그녀는 성관계에 대한 공포감이 있었는데 처음에는 그것이 자신은 기억하지 못하는 성적 학대에서 비롯됐을 것으로 추측했다. 그러나 1992년 11월에 행해진 최면으로 그녀는 자신이 10대 초반에 외계인에 의해 납치되었다는 것을 확인했다. 그때 외계인들은 그녀의 성기 안에 기구를 넣어서 조직 세포(혹은 난자)를 채취했다고 한다.

스코트 사건이 특이한 것은 피랍자의 부모가 자식들의 피랍 경험에 우호적이라는 것이었다. 보통의 경우에는 부모들이 자식의 피랍 경험을 무시하기 일쑤인데 스코트의 부모, 그중에서도 모친인 에밀리는 매우 수용적인 태도를 취했다. 당시 스코트는 맥이 인도하는 피랍자 지지 모임에 적극적으로 참여했는데 에밀리는 피랍자의 부모 중에 이 모임에 정기적으로 참여하는 유일한 사람이었다고 한다. 더 나아가서 그녀는 자기의 자식들이 피랍 체험으로 인해 많은 고통을 받고 있지만 그 체험은 결국 개인적인 성장으로 이어지고 궁극적인 깨달음에도 이를 수 있다는 사실을 직관적으로 알고 있었다고 한다. 맥은 자신이 다룬 사례 가운데 부모가 이런 태도를 보인 경우는 없었다고 하면서 매우 신기해했다.

UFO 피랍의 트라우마를 극복한 스코트

스코트는 맥을 1991년 11월부터 만나왔는데 그는 그때 1990년 4월에 있었던 피랍 경험으로 인해 생긴 트라우마로 고생하고 있었다. 당시 그는 여성 치료사를 만나 몇 번의 최면세션을 가졌는데 자기의 피랍 체험이 3살 때부터 이루어졌다는 것을 기억하게 된다. 그러다 맥으로부터 정식으로 최면을 받게 되는데 1992년 3월과 12월, 이렇게 두 번의 최면을 받는다. 맥이 이다음에 하는 설명을 보면 스코트가 이전의 치료사로부터 받은 최면에서 밝혀진 사실과 자신의 최면에서 나온 사실을 그다지 구분하지 않고 설명하고 있어 나도 그냥 그의 설명에 따라 편하게 기술하려고 한다. 여기서 맥은 스코트의 과거 병력에 대해서도 상세하게 설명하고 있는데 그것은 우리의 주제와 그다지 관계없으니 생략하겠다.

그가 3살 때 겪은 UFO 관련 경험을 보면, 당시 그는 밖에서 놀고 있었는데 갑자기 어디선가 3명의 미지의 존재가 나타났다. 놀란 나머지 엄마에게 뛰어가서 밖에서 커다란 거미를 보았다고 고했다고 하는데 이 체험을 기억하고 그는 최면 상태이지만 매우 놀랐다. 그 이후에 스코트는 두통이나 발작 등으로 고생하는 바람에 항경련제 같은 강한 약을 복약했는데 별 효과가 없었다고 한다. 재미있는 것은 그의 의료 기록에 다음과 같은 것이 있었다는 것이다. 12살에서 13살까지 그는 환영을 보았다고 하는데 그 가운데에는 빛을 내면서 회전하는 삼각형의 물체와 그의 침대에 기대어 있는 여성, 그리고 자동차 등이 있었다고 한다. 추정하건대 이것은 그가 UFO나 관련 외계인을 만났던 체험을 회상하면서 떠올린 이미지인 것 같다.

1992년 2월 24일 스코트는 피랍자 지지 모임에서 다음과 같은 의미심장한 발언을 한다. 우리 인류는 어떤 목적을 이루기 위해 준비되어 가고 있는데 여기에는 모종의 '계획'이 있다. 이 계획을 관장하는 것은 우리가 아니고 다른 존재(외계인)인데 이들이 전체 쇼를 관장하고 있다.… 그리고 (우리가 피랍 체험을 했을 때) 받은 트라우마만 잘 극복하면 우리에게 영적이면서 진실한 어떤 것이 다가올 것이다. 이 체험을 통해 우리는 성장할 수 있는데 사람들이 이 체험을 잘 이용하지 못하는 것 같다. 왜냐하면 외계인들이 피랍자의 머리에 넣어주는 엄청난 정보를 이해할 수 있는 능력이 없기 때문이다. 인간들의 수준이 아직 저급 단계에 있어 외계인들이 주는 정보를 수용하지 못하는 것인데 이 때문에 그들과 대등한 교류가 이루어지지 않고 있다. 이 같은 상황을 타개하기 위해 외계인들은 우리를 영적으로 성장시켜 그들을 이해할 수 있게 하려고 돕고 있다고 주장했다.

이상이 그 모임에서 스코트가 행한 발언인데 나도 이 의견에 동의한다. UFO 연구가 중에도 적지 않은 사람이 이 의견에 동조하는 것으로 알고 있다. 즉 외계인들이 지구를 방문하는 가장 큰 이유는 이 광활한 우주에 있는 수많은 지적인(intelligent) 존재 가운데 지구 인류가 영적으로 수준이 너무 떨어져 수많은 문제를 일으키고 있기 때문이라고 한다. 그런데 그 문제가 이전에는 크게 위협적이지 않았는데 이제는 인간들이 과학을 발전시키면서 자신들이 공멸될 위기에 빠졌을 뿐만 아니라 주변에 있는 다른 외계 존재들도 위협하고 있어 외적인 간섭이 필요한 시기가 됐다고 한다. 이 때문에 근자에 와서 외계인들이 인간을 더 진화된 존재로 만들기 위해 여러 가지 시도를 하고 있다는 것이 그들의 의견인데 스코트 역시 같은 취지로 발언한 것으로 생각된다.

외계인적 정체성을 확인하는 스코트

다시 첫 번째 최면으로 돌아가자. 그가 기억해 낸 내용은 다음과 같았다. 당시 그는 부모와 같이 살고 있었는데 평소보다 일찍 침대에 누워 잡지를 보고 있었다. 그런데 갑자기 어떤 존재들이 그의 마음 안에 있는 것 같은 느낌을 받았다. 그러면서 자신의 마음이 침

범당하는 것 같았는데 그 느낌이 친숙했다고 한다. 이때 설명할 수 없는 빛이 옆방 쪽에서 들어왔는데 그때 머리가 네모난 상자처럼 생긴 존재 여섯 명이 들어왔다고 한다.

최면 상태에서 이 장면을 상상하자 그의 숨은 거칠어졌다. 최면에 걸린 스코트의 발설은 계속되었다. 외계인들이 그의 귀 뒤에 끝이 둥근 막대기를 가져다 댔는데 그는 곧 마취된 것처럼 몸을 움직일 수 없었다. 이렇게 꼼짝 못 하는 것은 피랍자들에게 항상 일어나는 일이라 놀랄 일은 아니다. 이때 귀에서 윙윙거리는 소리가 들렸는데 그 소리는 곧 알람 소리 같은 것으로 바뀌었다. 바로 그때 그의 앞에 TV 모니터 같은 스크린이 펼쳐졌고 그 위에 그의 삶이 섬광처럼 비치면서 지나갔다고 한다(스코트는 이 같은 일을 그전에도 겪은 적이 있다고 기억해 냈는데 그게 언젠지는 밝히지 않았다).

그가 기억해 낸 다음 장면은 자신이 테이블 위에 누워 있고 옆에는 안경을 쓰고 하얀 코트를 입은 의사 같은 존재가 있는 장면이었다. 그런데 이 존재는 피부가 탄 것 같으면서 하얀빛이 나는 이상한 형태를 띠고 있었다고 한다. 또 그 옆에는 군복 같은 것을 입은 작은 존재가 여러 명 있었다. 나는 이 이야기를 읽고 실소를 금하지 않을 수 없었다. 왜냐하면 지금까지 본 피랍자들의 기억 속에 등장하는 외계인 중에 안경을 쓴 존재는 이 진술에서 처음으로 접했기 때문이다. 외계인이 안경을 쓴다는 것은 상상할 수 없다. 왜냐하면 그들의 눈은 눈동자가 없는 것으로 알려져 있기 때문이다. 그렇다면 렌즈 역할을 하는 수정체가 없다는 것인데 수정체가 없는데 웬 안경을 쓴다는 말인가? 한 마디로 어불성설이다. 이런 것 때문에 피랍자들의 체험에 대한 신임도가 떨어지는 것이다. 그뿐만 아니라 군복 같은 것을 입었다는 작은 존재들도 그렇다. 나는 이 이야기를 읽었을 때 '스타 트렉'이라는 영화에 나오는 승무원들의 제복이 생각났다. 이들도 군복 비슷한 것을 입고 있었기 때문이다. 그렇다면 스코트의 이 기억은 이 영화에 의해 각색된 것이라는 가능성을 배제할 수 없을 것 같다. 다시 말해 스코트가 갖고 있었던 이 영화에 대한 기억이 투사되어 이 같은 장면이 나올 수 있다는 것이다.

이때 그들은 수도꼭지처럼 생긴 기계를 스코트의 성기 위에 올려 놓았는데 이 기계는 튜브를 통해 테이블 옆에 있는 상자에 연결되어 있었다고 한다. 이때 그는 갑자기 일종의 체외 이탈 체험을 하면서 자신을 위에서 바라보았다. 위에서 보니 그의 머리와 어깨 주위에 전극 같은 것이 연결되어 있었는데 그것들은 그를 통제하기 위해 설치된 것 같다고 주장했다. 그뿐만 아니라 그의 고환에는 철사 같은 것들이 꽂혀 있었는데 이것은 수도꼭지 같은 것과 아우러져 그의 성기를 발기시켰고 곧 사정으로 이어졌다고 한다. 이때 외계인들은 스코트에게 텔레파시로 앞으로 더 많은 정액을 채취할 거라고 전해 왔다고 한다. 이 말을 들은 스코트는 자신이 이용당하고 있다는 생각에 수치심이 끓어 올랐다. 그는 동시에 분노에 싸여 으르렁거리면서 '나는 화가 난다. 그러나 싸울 수는 없다…. 그리고 그들은 우리가 기억하는 것을 원치 않는다'라고 소리쳤다.

그다음에 기억하는 장면은 그가 침대 밑으로 떨어지는 것이었는데 그는 자신이 어떻게 귀가했는지 전혀 기억하지 못했다. 그런데 이것도 이상하다. 최면 상태에서는 작은 것도 기억나는 법인데 집으로

오는 과정이 하나도 기억나지 않는다고 하니 말이다. 부분적으로라도 기억날 수 있을 텐데 전혀 기억하지 못하니 알 수 없는 노릇이다(그리고 왜 침대 밑으로 떨어졌는지도 잘 모르겠다).

최면이 끝난 후 그는 조금 다른 반응을 보였다. 지금까지는 위에서 본 것처럼 납치당한 것에 대해 화를 내는 것이 일상적인 반응이었는데 그와 다른 태도를 보인 것이다. 그는 그 만남에서 감정적으로 큰 충격을 받았다고 하면서 이런 엄청난 감정은 이제껏 한 번도 느껴본 적이 없었다고 실토했다. 이것은 외계인과의 만남에서 생긴 감정인데 그가 이런 엄청난 힘을 느끼게 된 배경은 그의 정체성과 관계될 것이다. 그는 자신이 인간이지만 외계인의 정체성도 갖고 있다고 주장했다. 그런 그가 외계인을 직접 만나는 체험을 했으니 숨겨져 있던 자신의 본질과 만나는 것 같았을 것이다. 자신의 분신이자 또 다른 나와 만나는 것 같아 벅차오르는 느낌을 받았던 모양이다. 그래서 이런 체험은 이전에 한 번도 하지 못했다고 한 것이다. 그는 또 당시 그가 체험했던 빛의 강렬함과 밝음에서도 경이감을 느꼈다고 전했는데 이것도 그의 감정적 변이에 영향을 주었을 것이다.

1992년 12월에 두 번째 세션이 진행되었는데 그때 그는 10일 전에도 외계인들을 만났다고 실토했다. 당시 그는 그들에게 이 만남이 진짜라는 징표를 보여달라고 부탁했는데 새벽에 누군가가 뒤에서 자기를 만지는 것 같은 느낌을 받았다고 한다. 이때 맥은 인간이 외계인을 직접 만날 수 있을지의 여부에 대해 그와 대화를 나누었다. 이에 대해 스코트는, 인간은 자신들이 잘 모르거나 이질적인 것에 대해 파괴적인 태도를 갖기 때문에 외계인들이 인간들 앞에 모습을 드러내지 않는 것이라고 대답했다. 이것은 경청할 만한 거리가 있는 발언이라고 생각하는데 이에 대해서는 앞에서 'UFO 백악관 착륙설'을 인용해서 설명했으니 여기서는 통과하겠다. 좌우간 확실한 것은 인간과 외계인의 공식적인 조우는 쉽게 일어나지 않을 것이라는 것이다.

스코트가 증언하는 외계인들의 모습

이번 세션이 시작되자 스코트는 다른 체험을 이야기했다. 당시 그는 13세였는데 또 외계인에 의해 납치되어 테이블 위에 누워 있었다. 그때 보니 지름이 12cm 정도 되는 원통형 튜브 하나가 그의 가슴을 향해 있는 것을 발견했다. 다른 테이블에는 바나나처럼 생긴 기계도 있었다고 하는데 그 기구가 무엇인지는 그가 밝히지 않아 나도 잘 모른다. 그러다가 그는 어떤 외계인 여성이 여러 개의 원통이 놓여 있는 쟁반을 들고 가는 것을 보았다고 한다. 이 통은 유리통처럼 생겼는데 그 안에는 작은 아기들이 들어 있었다고 한다. 또 예의 혼혈종 아기들인 모양인데 그는 그 아기들이 적출된 자신의 정액으로 만든 아기라는 것을 알았다고 한다. 무언가 느낌을 받았다는 것인데 어떻게 그렇게 느꼈는지 그 내막이 궁금하다.

그때 그곳에 있던 어떤 외계인이 스코트에게 '당신도 우리 가족의 일원이다'라고 말했다. 그러자 스코트는 '내가 이 외계인들과 가족이라면 왜 이곳 지구에 있을까'라는 의문이 들었고 동시에 자신의 정체성에 대해서도 강한 궁금증이 생겼다고 한다. 그때 그는 맥에게 자신은 외계인이 되고 싶지만 동시에 내가 되고 싶다고 말하다가 곧 말을 바꾸어서 '그러나 나는 둘 다 될 수는 없다'라고 푸념했다. 그 말을 듣고 맥이 '왜 안 되냐?'라고 물으니 그는 그렇게 되면 자신이 어디를 가도 본인의 집이 없기 때문이라고 답했다.

스코트가 그다음에 기억해 낸 것은 의외의 장면이었다. 그는 여러 대의 고속 엘리베이터 중 하나를 타고 지하 동굴로 내려갔다고 한다. 그곳은 기온이 뜨거웠다고 하는데 거기에서 그는 여러 명의 존재를 만나게 된다. 그들은 스코트가 잘 아는 존재들은 아닌데 지금 지구에서 같이 살고 있는 가족보다 낫단다. 이게 무슨 말인가 했는데 그는 그 이유에 대해, 거기에 있는 존재들은 그에 대해 모든 것을 알고 있었고 비밀이 없기 때문이라고 밝혔다. 그런데 여기에 나오는 것처럼 엘리베이터를 타고 지하로 내려갔다는 것은 다른 피랍자들의 증언에서는 좀처럼 발견되지 않는 것이다. 이것은 너무나 지구적인 분위기를 풍기기 때문에 외계와는 잘 어울리지 않는다. 지하라는 공간의 개념도 그렇고 엘리베이터도 너무나 지구적이다. 시공을 초월해 산다는 외계인들이 지하로 간다는 것도 그렇고 평소에 빛으로 인간 등을 운송하던 외계인이 엘리베이터를 타고 움직인다는 것도 이해가 안 된다. 스코트는 또 그곳에서 만난 존재들이 그의 모든 것을 알고 있었다고 했는데 만일 스코트가 외계인이라는 사실을 받아들인다면 그들이 그에 대해 잘 알고 있는 것은 자연스러운 일이 아닌가 싶다.

그다음 질문도 재밌다. 스코트가 외계인들에게 '당신들은 지구에 머물러 있지 않고 왜 자꾸 떠나가느냐'라고 물었다. 이에 외계인들은 직접적인 답은 하지 않고 자신들은 아직 인간들을 만날 준비가 되지 않았다고 말했다. 이 준비가 안 됐다는 말은 앞에서도 이미 언급한 것이라 받아들이기가 어렵지 않다. 그런데 이번에는 그 구체적인 이유가 언급되어서 우리의 시선을 끄는데 조금 의외의 답이 나왔다. 외계인들은 인간이 호흡하는 식으로 숨을 쉬지 않기 때문에 현재 그들은 육체적인 조건을 바꾸는 과정에 있다는 것이다. 그러니까 이 말은 그들이 지구상에서 숨을 쉴 수 있게 몸이 바뀌어야 지상에 머물 수 있다는 것인데 이것은 뜻밖의 이야기로 들린다.

만일 이 말이 맞는다면 외계인들은 어떤 방식이든 호흡을 한다는 것이고 그렇게 되면 그들도 호흡기관을 갖고 있는 것으로 보아야 한다. 그런데 외계인이 호흡기를 갖고 있다는 말은 금시초문이라 대단히 낯설다. 이런 의문은 지구에 추락한 외계인들을 해부한 결과물을 보면 금세 해결할 수 있을 텐데 이런 자료는 당최 공개되지 않으니 그들의 장기에 대해서는 알 길이 없다. 내가 다른 졸저(『Beyond UFOs』)에서 외계인들은 낮에 지구 환경에 노출되면 15분 내지 20분밖에 견디지 못한다는 설을 소개했는데 사정이 이렇게 된 데에는 다른 이유가 있었다. 즉 그들은 지구의 기온이 뜨겁기 때문에 그 정도의 시간밖에 머물지 못한다는 것이었지 호흡에 문제가 있다는 식의 설명은 아니었다. 어떤 견해가 맞는지는 알 수 없으니 이 정도에서 탐문을 그쳐야겠다.

스코트의 또 다른 증언을 들어보자. 그에 따르면 외계인들은 우리와 비교도 안 되게 빠르게 생각하기 때문에 인간이 절대로 따라갈 수 없다고 한다. 그래서 그들은 자신들이 주는 정보 때문에 인간들이 다치지 않게 나름대로 조정을 한단다. 맥이 다시 묻기를, 얼마나 빠르길래 인간을 다치게 하냐고 하자 스코트는 그들이 정보를 주면 자신은 정신이 없어 혼란에 빠진다고 답했다. 정보가 너무 많이 들어와 당최 적응할 수 없다는 것이다. 이와 비슷한 이야기는 나의 다른 졸저(『UFO-세계가 주목한 두 접촉자 이야기』)에서 다룬 테드 오웬스의 설명에서도 발견된다. 오웬스 역시 그가 접촉하는 외계인은 인간과는 비교할 수 없을 정도로 진화했다고 하면서 인간은 결코 그들을 따라갈 수 없다고 강하게 주장했다. 그에 따르면 외계인들은 인간과 차원이 달라도 너무 다르기 때문에 비교조차 불가능하다고 한다. 스코트는 또 자신이 접촉한 외계인들은 태양계 안에 거주하지 않는다고 했는데 그런 상식적인 이야기는 왜 했는지 모르겠다. 태양계 안에 별이 몇 개나 된다고 그 안에 이 외계인들이 살지 않는다고 한 것인지 모르겠다는 것이다.

인류의 미래와 외계인의 역할에 대해

그다음으로 스코트가 기억한 것은 다른 피랍자들이 그랬던 것처럼 인류의 종말에 관한 것이었다. 그에 따르면 세계에는 현재 괄목할 만한 변화가 다가오고 있는데 세계가 조금 안전해져야 그때 비로소 외계인들이 인류 앞에 나타난다고 한다. 특히 전염성이 강한 에이즈 같은 역병으로 죽는 사람이 줄어야 외계인들이 안심하고 온다고 한다.

스코트는 이 같은 예측을 전했는데 여기에는 약간의 문제가 있어 보인다. 우선 인간 세상이 조금 안정되어야 외계인들이 인간을 찾아온다는 것부터 이상하다. 지금까지 숱하게 UFO가 출몰하고 외계인들이 지구를 조사했는데 왜 나중에 오겠다고 하는 건지 모르겠다. 내 생각에 외계인들이 이 지구를 왕래한 지는 퍽 오래된 것 같은데, 나중에 온다고 하니 그 이유를 잘 모르겠다는 것이다. 그런가 하면 스코트는 인간에게 치명적인 위해를 가할 병으로 에이즈를 들었는데 이것은 예상이 빗나간 것 아닌가 한다. 에이즈가 꽤 창궐했지만, 인류 전체가 걸리는 병은 아니라 크게 걱정할 병은 아니었다. 그에 비해 인류가 2019년부터 약 3년 정도 겪은 코로나바이러스는 경우가 다르다. 이 질병은 인류 전체를 위협했기 때문이다. 내가 보기에 최근에 코로나바이러스보다 인류에게 더 해를 가한 질병이 없는 것 같은데 스코트와 그가 접촉하는 외계인들은 왜 이 사실을 예측하지 못했는지 궁금하다. 그러나 앞으로 인류가 세균 때문에 큰 위난에 빠질 것이라고 예측한 점은 인정할 만한 하겠다(인류가 바이러스 때문에 큰 위험에 빠진다는 것은 빌 게이츠도 경고한 것인데 왜 그 잘난 외계인들은 이 사실을 예측하지 못했는지 궁금하다).

이때 스코트는 또 재미있는 발언을 한다. 외계인의 시각에서 사물을 바라보기 시작하면서 발언했기 때문이다. 그때 그의 밑에 파란 지구가 보였다고 한다. 그는 원래 다른 행성에 살았는데 거기서 뽑혀서 지구로 왔다고 한다. 지구로 온 이유는 지구가 가장 가까운 별이었기 때문이란다. 그런데 그는 자신이 살던 행성의 이름은 기억하지 못하고 다만 그 행성이 황색이고 대부분 사막으로 되어 있으며 물이 부족하다는 사실만 기억했다. 그곳에도 한 때는 나무나 물이 있었는데 '과학'과 관계된 무엇인가가 잘못되어 그 행성 사람들이 모두 지하로 내려갔다고 한다. 그는 과학이 자기 행성을 어떻게 망쳤는가를 이야기하면서 흐느꼈다. 그들은 자기들 행성에 엄청난 파탄이 오리라는 것을 알았지만 그것을 막을 수 없었다고 한다. 이 최면이 끝난 뒤 스코트는 기억하기를, 자신들이 저지른 것을 저지할 수 없어 인공으로 만든 환경에서 살았다고 되뇌었다.

그의 기억은 대체로 이런 내용인데 그 진실성부터 의심이 간다. 공상과학소설에나 나올 법한 내용이기 때문이다. 그런데 나는 스코트의 설명이 그가 다큐멘터리 영상으로 만든 에이리얼 초등학교 UFO 착륙 사건과 흡사해 놀랐다. 이 사건에 대해서는 앞에서 충분히 설명했으니 다시 설명할 필요는 없겠다. 그때 이 초등학교에 착륙한 외계인들이 학생들에게 전한 메시지를 보면, 인간의 기술이 지구를 망쳐 미래에는 나무가 다 쓰러지고 숨쉬기도 힘들어질 것이라고 했는데 이것은 스코트의 고향 행성에서 일어난 일과 매우 흡사하다.

그런가 하면 스코트의 행성에 사는 존재들이 자기 행성의 미래가 암울하다는 것을 알면서도 무기력하게 당할 수밖에 없었다는 것도 지구의 현실과 비슷하게 들린다. 현재 인류도 머지않은 미래에 큰 파국을 맞으리라는 것을 알고 있지만 속수무책으로 당하고 있는 것이 비슷하다는 것이다. 그래서 지금 인류를 두고 브레이크가 고장나서 정지하지 못하고 달리기만 하는 고속열차에 비유하는 것이리라. 스코트가 왜 이와 같은 설명을 했는지부터 여러 의문이 들지만 답을 구하기 힘드니 질문은 예서 그치는 게 낫겠다는 생각이다.

스코트의 그다음 이야기는 의외다. 그에 따르면 외계인들이 이렇게 지구에 출몰하는 것은 여기서 살려고 하기 때문이란다. 그런데 만일 인류가 지금의 상태에서 변화해서 영적으로 진화한다면 인류와 같이 살지만, 그렇게 하지 않으면 그들은 인류를 '제끼고' 살 것이라고 한다. 이 말은, 인류가 정신 차리고 영적으로 성장한다면 인류와 같이 살겠지만 현재처럼 문제 많은 상태로 남는다면 인류가 큰 희생을 치르는 것을 저지하지 않겠다는 이야기로 들린다. 그가 보기에 인류는 (전 우주에서) 너무나 고립되어 있고 서로 나누지 않아 문제란다. 그에 비해 외계인은 어느 누구도 고립되어 있지 않고 서로의 모든 것을 알고 있다고 한다. 이것은 외계인 사이에는 서로 비밀이 없다는 것인데 이에 대해서는 앞에서 이미 언급했다. 외계인들은 물질보다 영적인 쪽에 가깝게 있으니까 모두가 연결되어 있고 투명해 서로 다 알고 있는 모양이다. 이렇게 되면 반목이나 질시, 미움, 협잡 등 부정적인 것이 끼어들 여지가 없을 것 같다.

스코트는 자신도 그 같은 외계인 중의 하나인데 인간적인 정체성을 갖게 되면 어쩔 수 없이 상대방을 사랑한다거나 모든 것을 공유하는 능력에 제한이 가해진다고 한다. 이것은 자신의 무지에서 비롯된다고 하는데 인간은 공포나 이기심 등 때문에 위축되면서 자신이 본래 지니고 있었던 사랑과 같은 긍정적인 능력을 펼칠 수 없게 된다는 것이다. 따라서 변화가 일어나야 한다고 그는 강력하게 주장했다. 이를 위해 자신은 두 세계, 즉 인간계와 외계 사이에서 중재 역할을 하려고 하는데 할 일이 많고 따라서 시간도 오래 걸릴 것이라고 한다. 그런데 그에 따르면 인류는 미래에 외계인들과 같이 있을 것 같지 않다고 하는데 그것은 인류가 스스로 변화하는 데에 실패하기 때문이란다. 다시 말해 인류는 대파국을 당하면서 많은 희생을 치르니 외계인과 공존할 일이 없다는 것이리라. 이것은 그의 추측이기는 하지만 나는 이 의견에 한 표 던진다.

최면이 끝난 다음에 스코트는 그동안 자신을 짓누르고 있던 무거운 것이 없어진 것 같다고 하면서 크게 안심했다. 그는 기억하기를, 어려서부터 자신은 앞에서 말한 두 개의 인격을 경험했는데 그 때문에 자신이 미친 것 같아 힘들었다고 한다. 그는 자신이 외계인과 겪은 일을 의심하고 인정하지 않은 것이 부정적으로 작용한 것 같다고 말했다. 그런데 최면을 받으면서 전 과정을 알게 되어 드디어 그 불안감에서 해방되었다는 것이다.

최면 세션이 끝나고 스코트는 크리스마스카드를 맥에게 보내왔는데 그 내용이 외계인의 시각에서 서술되어 있어 재밌다. 그는 밝히길, 자신(외계인)들의 지적 역량이나 시각의 범위는 엄청나서 인간이 그것을 이해한다는 것은 불가능한 일이다. 따라서 이 두 집단이 만나기 위해서는 자신 같은 '통역가'가 필요하다. … 인간과 외계인 의식이 상충하면서 생기는 갈등은 계속 연구되어야 한다. 그들은 통합되어야 한다. 그들은 서로 배워야 한다. … 그러면서 아직은 자신이 전면에 나설 때는 아니지만 앞으로 많은 것을 인류에게 선사할 것이라고 자신의 포부를 밝혔다.

정리하며

여기까지가 스코트의 설명인데 그의 사례도 다른 피랍자와 그다지 다르지 않다. 피랍 체험의 부정적인 면을 극복하고 한 단계 도약하여 영적인 체험으로 승화시킨 점이나 인간/외계인의 이중적 정체성을 확인한 것 등이 모두 비슷하다. 그에게 조금 특이한 점이 있다면 통역가로서의 역할을 강조한 것이라고 할 수 있다. 다른 피랍자들도 자신이 인간과 외계인 사이에서 가교 역할을 하겠다는 의중을 밝혔지만 스코트처럼 대놓고 두 세계를 연결하겠다고 명시한 경우는 드물었다.

그런 점에서 스코트가 독보적이라 할 수 있는데 문제는 그가 과연 그동안 통역가로서 역할을 제대로 했는지에 관한 것이다. 자신이 두 세계의 통역가가 되겠다고 공언하는 것은 그다지 어려운 일이 아니다. 말로는 무슨 말을 못 하겠는가? 문제는 이를 위해 구체적으로 어떤 일을 어떻게 했느냐이다. 이 점에 관해서는 후속 연구가 없어 잘 알지 못한다. 이 일을 하려면 그가 외계인을 다시 만나야 할 것 같은데 그 일을 했는지 궁금하다. 그런데 이 일보다 더 시급한 것은 지구인을 교육하는 일일 것이다. 지금 외계인들이 인류 앞에 모습을 드러내지 않는 것은 인류가 아직 준비되어 있지 않아서라는 의견이 지배적이다. 따라서 양자 간의 만남이 성사되려면 인류의 인식을 바꾸어야 한다. 외계인이 이질적인 존재가 아니라 우리와 같은 형제자매라는 인식을 가져야 한다는 것이다. 이를 위해서는 외계인의 세계에 대해 강의를 한다거나 그들을 직접 체험할 수 있는 프로그램이 개발되고 실행되어야 할 것이다. 두 세계 간의 통역가로 나선 스코트는 이 일을 할 수 있는 최고의 적합자인데 과연 그가 그동안 이런 일을 얼마나 했는지 궁금하다.

4. 결론: UFO 피랍 사건에 대한 맥의 견해를 정리하며

지금까지 우리는 소위 UFO 피랍 사건으로 불리는 대단히 독특하고 기이한 현상에 대해 존 맥의 관점에서 살펴보았다. 그리고 맥이 제시한 여러 사례 가운데 대표적인 5가지 사례를 선정해 소개했다. 이 사례들을 설명하면서 나는 맥이 UFO 피랍 체험을 어떻게 생각하는지에 대해 간간이 밝혔는데 이제 이 책을 마치는 단계이니 그의 견해를 전체적으로 정리해 보면 좋겠다. 지금부터 볼 내용은 이 책의 앞부분에서 이미 밝힌 것이기는 하지만 책을 마치면서 모아서 정리하자는 것이다. 이를테면 복기해보자는 것이다. 그런데 마침 맥의 책(1999)의 11장("Trauma And Transformation")과 결론에 그의 주장이 잘 요약되어 있어 그것을 중심으로 보고자 한다.

그가 UFO 피랍 현상이 일어나는 양상에 대해 밝힌 것은 다른 연구자들과 다름이 없다. 즉, 피랍자들이 공포와 경악 속에 피랍되고 생체 실험을 당하며 또 많은 경우에는 정자와 난자를 추출당할 뿐만 아니라 그 결과로 혼혈종이 산출되는 등의 모종의 사건을 겪은 것은 동일하다는 것이다. 그러나 그는 같은 현상을 놓고 해석을 조금 달리하는데 이제부터 그것을 보기로 한다.

UFO의 세계는 우리의 차원을 넘어서 있다!

우선 그는 이 피랍 현상은 한마디로 규정하기 힘든(elusive) 매우 미묘한 현상이라고 주장했다. 우리가 갖고 있는 상식으로는 이해하기 힘들기 때문이다. 특히 눈에 보이는 것만 인정하는 경험론자들은 이 피랍 현상을 인정하지 않을 터인데, 그 이유는 이들이 모든 것을 이원론적으로 바라보기 때문이다. 이원론자들은 모든 것을 '주관 대 객관', '관찰자 대 관찰된 것'이라는 이원론적 매트릭스 안에서 사물을 바라본다. 이 같은 이원론적인 생각은 '에너지 대 물질', 혹은 '육신 대 의식'의 구조에도 적용되어 이 두 요소는 서로 통합될 수 없는 별개의 것으로 취급된다. 따라서 이들은 이 틀을 벗어난 현상에 대해서 비과학적이라고 생각해 인정하지 않는 태도를 취한다. 그런데 맥에 따르면 이런 견해에 함몰된 사람은 UFO 피랍이라는 엄청난 사건이 지닌 심오한 중요성을 알지 못한다.

　맥이 말하는 이 사건의 중요성은, 우리는 이 사건을 통해 현재 우리가 살고 있는 3차원적인 세계를 넘어선 '초(trans, para)'세간적인 세계가 있다는 것을 알 수 있다는 데에 있다. 이 세계에 대해서는 학자들이 나름의 용어를 만들어 설명했는데 이를테면 '내재적 질서(implicate order)', '보이지 않는 세계(invisible world)', '다른 차원(other dimensions)', '초개인적(transpersonal) 세계'와 같은 것이 그것이다. 그런데 이런 성격을 지닌 현상으로 UFO 피랍 현상만 있는 것이 아니다. 앞에서 맥이 지적한 대로 근사 체험과 체외 이탈 체험, 그리고 UFO가 자행한다고 추정되는 동물 훼손(animal mutilation) 현상이나 크롭 서클, (성모) 마리아 영의 출현, 초심리학 등등이 모두 그 범주에 속하는데, 이런 현상을 통해 우리는 3차원적인 세계를 넘어선 우주적 실재가 존재한다는 것을 인정할 수밖에 없게 된다. 맥은 이 대목에서 마이클 짐머만이라는 학자의 설을 인용하면서 이런 현상이 속

한 영역은 '내적인(internal)' 세계도 아니고 '외적인(external)' 세계도
아닌 제3의 지대(?)라고 하면서 이런 양분적인 세계를 넘어선 세계
라고 밝혔다. 게다가 이런 영역에서는 시간이나 공간 같은 개념도 마
음속에서 일어난 생각에 불과한 것이 된다고 한다. 우리가 사는 이 3
차원의 세계에서는 시간과 공간이 명확하게 존재하는 것처럼 보이
지만 이 제3의 지대에서는 마음이 만들어낸 개념에 불과한 것이 된
다는 것이다.

UFO 피랍자들은 존재론적 충격을 겪는다!

맥이 보는 UFO 피랍 체험의 핵심은 체험자들이 겪는 '존재론
적 충격(ontological shock)'이다. 맥이 보기에 지금까지 이 피랍 현상
을 연구한 사람들은 피랍자들이 겪는 트라우마만 집중해서 조명했
다. 이런 연구가 중에 대표적인 사람이 바로 앞에서 거론한 제이컵
스 같은 학자이다. 제이컵스는 앞에서 본 대로 혼혈종 만드는 프로젝
트에 관심이 많았다. 맥도 이 문제를 다루기는 하지만 그는 제이컵스
처럼 새로운 종을 만드는 데에 큰 관심을 두지 않았다. 물론 맥도 혼
혈종에 대해 설명을 적지 않게 했지만 그가 이 피랍 체험에서 조명
하고 싶은 부분은 그것이 아니었다. 맥은 피랍자들이 이 체험을 통해
어떻게 영적으로 변신하고 성장하느냐에 가장 많은 관심을 기울였
다.

맥에 따르면 이 체험을 통해 피랍자가 겪는 것은 앞에서 말한 것
처럼 한마디로 '존재론적 충격'이다. 왜냐하면 지금까지 자신과 실
재(reality)에 대해 알고 있던 모든 생각이 심각한 도전을 받기 때문이

다. 자신의 신념 체계가 산산조각 나는 것 같은 느낌을 받은 것이다. 우선 '나는 어떤 존재인지'에 대한 신념부터 흔들린다. 자신은 독립적이고 강고한 자아 개념 혹은 자아관이 있는 개인으로 믿고 살았는데 그게 외계인들 앞에서 속절없이 무너졌다. 납치당할 때 아무 힘도 쓰지 못하고 그 작은 외계인들에 의해 끌려가는 자신을 보면 한탄이 저절로 나온다. 또 테이블 위에 강제로 눕혀서 여러 실험을 당할 때도 아무 반항도 하지 못하는 자신이 한심했을 것이다. 게다가 외계인들이 자신을 강제로 탈의하고 생식기에서 정액이나 난자를 뽑아갈 때도 그것을 조금도 저지하지 못한 자신이 너무나도 무력하게 보였을 것이다. 그러니 인간으로서 자존감이 바닥을 치지 않았을까 싶다.

그렇게 되니 그동안 가졌던 상식적인 인간관, 즉 인간이 이 우주에서 가장 진화된 존재라는 생각이 사정없이 무너질 수밖에 없었을 것이다. 외계인들을 접해보면 이들의 문명 수준이나 기술 수준이 인간의 그것과는 비교도 안 되게 높다는 것을 알게 되어 그동안 인간이 자랑한 기술력이 얼마나 보잘것없는지를 확실하게 깨닫게 된다. 예를 들어 인간이 만든 전투기 가운데 최고라고 하는 F-22(랩터) 같은 것도 UFO 옆에 가져다 놓으면 매우 원시적인 기계밖에 되지 못하니 인간의 기술력이 영 초라해지는 것이다. 인간의 입장에서 보면 F-22는 엄청난 비행기다. 다른 어떤 전투기와 대적해도 지는 법이 없으니 대단한 것이라고 하지 않을 수 없다. 그러나 이 비행기는 여전히 화석 연료를 써서 엔진을 가동시켜 동력을 얻는다. 따라서 그 속도에 한계가 있을 수밖에 없다. 이에 비해 UFO는 추진력을 내는 엔진도 보이지 않는데 그 빠르기가 인간이 전혀 넘볼 수 없는 경지에 있다. 2004년 미국 샌디에이고 앞바다에서 찍힌 일명 '틱택'으로 불리는 UFO는 그 속도가 마하 20 이상이었다고 하니 그 사정을 알만 하겠다. 그런데 그 UFO에는 어떤 추진 기관도 보이지 않았고 날개 같은 것도 없었다. 그런데도 제멋대로 또 마음대로 날아다닌다. UFO에 관해서 이런 이야기는 노상 듣는 것인데 이런 현상을 통해 인간들은 자신들의 수준에 대해 다시 한번 생각하게 되는 것이다.

다시 피랍자로 돌아가면, 그들은 피랍 체험을 겪으면서 위에서 말한 것 외에도 평소에 생각하던 시간과 공간 개념이 무너지는 것을 경험하게 된다. 이에 대해서는 앞에서 많이 거론하였다. 잠깐 외계인을 만난 것 같은데 몇 시간이나 흐른 경우가 비일비재하고 물질적인 것에 제약받지 않고 벽이나 창문을 뚫고 공중에 떠다니지 않았던가? 또 UFO 안에 들어가 보면 갑자기 큰 방이 나타나는 등 3차원적인 공간 개념으로는 도저히 이해할 수 없는 일들이 많이 일어났다. 게다가 잘 알려진 것처럼 이 UFO들은 속도만 빠른 게 아니라 출몰을 자유자재로 하니 놀랄 수밖에 없었을 것이다. 이처럼 이들은 3차원적인 시공을 아무렇게나 휘젓고 다니니 도대체 저들은 어떤 존재이기에 저렇게 도깨비처럼 나다니는지 이해가 안 되었을 것이다. 이 때문에 피랍자들은 시간이 뭐고 공간이 뭔지 전부 헷갈려서 평소에 가졌던 상식적인 시간과 공간에 대한 개념이 다 붕괴되는 느낌을 받았을 것이다.

이런 상황에 대해 맥은 캐롤이라는 피랍자가 만들어 낸 '마음 강간(mind rape)'이라는 아주 강한 단어를 소개하고 있다. 나의 마음이, 혹은 의식이 산산이 찢기는 것 같은 느낌이 들어 그것을 '강간'이라는 센 용어로 표현한 것이리라. 맥이 '존재론적 충격'이라는 점잖은 단어를 썼던 것에 비해 캐롤은 '강간'이라는 선정적인 단어를 썼는데 이것은 그녀가 당사자이기 때문에 그 체험의 강도를 직접 느꼈기에 가능한 표현일 것이다. 이것은 직접적인 체험자와 간접적으로 연구하는 사람 사이에 있을 수밖에 없는 간격 때문에 생긴 현상으로 생각된다.

UFO 피랍 체험은 신을 알아가는 과정이다

그런데 캐롤은 여기서 그치지 않고 한 걸음 더 나아가 재미있는 의견을 제시했다. 피랍 체험을 기독교의 신비주의 체험에 비교한 것인데 그는 양자 사이에 공통점이 있다고 주장했다. 어떤 공통점일까? 우선 UFO 피랍 체험이나 기독교 신비주의 체험에는 모두 공포와 고통의 체험이 들어 있다. 미지의 존재를 만나면서 공포를 겪고 그 공포 때문에 고통이 발생하는 것이다. 그런데 만약 이 두 체험이 여기서 끝나면 귀신 체험 같이 되어서 별 의미가 없다. 우리가 귀신 같은 영적 존재를 만날 때도 공포와 그에 따른 고통을 겪게 되는데 여기까지는 귀신 체험이 UFO 피랍 체험과 비슷하다.

그러나 귀신 체험과는 달리 기독교의 신비체험과 UFO 피랍 체험은 변이의식 상태(altered state of consciousness)를 발생하게 하고 그 결과 당사자는 신비로운 종교 체험을 하게 된다. 캐롤은 이어서 말하기를 우리가 의식의 환한 부분으로 가려고 할 때 검은 그림자를 지나야 하듯이 UFO와 외계인을 만날 때 그런 부정적인 체험을 하는 것은 영적인 상승을 위해 필요한 것이라고 주장했다. 이것은 캐롤이 기독교의 신비체험에 대해 어느 정도 알고 있기 때문에 가능한 발언으로 생각된다. 기독교 신비주의에 따르면 우리가 신비체험을 할 때 절대 실재와 만나기 위해 '영혼의 어두운 밤(dark night of the soul)'을 거쳐야 한다고 하는데 이것이 캐롤이 말하는 것과 일맥상통한다. UFO와 외계인을 만나서 평소에는 겪어보지 못한 많은 고통을 겪는 것이 이와 같다고 한 것인데 이것은 참고만 하면 되겠다는 생각이다. 기독교 경험과 UFO 경험을 함부로 비교하면 안 되기 때문이다.

캐롤이 그다음에 하는 발언은 더 놀랍다. 자신이 UFO나 외계인과 조우하는 체험은 단순히 작은 회색 존재(즉 스몰 그레이)를 만나는 게 아니라 궁극적으로는 신을 알아나가는 것이라고 주장하니 말이다. 외계인과 신을 연관 짓는 것은 맥이 조사한 피랍자들에게서 흔히 발견되는 현상이다. 이들은 피랍 체험을 종교적인 경지까지 승화시켜서 외계인을 신의 대리인, 혹은 신과 인간을 연결해 주는 거간꾼으로 이해한다. 한때는 인간을 매몰차게 납치해 가서 이상하고 부끄러운 실험만 하고 매정하게 원래 위치로 되돌려 놓던 무감정의 존재로 보였던 외계인들이 신의 대리인으로 승격되어 흡사 천사 같은 존재가 되었으니 어안이 벙벙할 뿐이다. 캐롤은 결론적으로 이 UFO 피랍 체험은 인간의 의식을 진화시키기 위해서 일어나는 일이라고 힘주어 말했는데 이것은 다른 피랍자들이 주장하는 것과 다를 바가 없다.

UFO 피랍 체험은 학교에 가는 것과 같다

어떤 피랍자는 피랍 체험에서 발생한 공포를 극복하자 자신은 어릴 때부터 외계인을 만나고 있었다는 것을 알게 되었다고 주장했다. 이것은 앞에서 든 사례에서도 나온 이야기이다. 가령 스코트는 자신이 3살 때부터 외계인에 의해 납치됐다고 하지 않았던가? 그런데 지금 말하는 피랍자는 거기서 한참을 더 나아간다. 즉 자신은 외계인을 수천 년 동안 알아 왔다고 주장하더니 다시 한 걸음 더 나아가서 그들을 수천 생 동안 알고 있었던 것 같다고 주장하니 말이다. 마지막에는 아예 외계인을 영원히 알고 있었던 것 같다고 고백하는 것으로 끝났다. 갈수록 가관인데 이 피랍자는 왜 이렇게 말했을까? 정확한 사정은 알 수 없지만 추정은 할 수 있을 것이다.

아마 이 사람은 이전에는 외계인과 만난 체험이 너무나 무서워 그들과 만난 기억을 끄집어내지 못하고 그저 무의식 같은 깊은 의식 속에 꼭꼭 숨겨놓았을 것이다. 그러다 맥과 같은 유능한 의사를 만나서 그의 능숙한 안내를 받아 그 공포를 직면할 수 있었다. 혼자의 힘으로는 그 체험을 마주할 수 없었는데 맥과 같은 최고의 의사덕에 감연히 그 끔찍했던 체험을 꺼내는 데 성공했다. 그리곤 그 사건이 단지 피랍되는 것으로 끝나는 것이 아니라 그 뒤에 거창한 계획이 있다는 것을 알게 되었다. 그러는 사이에 그는 외계인이 기획한 대로 자신이 과거에 외계인과 어떤 관계를 유지했는지 알게 된 것 아닐까 한다. 즉 그는 외계인들이 오래전부터 큰 목적을 위해 같이 진력했다는 새삼스러운 사실을 알게 된 것이다.

그런가 하면 이자벨이라는 피랍자는 자신의 체험을 '영적인 테러(spiritual terror)'라는 용어를 써서 표현했다. 그녀에 따르면 이 체험 때문에 자신의 모든 것이 까발려졌기에 테러라는 용어를 썼다는 것이다. 납치당하면서 자신의 육신이 전라(全裸)로 노출되어 가장 은밀한 부분까지 검침 당했을 뿐만 아니라 자신의 모든 정신이 외계인에 의해 철저하게 지배당하니 테러라는 용어를 쓰고 싶었던 모양이다. 어떤 개인도 살면서 UFO 피랍자처럼 자신의 모든 것이 까발려지는 체험을 한 적이 없을 것이다. 그런 점에서는 테러라는 용어가 적절하다는 생각이 든다.

그러나 이사벨도 자신의 체험을 긍정적으로 해석하는 것을 잊지 않았다. 그녀는 재미있게도 피랍 체험을 학교에 비유했다. 그녀에 따르면 우리는 이 학교에서 새로운 것을 배운다기보다 이미 알고 있었던 것을 되살려낸다고 한다. 무엇을 되살린다는 것일까? 우리는 모두 신의 부분인데 너무나 오랫동안 자신을 유리시키는 바람에 이 사실을 완전히 잊고 살았다고 한다. 그런데 UFO 피랍 체험을 통해 신의 대리자라고 할 수 있는 외계인과 교류하면서 신으로 향하는 원래 길을 다시 가게 된 것이다. 이것은 우리가 신의 부분이라는 지혜를 되살림으로써 가능한 것이다. 이들이 말하는 것을 들어보면 흡사 종교적으로 깊은 체험을 한 종교인이 말하는 것 같은 느낌이 든다.

앞에서 언급한 것이지만 스트리버는 이런 식으로 외계인과 만나는 체험은 그것이 아주 짧은 것이라도 사람을 송두리째 바꿔 놓을 수 있다고 말한 적이 있다. 그래서 외계인과 만나는 15초의 체험이 15년 동안 수도한 종교 수련과 비슷한 결과를 낼 수 있다고 주장한 것이다. 이것은 다소 과장된 표현처럼 보이지만 누구보다도 외계인과 진하게 만난 스트리버가 하는 말이니 그의 진정성을 믿어야 할 것이다. 그러면서 그는 UFO 피랍 체험에서 겪는 공포와 고통, 그리고 그 미스터리를 피상적으로 겪는 것에 그치지 않고 의식의 심층에서 진지하게 씨름하면 엄청난 영적인 힘과 감정적인 힘을 얻을 수 있다고 힘주어 주장했다. 이와 동시에 이 공포를 피하지 말고 직면해서 수용하면 큰 자유를 얻게 된다고 피력했다. 더 나아가서 스트리버는 이 같은 과정에서 피랍자와 납치자, 즉 인간과 외계인 사이에 심오한 감정적인 연결이 생길 수 있다는 식으로 주장했다.

스트리버가 이 같은 발언을 한 것은 그가 겪은 독특한 체험에서 비롯된 것일 것이다. 그에게는 이른바 '외계인 아내'가 있었다고 한다. 이는 그가 UFO 안에서만 만나는 짝인데 그는 그녀를 제2의 아내(second wife)라고 부를 정도로 가까웠다. 그는 이 부인과 UFO 안에서 환상적인 성교를 하면서 매우 강렬한 감정적인 격변을 체험했을 뿐 아니라 영적으로도 깊게 연결되어 있다는 것을 느꼈다고 한다. 그는 초기에는 이 같은 만남이 흡사 외도하는 것 같아 양심에 찔렸다고 하는데 이 체험을 자신의 '지구 아내'에게 전했고 그녀의 이해도 받았다고 한다(그러나 그 반대의 경우였다면 어땠을까 하는 생각이 든다). 그리고 UFO에서의 삶과 지상에서의 삶을 분리해서 완전히 다른 세계의 일상으로 받아들임으로써 갈등을 해소했다고 한다. 그러니까 두 개의 세계를 별도로 받아들여서 두 세계 사이에 충돌이 나지 않게 한 것이리라. 스트리버는 이 체험에 대해서 제프리 크리팔 교수와 함께 쓴 『The Super Natural: Why the Unexplained Is Real』(2016)에서 상세하게 적고 있는데 이 체험은 단행본으로 파헤쳐도 부족할 정도로 방대한 주제다. 이 성과 관계된 체험은 대단히 심오한 것이라 그 깊이나 의미를 확실하게 알기가 매우 어렵다. 앞으로 더 연구가 되면 다시 보기로 하고 여기서는 그냥 지나가기로 하자.

UFO 피랍 체험을 통해 절대 진리를 맛보다

맥이 조사한 피랍자 가운데 게리라는 친구가 있는데 그의 체험은 신비주의 체험에 가깝다. 아니, 신비주의적인 세계마저 뛰어넘은 것 같은 느낌이 든다. 왜냐하면 그를 최면해 보니 두 살이라는 매우 어린 나이 때 UFO에 의해 납치되었는데 그는 이때 벌써 상당히 높은 수준의 종교 체험을 한 것으로 나타났기 때문이다. 당시 그는 비행선 안에서 깊은 의식 상태가 되어 엑스터시 같은 상태에 돌입했다고 한다. 그다음 설명도 가관이다. 그곳에는 '앎(knowing)'만 있었다고 하니 말이다. 이 말은 매우 철학적으로 들리는데 물질적인 것은 모두 사라지고 의식만 있었다고 하는 것 아닌지 모르겠다.

그가 말하는 외계인과의 관계도 흥미롭다. 그와 외계인 사이에는 동료의식이 있는데 그 안에서 그들은 서로를 완전하게 신뢰하고 서로에게 '동일한 의미'와 '합의된 의식'이 있었다고 한다. 이 말들은 무엇인가 심오한 의미가 있는 것 같은데 그의 설명을 더 들어보자. 그 상태에서는 시간도 없고 죽음도 없으며 분리나 공포도 없다고 한다. 오직 있는 것은 앞에서 말한 상호 인식뿐이라고 한다. 이 정도 되면 게리는 아예 종교 체험을 한 것처럼 보인다. 그것도 그저 낮은 수준에서 한 게 아니라 절대적인 경지를 맛본 것 같은 느낌을 준다. 왜냐하면 그 상태에서 너도 없고 나도 없고 단순히 앎, 즉 의식만 있었다고 하니 말이다. 이것은 주객을 모두 초월한 궁극적인 상태를 말한다. 그래서 시간이나 죽음, 분리가 없다고 한 것인데 이런 것들은 모두 이원론적인 개념이라 여기서는 나타날 수 없다. 그런 경지에 있으니 외계인과도 분리감 없이 하나가 된 느낌을 갖는 것이다. 전체적인 앎에서 하나가 되었기 때문에 분리되었다는 느낌이 없는 것이다. 이것은 우리가 세계 혹은 우주의 궁극적인 모습을 말할 때 자주 쓰는 표현이다. 즉 우주의 모든 것이 서로 연결되어 있다는 상호연계(interconnectedness)의 경지를 보여주는 것이다.

이렇게 보면 게리는 가장 심연에 있는 우주와 하나가 되어 우주의 민낯을 본 것 아닌가 하는 생각이 든다. 쉽게 말해 절대 진리를 접한 것이라는 것이다. 그런데 이 대목에서 도저히 이해할 수 없는 것은 이런 체험이 어떻게 두 살 때 일어났느냐는 것이다. 두 살이라면 시쳇말로 똥오줌도 못 가리는 나이인데 어떻게 이렇게 최고의 진리를 깨달았느냐는 것이다. 그런데 여기에 변수가 있다. 이 일이 일어난 곳이 지구가 아니라 UFO 안이라는 것이다. 이 지상 위에서는 이런 일이 절대로 일어날 수 없다. 그런데 게리가 피랍되어 간 곳은 이 지상에서 통용되는 시간과 공간 개념 등이 모두 초월되는 높은 차원의 공간이다. 이곳에서는 초시간적인 개념이 적용되기 때문에 나이와 관계없는 자신의 '원(原) 인격'을 경험할 수 있다. 여기서 말하는 원 인격은 보통 '근본 영혼' 혹은 '대아(大我, Oversoul)'라고 불리는데 개개인의 근본 자리를 말한다. 게리는 이런 자아 개념을 갖고 외계인과 만났기 때문에 비록 2살 때 이런 경험을 했다고 하지만 그 공간에서는 그의 나이가 별로 중요하지 않다. 그러나 이것은 나의 추측이고 이 사건의 실상을 알려면 게리와 심층 면담을 해야 하는데 그렇게 할 수 없으니 안타까울 뿐이다.

이렇게 깊은 체험을 해서 그런지 게리는 피랍자들이 자주 언급하는 근본(Source)에 대해 조금 다른 견해를 피력해서 우리의 시선을 끈다. 그에 따르면 이 근원이라는 것은 사람들이 신으로 상정한 존재보다 훨씬 멀리 있다고 한다. 그러니까 사람들이 현재 신이라고 생각하는 존재는 이 근원일 수 없다는 것인데 사실 이것은 기독교 신비주의자들이 주장하는 것과 일치한다. 기독교 신비주의 뿐만 아니라 대부분의 신비주의자들에 따르면 통상 사람들이 생각하는 신은 그들의 생각이 투영된 것에 불과하기 때문에 진정한 신이 아니라고 한다. 진정한 신은 이런 것을 넘어서 있기에 'God beyond God'라고 표현하든가 한 단어로 할 때는 신성(神性)이라는 의미에서 "Godhead'라고 한다. 게리가 말하는 근원을 진정한 신이라고 상정하면 이 공식이 딱 들어맞는다.

UFO가 방사하는 신이한 빛에 대해

위와 비슷한 맥락에서 UFO 피랍 때 자주 나타나는 빛에 대해서 이와 비슷한 고백을 한 피랍자가 있었다. 카린이라는 여성인데 그녀는 UFO가 다가왔을 때 그들이 방사하는 빛을 보고 여러 가지 상반된 느낌이 들었다고 전했다. 멀리서 오는 그 빛을 보았을 때 그가 제일 처음 느낀 감정은 공포감이었다. 그것은 당연한 것이, 자신이 또 납치되어 온갖 실험을 당할 생각을 하니 무서운 감정이 든 것이다. 그런데 곧 공포가 사라지면서 자신이 해방되는(released) 느낌이 들었고 더 나아가서 경외감마저 올라왔다고 한다. 그래서 흡사 그 빛으로 세례받는 느낌이었다고 하는데 이쯤 되면 전형적인 종교 체험이라고 보아야 하지 않을까 싶다.

이처럼 빛을 통해 종교 체험을 하는 것은 기독교 같은 유신론

전통에서 많이 발견된다. 이런 전통에 따르면, 우선 아무 예고도 없이 느닷없이 하늘로부터 말할 수 없이 환한 빛이 당사자에게 비쳐온다. 그러면 당사자는 여러 가지 신비로운 체험을 하는데 본인이 엑스터시에 빠지는가 하면 그의 눈앞에 이 지상과는 전혀 다른 신적인 세계가 펼쳐지기도 한다. 이 같은 체험을 한 사람 중에 대표적인 예가 중세 기독교 신학의 대부였던 토마스 아퀴나스다. 그는 자신의 역작인 『신학대전』을 집필하던 중 1273년에 이 빛과 만나는 체험을 하는데 구체적으로 그가 그때 무슨 경험을 했는지는 알 수 없다. 그러나 그 체험을 한 후 그가 남긴 말이 매우 의미심장하다. 그는 자신이 일종의 절대 체험을 해보니 지금까지 자기가 쓴 것들은 지푸라기에 불과하다는 말을 남겼다고 한다. 그러는 바람에 집필하고 있던 신학대전은 미완성으로 남게 되었다고 전해진다. 이 체험이 너무도 강렬하기 때문에 그 체험을 하고 나면 인간 세상의 일이 하찮게 보이는 것은 당연한 일일 것이다(그는 이 체험을 하고 다음 해인 1274년 사망한다).

카린도 이와 비슷한 체험을 한 것으로 보이는데 그녀가 묘사하는 이 빛의 특성이 압권이다. 그녀에 따르면 이 빛은 '앎 전체(all knowledge)'이고 고향이며 근본(essence)이다. 이 같은 설명은 유신론에서 말하는 신에 대한 묘사와 다른 점을 찾을 수 없을 정도다. 카린은 힘주어 주장하길, 우리 인간은 이 빛으로 대표되는 근원으로 돌아가서 '거듭나야(born again)' 한다고 말했다. 이것이야말로 우리 인생의 진정한 목표라는 것인데 여기서도 기독교 냄새가 많이 나는 것을 알 수 있다. 거듭난다, 즉 중생(重生)은 전형적인 기독교 용어이기 때문이다. 그런데 그녀에게는 고향이 또 있다. 이것은 다른 UFO 피랍자들에게서도 자주 발견되는 발언으로 앞에서도 가끔 거론하였다.

UFO 피랍자에게는 외계 비행선이 고향?

카린은 맥과 세션을 진행하면서 틈만 나면 자신이 피랍된 UFO 비행선이 고향이라고 하면서 그 속에 있는 굽은 벽이 그립다고 되뇌었다. 그리고 그 비행선 안에는 그녀의 수호신 역할을 하는 외계인이 있다고 하면서 그의 이름은 프레스카라고 전했다(프레스카는 여성의 이름처럼 들리는데 이 외계인의 성별에 대해서는 알려진 것이 없다). 이처럼 지구인에게 외계에 근원을 둔 수호령 같은 존재가 있다는 것은 카린에게서 처음 듣는 이야기인데 아마 그가 어렸을 때부터 상대한 외계 존재가 아닌가 한다.

그런데 나는 이 피랍자들이 비행선을 고향으로 생각하는 게 잘 이해되지 않는다. 만일 피랍자가 다른 행성에 가서 그곳 환경에 반하고 거기서 엄청난 체험을 한 나머지 그곳을 고향으로 생각한다면 그것은 이해가 된다. 그곳은 일정한 지역이기 때문이다. 그에 비해 이 비행선은 그냥 하늘에 떠 있는 물체에 불과하다. 그 비행선이 폭이나 길이가 수백 미터 혹은 수 킬로미터나 되는 큰 것도 있다고 하지만 그것 역시 운송 수단에 불과한 것이지 외계인들의 영구 거처가 될 수는 없을 것 같다(그러나 이 외계 비행선에 대한 나의 생각은 하나의 견해에 불과할 수 있다는 것을 잊지 말자). 따라서 그렇게 가변적인 곳을 두고 고향으로 생각하는 것은 납득이 잘 안 된다. 그런데도 이들이 이 비행선을 고향으로 생각하는 데에는 우리 알지 못하는 무엇인가가 있는 것 아닌가 하는 추측을 자아낸다.

그런가 하면 이 피랍자들이 고향을 생각할 때 일정한 물리적인 공간을 생각하는 게 아니기 때문에 고향을 일정한 곳으로 간주하는 내 생각은 그들에게 통용되지 않을 수 있다는 생각도 든다. 그들이 생각하는 고향은 지구에서 말하는 시간과 공간 개념이 적용되지 않는 다른 차원의 영역(?)일 수 있다. 그러니까 존재론적으로 완전히 다른 형이상학적인 세계일 수 있다는 것이다. 그들은 그런 세계를 외계인의 비행선 안에서 경험한 모양인데 만일 그들의 체험이 진실하다면 그것은 순전한 종교 체험이라고 할 수 있다. 종교에 대한 정의가 많이 있지만 독일의 종교학자였던 요하킴 바흐(1898~1955)가 종교 체험을 '궁극적 실재로 체험된 것에 대한 인간의 반응'이라고 정의한 것은 상당히 설득력이 있다. 이 정의를 피랍자들의 체험에 적용할 수 있는데 그들이 비행선 안에서 체험한 것은 3차원에서 경험하는 평범한 시공 개념을 훌쩍 넘어선 궁극적 실재를 체험한 것이라고 할 수 있다. 그래서 그들은 이런 체험을 한 곳을 근원 혹은 고향이라고 생각하는 것이리라.

이들은 이런 생각을 지니고 있기 때문에 그런 체험을 하지 못한 우리들이 이해할 수 없는 행동을 하는데 자살을 생각하는 것이 그 대표적인 예이다. 그렇게 대단한 체험을 한 사람이 자살을 생각한다는 게 의아스럽지만, 그들의 이야기를 들어보면 이해되는 측면이 있다. UFO 안에서 체험한 것에 비해 볼 때 그 근원에서 소외되어 있는 현재의 삶이 너무 고통스러워 자살을 생각하는 것이다. UFO 안에서 겪었던 체험이 너무나 그리운데 다시 UFO에 승선해 외계인들과 같이 근원적인 세계를 경험하지 못하니 고통스러운 것이다. 그래서 이

렇게 지상에서 처참하게 살 바에는 차라리 죽어서 영혼만이라도 외
계인들에게 돌아가면 어떨까 하고 생각하는 것이다. 그러나 내가 지
금까지 접한 자료에서는 피랍자들이 UFO 안에서 겪었던 체험을 지
나치게 동경한 나머지 자살했다는 이야기는 접하지 못했다.

패러독스 속에 사는 피랍자들

이처럼 이들은 존재 자체가 뒤집히는 대단히 강렬한 체험을
했는데 재미있는 것은 이런 주장을 하는 것은 맥이 조사한 피랍자들
뿐이라는 것이다. 내가 UFO 피랍 현상을 연구한 학자들의 자료를
다 섭렵한 것은 아니지만 대표적인 학자인 제이컵스이나 홉킨스 등
의 저서는 읽어보았다. 그런데 그들이 인용한 사례에서는 맥이 조사
한 피랍자들처럼 거의 종교 체험에 가까운, 엄청나게 강렬한 체험을
하고 그 체험의 깊이를 철학적으로 깊게 파고든 경우는 보지 못한
것 같다. 이에 비해 맥이 조사한 피랍자들의 발언을 들어보면 매우
심오하게 들리는데 예를 들면 이런 것이다.

앞에서 예로 든 카린은, 피랍 체험은 패러독스 안에서 사는 것과
같다는 매우 철학적인 말을 남겼다. 무슨 패러독스를 말하는 것일
까? 그것은, 자신이 개별적인 인간으로 존재하기 때문에 근원으로부
터 소외를 느낄 수밖에 없는 상황에 있는데 그와 동시에 깊이를 알
수 없는 실재, 즉 전체와 하나됨을 느끼는 상황에 있는 것이 패러독
스적, 즉 모순적으로 보인다는 것이다. 다시 말해 자기와 같은 피랍
자는 소외와 통합을 동시에 느끼는 패러독스적인 상황에 처해 있다
는 것이다. 이 같은 묘사는 매우 철학적인 언사로 보이는데 이런 표

현은 맥의 내담자에게서 두드러지게 발견되니 재미있다. 이것은 앞에서 말했지만 그들을 조사한 맥이 철학이나 종교적으로 깊은 식견을 갖고 있었기 때문에 가능한 일이었을 것이다.

카린은 또 주장하기를, 자신은 그런 패러독스적인 상황에 처해 있지만 외계인들은 인간보다 훨씬 더 그 근원에 가까이 가 있다고 주장했다. 외계인은 인간보다 훨씬 더 진화한 존재라는 것인데 그들은 인간이 영적으로 진화해서 근원에 가까이 갈 수 있도록 돕고 있다고 한다. 외계인들의 이 같은 성향 때문에 카린은 이들을 근원에서 비롯된 메신저 혹은 해석자(interpreter)라고 불렀는데 이와 비슷한 내용은 다른 피랍자에게서도 발견된다. 그 대표적인 예가 피터인데 그 역시 외계인들을 신(근원)에 소속된 메신저라고 주장했다.

UFO 피랍 체험은 인류의 은하 공동체 입성 프로그램?

같은 맥락에서 스파크스라는 피랍자가 한 말이 매우 의미심장하다. 그에 따르면 피랍 체험은 인류가 이 은하에 산재되어 있는 수많은 공동체(행성) 안에서 성장하는 것을 도와서 '자각하는 부분(aware part)'이 될 수 있도록 돕는 것이라고 한다. 즉 현재 인류는 은하계에서 독자적인 구성원으로서 역할을 하지 못하고 있는데 외계인들이 인류가 은하 공동체의 '멤버'가 될 수 있게 돕고 있다고 한다. 이것은 내가 앞에서 말했던 것과 맥을 같이 하는 발언이다. 나는 피랍자의 증언을 통해서 지금의 인류는 진화 정도가 미비해서 이 은하의 일원이 되지 못하고 있다는 설을 제시한 적이 있다. 인류의 수준이 다른 외계인의 그것과 비교해 볼 때 한참(?) 뒤처져 있다는 것은 현재 지구의 상황을 보면 알 수 있다고 했다. 이것이 어떤 상황인지는 앞에서 귀가 아프도록 이야기했다. 두말할 것 없이 현 인류는 대파국 혹은 자멸을 향해 돌진하는 고속열차에 타고 있는 것과 같다는 것이 그것이다. 그런데 이 열차는 어딘지 모르는 끝을 향해 가면서 결코 정지하지 못한다고 했다. 아마도 이 열차는 비극적인 종말을 맞이해야 멈출 텐데 이게 바로 현 인류의 운명이라는 것이다. 여기서 벗어나려면 인류가 각성해 이 열차를 멈추게 해야 하는데 인간이 그 일을 못하고 있으니 외계인들이 나선 것이다.

같은 맥락에서 조셉이라는 피랍자의 발언은 큰 설득력과 함께 우리에게 다가온다. 조셉에 따르면 자신들이 이런 식으로 외계인과 교류하는 것은 한 국가의 차원에서 유엔 수준으로 가는 것과 같다고 한다. 이것을 부연 설명해 보면, 현 인류는 철저하게 국가 중심으로만 움직일 뿐 전체 인류의 미래에 대해서는 그다지 책임질 생각을 하지 않는다. 지금까지 각 국가는 이익 쟁탈 때문에 전쟁을 거듭해 왔다. 이 같은 비극적인 상황에서 벗어나려면 진정한 의미에서 유엔 같은 국제적인 기구를 만들어 모든 국가가 책임 있는 자세를 갖고 협력해야 한다(현재 존재하는 유엔은 이런 역할을 잘 하지 못한다).

그런데 외계인들은 이미 은하 연합 같은 범우주적인 기관을 만들어 상호 긴밀한 관계를 유지하면서 우주를 운영하고 있다고 한다. 그래서 나는 노상 주장하기를, 이 같은 범우주적인 기관의 입장에서 보면 인류는 지구라는 아주 작은 행성에서 자기들끼리 대가리가 터지도록 싸우고 있는 덜떨어진 종족으로 보일 것이라고 했다. 만일 같은 일이 지구에서 벌어지면 유엔이 나서서 돕는다. 예를 들어 아프리카의 후진국 정부가 무지와 욕망 속에서 허덕이면서 자멸 수준에 있으면 유엔 본부에서 평화유지군이나 의료진이 포함된 구조대를 보내 그들을 구하는 데에 노력을 아끼지 않는다. 여기에는 어떤 계산이나 꼼수가 없다. 단지 저 무지몽매한 사람들을 구해 그들이 더 큰 세계에 눈뜨게 해 성장할 수 있도록 도울 뿐이다. 그렇게 함으로써 전 지구의 평화가 도래하게 되고 다른 기존의 회원국들도 마음 편하게 지낼 수 있게 되는 것이다. 바로 같은 일이 지금 이 우주에서 벌어지고 있다는 것이다. 지구 인류가 너무나 무지몽매하니까 은하 연합에서 지구에 구조대를 파견해 인류를 계몽해서 그들의 멸종을 막을 뿐만 아니라 그들의 영성을 진작시켜 어엿한 은하 연합의 한 구성원이 되게 돕는다는 것이다. 이것이 내 생각이고 피랍자의 생각인데 독자들에게는 이 같은 생각이 어떻게 보일지 궁금하다.

세간에는 그 기원을 알 수 없는 이런 이야기가 있다. '소매치기는 성자를 봐도 그의 호주머니만 본다'라는 이야기인데 이것은 우리 인간이 얼마나 어리석은가를 단도직입적으로 표현하고 있다. 우리가 진짜로 성자를 만난다면 그것은 큰 깨달음을 얻을 수 있는 엄청나게 좋은 기회이다. 붓다나 예수 같은 성자가 아니더라도 큰 스님이나 도가 높은 도사를 만나는 것은 막중한 선업을 쌓지 않았다면 애당초 가능한 일이 아니다. 이렇게 큰 분을 만나면 그 도력에 감화되어 자신의 영적 성장이 엄청나게 빨라지기 때문에 절호의 기회라고 하는 것이다. 이것은 걸어갈 길을 자동차를 타고 내지르는 것과 같다고 하겠다. 걸어가면 하루가 걸리는 길도 자동차를 타면 한두 시간이면 가는 것과 같은 것이다. 이렇듯 스승 혹은 성자는 대단한 존재인데 소매치기는 그런 존재를 만나게 되어도 기껏 그의 호주머니만 보면서 돈 훔칠 것만을 생각한다는 것이다. 이 소매치기도 나름의 선업을 쌓아서 성자를 만난 것인데 그 대단한 기회를 활용하지 못하고 또 죄지을 궁리만 하는 것이다.

내가 이런 이야기를 하는 이유는 이처럼 거창한 것을 말하는 것은 아니고 이 UFO 피랍 사건을 두고 각 연구자들의 해석이 다르다는 것을 말하기 위함이다. 맥의 해석은 지금까지 보았으니 더 말할 필요 없는데 그와 가장 대척점에 선 연구자가 하나 있다. 그는 2024년 미국의 UFO 연구계나 UFO에 관심 있는 사람들의 이목을 사로잡았던 루이스 엘리존도라는 사람인데 그는 이 해에 『Imminent』라는 책을 써서 언론과 관심 있는 사람들로부터 많은 조명을 받았다. 이 책의 제목은 '임박하다'라는 뜻인데 이것은 UFO가 국가 안보에 위협을 가하는 일이 임박했다는 뜻이다. 그는 멀지않은 미래에 UFO가 어떤 방법으로로든 인류를 공격할 것이라고 믿었다. 따라서 인류는 하루빨리 여기에 대비하는 전략을 짜야 하는데 미국의 정치인과 행정가들은 당최 여기에 관심이 없으니 큰일이라는 것이다. 그래서 이 책을 써서 여론의 환기를 꾀한 것이다.

그는 애당초 자비로운 외계인 따위는 없다고 강조했다. 그의 주장은, 외계인들이 정말로 자비로워서 인류를 생각했다면 그들은 우선 인류 사회에 만연했던 기아나 전쟁, 대량 학살이 일어나지 않게 막았어야 한다는 것이다. 그런데 그들은 인류가 그 긴 역사 동안 그렇게 많은 전쟁을 일으켜서 서로를 죽이고 갖가지 어리석은 짓을 해도 한 번도 개입한 적이 없었다는 것이다. 또 외계인들은 인류의 핵무기 개발에 관심이 많을 뿐만 아니라 인류가 핵을 사용하는 것을 저지하는 듯한 인상을 주는데 그들이 정말로 인류의 미래를 걱정했다면 인간이 핵을 개발하는 것부터 막았어야 하는 것 아니냐고 주장했다. 그런데 그들은 이 어리석은 인류가 일본의 히로시마나 나가사키에 핵폭탄을 투하하는 것도 막지 않았을 뿐만 아니라 그 뒤에도 특히 북한 같은 적성 국가에서 핵폭탄을 만들고 실험하는 것에 대해서도 수수방관했다. 엘리존도에 따르면 이것은 외계인들이 결코 자비롭지 않다고 볼 수 있는 충분한 근거가 된다는 것이다. 그 대신 외계인들은, 그 출몰하는 행태를 보면 인류에 대한 온갖 정보를 수집하고 특히 핵무장에 대해 비상한 관심을 보이는 것으로 보아 언제든지 이들이 마음만 먹으면 이 정보에 따라 인류를 공격해서 꼼짝 못 하게 만들 수 있다고 주장했다.

엘리존도는 이렇게 생각했기 때문에 맥이 주장하는 것처럼 외계인들이 인간을 납치해 여러 실험을 통해 인간의 의식을 진화시키려고 갖은 노력을 다하고 있다는 생각은 처음부터 그의 뇌리에 없었다. 그가 이처럼 외계인을 위협적인 존재로 보는 것은 그의 이력에서 기인하는 바가 클 것이다. 그는 군대에 있는 동안 대부분의 세월을 방첩대 같은 곳에 있었다(그는 한국의 오산에도 근무한 적이 있었다). 그래서 그가 생각하는 것은 노상 '국가 안보'였다. 따라서 자신이 관리하는 모든 것을 그 시각에서만 보았다. 그러한 시각에서 보면 UFO는 국가 안보에 치명적일 수 있다. 예를 들어 1952년 7월에 백악관 상공에 무려 2주 동안 UFO가 나타난 사건은 UFO 역사에서도 매우 중요한 사건으로 간주되고 있다. 최고 강대국인 미국의 대통령이 사는 집 위에 정체 모를 비행선이 2주 동안이나 출몰했으니 그때 미국의 정치가나 군인들이 느꼈을 패닉은 엄청난 것이었을 것이다. 그러니 국가 안보를 책임진 사람에게 이런 사건은 그야말로 엄청난 위협이 아닐 수 없다. 대통령 저택의 상공은 어떤 비행기도 있으면 안 되는데 UFO들이 떼를 지어서 나타났으니 말이다. 게다가 당시 미 공군은 이 UFO를 전혀 제압하지 못했다. 전투기가 UFO에 접근하면 이 비행선들은 감쪽같이 사라져 버리니 도저히 어떻게 할 수가 없었다. 이런 현상을 보고 안보를 맡은 사람들은 크게 우려하지 않을 수 없었을 것이다.

사실 엘리존도가 이 같은 견해를 가진 것을 이해하지 못할 바는 아니다. 분명히 UFO에는 위협적인 면이 있다. 그런데 그는 UFO의 위협적인 면만 강조하고 그 이상에 대해서는 언급하지 않았다. 그가 그 이상의 사실에 대해 몰라서 거론하지 않은 것인지 아니면 알면서도 고의로 안 한 건지는 모르겠다. 그 이상의 사실이라는 것이 무엇인가? 우리는 엘리존도와 비슷한 주장을 하는 사람들에게 이렇게 반문할 수 있다. 가장 먼저 할 수 있는 질문은, UFO가 그렇게 인류에게 위협적인 존재라면 그동안 왜 인류를 직접 공격하지 않았느냐는 것이다. 인류와 UFO가 접촉한 사례가 부지기수로 있지만 그들이 인간을 죽이고 인간의 비행기를 공격하고 인간이 사는 도시를 공격한 사례는 들어본 적이 없다. 앞의 예를 가지고 설명해 보면, 백악관 상공에 나타난 UFO들이 마음만 먹으면 그들이 인간을 제압할 때 가끔 쓰는 광선(정체는 모른다)을 발사해서 백악관 건물을 흔적도 없이 부숴 버릴 수 있었을 텐데 그들은 그저 출몰만 거듭하다가 결국 사라졌다. 이것은 UFO가 자비로운지 어떤지는 몰라도 적어도 인간에게 적대적이지 않다는 사실을 증명해 준다고 하겠다. 엘리존도가 이런 사실을 몰랐을 리가 없을 텐데 그는 이에 대해서는 함구하였다.

내가 앞에서 성자의 주머니만 보는 소매치기의 예를 든 것은 엘리존도가 그런 격이라는 것이다(물론 그가 실제로 소매치기라는 것은 아니고 그냥 비유로 생각하면 되겠다). 그는 오로지 일생을 국가 안보만 생각하며 살았던 사람이라 UFO와의 조우라는 인류 역사에서 가장 큰 사건이라고 할 수 있는 것을 앞에 두고 안보만 본 것이다. 흡사 소매치기가 성자라는 거대한 인격은 보지 못하고 그의 호주머니만 본 것처럼 말이다. 그 결과 엘리존도는 이 거대한 사건의 또 다른 측면을 보지 못했다. 아니, 어떻게 보면 외계인과 인간의 조우 사건이 지니고 있는 진면목을 완전히 놓친 것이라고 할 수 있다. 이러한 사정은 홉킨스나 제이컵스 같은 학자들에게도 부분적으로 해당된다고 했다. 이들도 피랍 체험에 내재되어 있는 영적인 측면은 보지 못하고 외계인들의 '지구 접수설' 쪽으로만 몰고 간 느낌을 받기 때문이다. 이 점은 본문에서 충분히 설명했다.

나는, 이 UFO 피랍 사건은 맥이 가장 정확하게 핵심을 건드렸다고 생각한다. 그래서 이 책에서 그의 입장을 상세하게 소개한 것이다. 그런데 맥은 다른 연구자들의 주장을 틀렸다고 비판하지 않는다. UFO 피랍 사건에는 분명 앞에서 거론한 연구자들이 말하는 측면이 있다. 그러나 맥이 생각하기에 그들의 설명은 충분하지 않았다. 그들은 현실적으로 드러난 체험을 넘어선 상위 차원의 체험을 다루지 않았기 때문이다. 비유해서 말하면 다른 연구자들은 'physics'를 다루었다면 맥은 'metaphysics'를 다루었다고나 할까. 그런 의미에서 그의 설명은 가장 상위의 설명이 아닐까 한다. 상위의 설명이란 밑에 있는 설명을 다 포함하면서 그 현상의 본질을 말해주는 것이라 할 수 있다. 이렇게 보는 연구자는 맥밖에 없다고 여러 차례 강조했다.

맥이 보는 UFO 피랍 사건의 본질은 새로운 인류의 탄생이다. 이 새로운 인류는 외계인과 인간이 섞인 혼혈종이 될 수도 있겠지만 맥은 이들에게는 그다지 주의를 기울이지 않았다. 대신 외계인들에게 붙잡혀 가서 보통의 인간이 겪지 않은 공포를 겪고 나신이 되어 온갖 부끄러운 실험을 당하고 정자나 난자 혹은 태아를 추출당하는 수모를 겪은 피랍자에게 초점을 맞추었다. 다른 연구자들이 다룬 피랍 체험은 보통 이것만 살펴보고 끝나는 경우가 많았지만 맥은 피랍자들로 하여금 체험 속으로 뚫고 들어가 그 핵심을 보라고 권유했다. 그 결과 그들은 외계인들이 인류를 진화시켜 새로운 존재로 만들려고 자신들을 납치해서 여러 가지 일을 했다는 것을 알게 된다. 그러니까 외계인들은 지금 인류를 대수술하려는 거대한 프로젝트를 시행하고 있는 것인데 피랍자들은 중요한 구성원이 되어 그 프로젝트에 참여하고 있다는 사실을 깨닫게 된 것이다. 초기에는 공포와 경악만 겪었다고 생각했는데 그 체험을 맥의 인도에 따라 깊게 들어가 보니 거대한 계획이 있음을 확인했고 그 계획에 참가한 자신이 자랑스럽게 느껴지기까지 했다.

이렇게 해서 이 피랍자들은 거의 종교 체험의 수준에 달하는 이 체험을 통해 자신의 영적 수준이 갑자기 도약한 것을 절감하게 된다. 이것은 당연한 것이다. 이들은 이른바 근원을 체험했기 때문이다. 이 근원은 절대 실재라고 할 수 있는데 쉽게 말하면 신을 체험한 것이라고 할 수 있다. 신을 체험한다는 것은 종교 체험에서 가장 중요하고 깊은 체험이다. 이것은 종교 체험의 끝판왕이라고 할 수 있다. 이 체험은 종교를 수행하는 사람 중에도 극소수의 사람만이 할 수 있는 아주 귀중한 체험이다. 이 체험을 하는 것은 그가 믿는 신으로부터 엄청난 은사를 받은 것이라 할 수 있다. 그런데 피랍자는 외계인들 덕에 자신이 별 수고를 하지 않고도, 다시 말해 별 수행을 하지 않고도 이런 엄청난 체험을 했으니 대단한 것이다. 그런 체험을 하게 해준 외계인들이 얼마나 고마울까? 그러니 피랍자들은 자신과 특별하게 연관된 외계인과 깊은 연대감을 느끼게 되는 것이리라. 게다가 그 외계인들은 자신보다 영적으로나 의식적으로 훨씬 앞선 사람이라 그들에게 느끼는 동경감은 대단하다.

맥은 이런 과정을 통해 거듭 태어난 피터나 캐서린과 같은 피랍자들은 새로운 세계관을 수용하면서 새로운 인간으로 재탄생하게 되었다고 주장했다. 이들은 현존하는 기존의 인간들과는 완전히 다른 종이라고 할 수 있다. 이런 사람들은 지구인을 넘어서서 우주인이라고 할 수 있다. 지구적인 세계관을 넘어서는 우주적인 시각을 가지면서 진정한 의미에서 우주의 구성원이 되는 것이다. 이들이 지금 당장 해야 할 일은 대파국을 향해 달리고 있는 전차를 세우는 일이다. 세우지 못한다면 적어도 속도를 늦출 수는 있지 않을까 한다. 그래서 인류가 공멸하는 수준이나 공멸의 범위를 가능한 한 작게 만들 수 있지 않을까 싶다.

이상이 존 맥이 제시하는 UFO 피랍 사건의 진정한 의미이다. 내가 보기에 맥은 앞에서 말한 소매치기가 저지른 과오를 범하지 않았다. 만일 이 소매치기 같은 관점으로 이 사건을 대했다면 인간이 피랍되어 온갖 고통을 받는 단계만 조명했을 것이다. 흡사 '피랍잔혹사'라고나 할까? 이것이 단견이라는 것은 앞에서 누누이 말했다. 맥은 달랐다. 소매치기처럼 주머니만 본 게 아니라 성자 자체를 본 것이다. 그리고 그 성자가 어떤 의미를 갖는지를 파헤쳤다. 물론 맥이 본 것도 하나의 해석에 불과한 것이라 그것만이 진실이라고 할 수는 없을지 모른다. 그러나 내가 접해본 UFO 피랍 사건의 해석 가운데 맥의 해석이 가장 진실에 가깝다고 생각했고 그래서 이 책에서 상세히 소개해 보았다.

UFO
인간 납치설 대해부

지은이 | 최준식

펴낸이 | 최병식

펴낸날 | 2026년 2월 23일

펴낸곳 | 주류성출판사

주소 | 서울특별시 서초구 강남대로 435 주류성빌딩 15층

전화 | 02-3481-1024(대표전화)   팩스 | 02-3482-0656

홈페이지 | www.juluesung.co.kr

값 22,000원

잘못된 책은 교환해 드립니다.

ISBN 978-89-6246-567-9 03440